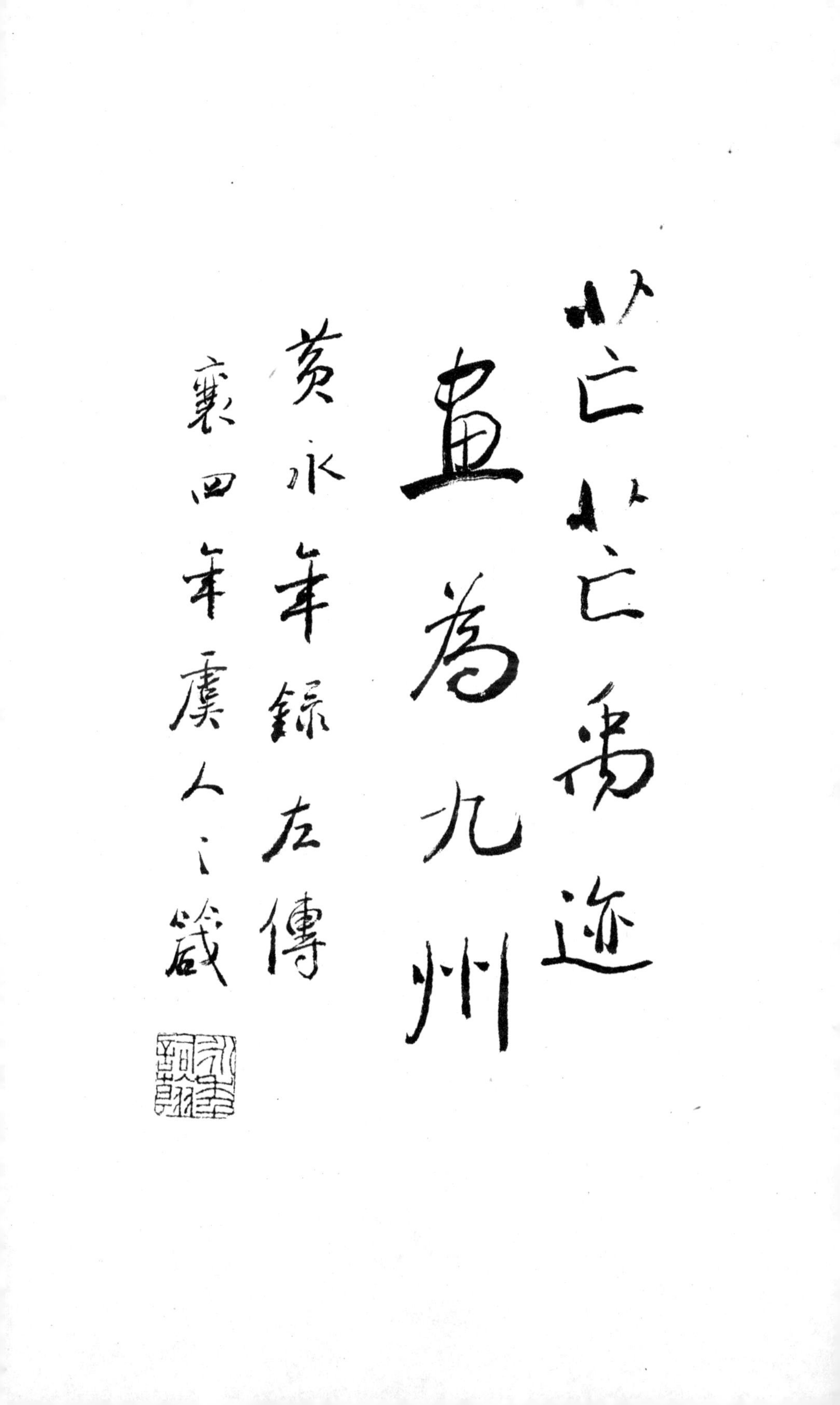

芒芒禹迹
畫為九州

黄永年錄左傳
襄四年虞人之箴

九　　州

（第 四 辑）

中国地理学史专号

荣誉主编　周振鹤
主　　编　唐晓峰

商　务　印　书　馆
2007 年·北京

联系地址　北京大学历史地理研究中心（100871）

感谢黄静嘉先生对九州编委会的支持。

目　录

汾阴后土祠的调查研究…………………………… 李零　唐晓峰(1)

释“地理”………………………………………………… 晏昌贵(108)
古代中国人的天下观念……………………………… 葛兆光(119)
晚商的方舆及其地理观念………………………… 吉德炜[美](133)

利玛窦等入华耶稣会士对“地球”等地理术语的厘定…… 冯天瑜(176)
晚明中国地理学近代化的两个表征……………………… 周振鹤(190)

王都与岳域:一个中国古代王朝边疆都城的正统性问题
……………………………………………………… 唐晓峰(203)
为地理思想史开另一扇窗
——以海南地域发展为例…………………………… 林伟仁(214)

《大元混一方舆胜览》研究二题………………………… 郭声波(226)
从历史地理看《乙巳日记》的价值
——兼论林则徐与坎儿井…………………………… 钮仲勋(237)

准望释义
——兼谈裴秀制图诸体之间的关系以及所谓沈括
制图六体问题…………………………………… 辛德勇(243)

西藏地名释例……………………………………………………… 王尧(277)
近年来日本之中国历史地理学研究………………………… 钟翀(284)

汾阴后土祠的调查研究*

李零　唐晓峰

汉武帝以来的西汉祠畤，前后加起来，总数有七百多个，其中地位最高，名气最大，要数甘泉泰畤（祭天）、汾阴后土祠（祭地）和雍五畤（祭五帝）。这三大祠，雍五畤在陕西凤翔县，地面上已渺无踪迹，至今没有找到；甘泉泰畤在陕西淳化县，虽有石鼓石熊，残砖剩瓦和高大废墟，但武帝以后，无人祭祀；旧的塌了新的盖，屡废屡兴，两千多年来，还保持着祭祀的，只有山西万荣县的汾阴后土祠。今存后土祠虽是清代建筑，但早期遗址必在附近，不会太远。它究竟在万荣县的庙前村一带，还是像有些学者推断，是在它东面的孤山附近？过去曾有争论。2002 年 5 月 17—24 日，我们在山西西南进行地理考察，对这一问题做过一点调查，回来查阅资料，整理印象，对问题有一个大致判断。这里把有关情况和我们的想法介绍一下，供大家参考。[①]

一、山西万荣县的地理沿革

汾阴后土祠在今山西万荣县境内。现在的万荣县是 1954 年由旧荣河、万泉两县合并而成，荣河在西，万泉在东（图一）。[②]

旧荣河县，前身是战国魏汾阴邑，秦汉、魏晋南北朝、隋代和唐代初年，绝大多数时间都叫汾阴县。汾阴是因其地在汾水之南而得名。汉

* 国家自然科学基金项目，批准号 40271031。

文帝十六年(前164年)曾在此修庙,祠河求鼎。汉武帝踵其事,在此设立后土祠,竟两次获鼎,元鼎元年(前116年)是一次,四年(前113年)是又一次,皆以获鼎为祥瑞。开元十一年(723年),唐玄宗效元鼎故事,在此重祭后土,之前也有两件铜鼎出土,故把汾阴县改名为宝鼎县。[③]大中祥符四年(1011年),宋真宗也到汾阴祭后土,又把宝鼎县改名为荣河县。[④]"荣河",即"荣光出河"的简称,"荣光出河",见《宋书·符瑞志上》、今本《竹书纪年》卷上和《路史·后纪·陶唐氏》等书,[⑤]来源是尧舜禅让的符瑞传说。这类故事不仅见于汉代纬书(如《尚书中候握河纪》),也流行于魏晋以来的很多作品。据说,尧舜禅让之前,修坛河洛,择吉沈璧,求《河图》、《洛书》之出,有所谓"荣光出河,休气四塞"。后来讲符瑞的人,把这个典故用得很滥,荣河荣河,不绝于口,干脆使用简称。如《陈书·高祖本纪》"是以文武之佐,磻溪蕴其玉璜;尧舜之臣,荣河镂其金版",梁简文帝《大法颂并序》"荣河耻其祥润,汾阴陋其晖影"(《全梁文》卷十三),"荣河"就是简称,而且在用法上,已经和地名差不多,等于说"荣光所出之河"。唐玄宗祭后土,太史也用"荣光出河"拍马,等于说,玄宗有尧舜之德。[⑥]宋真宗为什么要把唐宝鼎县改名为荣河县?原因就在,这样的话,皇帝都爱听,用于汾阴,非常吉利。[⑦]他们三个,唐玄宗学汉武帝,宋真宗学唐玄宗,"宝鼎"和"荣河"都是取其祥瑞之义。县名本身反映了祭祀传统的延续。

旧万泉县,战国秦汉和魏晋南北朝属于汾阴县。唐武德三年(620年),始分出,为万泉县。县城建于北魏道武帝天赐元年(404年)修建的薛通城故址。薛通城是邑人薛通(薛氏是汾阴世族)防赫连勃勃东侵,筑城自保而修建,位置在孤山的北面,是一座依托山势修建的军事性城堡。孤山在旧万泉县境的南面而偏西。万泉县之所以叫万泉县,就是以孤山之上多泉水而名。[⑧]

寻找后土祠,有两个地点值得注意,一是庙前村一带,一是孤山附近。

庙前村在旧万荣县西南汾水和黄河交会的地方,北距河口约4.5公里,正好在今后土庙的南面。庙前村叫庙前村,主要就是因为它在今后土庙的前方(古以南为前)。庙前村和今后土庙的西侧,是战国秦汉以来的汾阴古城,北、西、南三面已没入黄河,只有东墙留在岸上(详见第六节)。庙前村南约 3.5 公里,是唐宝鼎县和宋荣河县所在,过去叫宝鼎镇,现在叫宝井村,唐城和宋城也都在黄河岸边。1921 年,为避水患,才把荣河县迁到庙前村以东约 7 公里现在叫荣河镇的地方。[9] 过去,一般都认为,汉代的后土祠,唐宋的后土祠,位置是在庙前村一带。

孤山是在旧荣河县以东的旧万泉县境内。唐以来的万泉县,县治在今万泉乡,过去也叫古城镇。它离旧荣河县约 31 公里,比较远,位置正好在孤山的北面。孤山东南的山麓有个叫阎子疙瘩的地点,1930 年由卫聚贤倡导,董光忠等人曾在这一地点试掘,发现过汉代宫殿遗址。由于遗址是在旧万泉县,而不在旧荣河县,卫聚贤推测,这一遗址才是真正的汾阴后土祠(详见下第五、第六节),他的说法对不对,下面会进行讨论。

现在的万荣县,1954 年的新县城,县城是设在解店镇(即飞云楼所在),南距旧万泉县城约 6.5 公里,位置在旧万泉县城的北面而略向西偏。

这是两县的地理沿革,以及境内古城与山川形势的大致关系。

二、山川形势与河道变迁

在上节的描述中,我们已经提到,汾、河为荣河之胜,孤山为万泉之胜,这一地理特点还值得做进一步分析。

(一) 汾、河的形势

(1)汾水。自山西北部和中部,沿吕梁、太岳二山间的河谷南注,自侯马转向,绕吕梁山的南端和峨嵋岭的北麓西行,经新绛、稷山、河津三县,进入万荣县的西部(即旧荣河县境),然后再东南流,入于黄河。[10]

(2)黄河。夹陕、晋二省南流,出龙门而始宽。古汾阴之地,在黄河东岸,汾水入河处。它的北面是河津县(古皮氏县)的禹门口(东岸是龙门山，西岸是梁山），东面是万荣县（旧万泉县）的孤山，西面隔河相望是陕西韩城县（古夏阳县）的梁山，南面是临猗县（古猗氏县）和永济县（古蒲坂县）。永济县的蒲津渡，是山西通往陕西的主要渡口，对面为陕西大荔县的朝邑镇（古临晋），是传统祭河的地方。[11]

（二）河道变迁与城址、祠址的变迁

汾阴古城是在庙前村的西北，为什么唐迁宝鼎（宋称荣河），要搬到庙前村的南面，民国移治荣河镇，要搬到庙前村的东面？原因很简单，是为了避水患。同样，后土祠的位置变动，也与河道变迁有关。汉祠在哪里？没于水中，还是仍在岸上？这个问题还有待调查。唐祠在什么地方，我们也不知道。《文献通考·郊社考九》说："汾阴后土，汉武帝元鼎中所立脽上祠，宣帝、元帝、成帝、后汉光武、唐玄宗皆亲祭。是后，旷其礼。开宝九年，徙庙稍南，是年，始遣使致祭。"开宝九年是宋太祖在位的最后一年（976 年），和太平兴国元年是同一年。我们只知道，宋后土祠是在唐后土祠的南面。另外，我们从金《后土庙像图碑》（下简称"《庙图碑》"）看，宋金后土祠还是位于汾、河二水交会处。明清后土祠似乎也距河口不远。[12]金代的后土祠，曾发生火灾，秋风亭被焚，只剩废墟。[13]元明重建，最初仍叫"秋风亭"，后改称"秋风楼"。[14]明万历年间，汾水冲岸，庙宇倾圮。[15]清代，黄河三决，庙亦三度被淹，不断移地重建，最后落在庙前村北的今址。[16]城的移徙和祠的移徙，都能反映河道的变迁。河道变化，总趋势是，汾水不断从北向南摆动（或扩展），黄河不断从西向东摆动（或扩展），[17]迫使城向南向东搬迁，但祠虽屡迁，并不远徙，即使有所移动，也总在汾、河二水交会的那个夹角里，否则也就失去了它原来的祭祀意义（这类祠址和它们依托的山川形势有固定关系）。

（三）脽丘的位置

脽丘，也叫郏丘或葵丘。古人说后土祠是位于这个小丘之上，并把丘上之地称为"脽上"或"脽壤"。"脽"的意思，是人的尾椎。"脽丘"是

一道土岗，好像人的尾椎。“郏丘”或“葵丘”，颜师古说，恐是当代方言的异称。[13]脽丘这个地点，它的位置在哪里？地形什么样？范围有多大？古人只有简短描述。第一是如淳说，第二是郦道元说，大体相同。他们都说这是贴着汾水南岸和河水东岸的一条土岗，南北长约四五里，东西宽约二里，高约十丈，如果按汉尺一尺长 23.1 厘米计算，就是长约 1663—2079 米（今约 3—4 里），宽约 832 米（今约 1.5 里），高 20—30 米左右（原文“十余丈”，10 丈是 23.1 米，15 丈是 34.65 米）。[19]

（四）孤山的形势（图二）

孤山，古称介山（也叫“汾山”）。一般理解，“孤”、“介”的意思，都是形容此山孤耸独峙。这种说法比较有道理，因为它是峨嵋岭以南，与稷山邻近，拔地突起、不与它山相连的一座孤山。[20]但还有一个可能，它是相当古人所说的“介丘”，即禅地的小山，如古人常把社首叫“介丘”。[21]《汉书·武帝纪》引汉武帝太初二年诏，曰“朕用事介山，祭后土”，“用事”是祭祀的意思。看来，武帝祭后土，也顺便祭介山。两者的确有关系。《汉书·扬雄传》记汉成帝元延二年（前 11 年）祠后土，[22]说“其三月，将祭后土，上乃帅群臣横大河，凑汾阴。既祭，行游介山，……”，也是把汾阴和介山联系在一起。又文颖曰：“介山在河东皮氏县东南。其山特立，周七十里，高三十里。”（《水经注·汾水》“又西过皮氏县南”条引）他说的介山，从方位看，只能是汉汾阴县的介山。《汉书·地理志》和《续汉书·郡国志》也说河东郡汾阴有介山。可见这个介山就是旧万泉县的介山，而与介休的绵山无关。[23]

三、历代的祭祀活动

古代祭祀后土是属于郊祀。郊祀，按先秦礼书记载，本来是在国都四郊，祭天圜丘在南郊，祭地方丘在北郊。汉初仍如此。但汉武帝的郊祀不一样。它是一种与“五年一巡狩”的封禅活动相配，活动半径达

200公里，远距离、大范围的祭祀活动，祭天在甘泉，祭地在汾阴，祭五帝在雍，都远离长安。[24]这三大祠，雍五畤是袭用周秦故祠（原有四畤，惟增北畤祭黑帝），甘泉泰畤是利用秦代宫苑而扩建，建于故"匈奴祭天处"，只有后土祠是前无古人的全新创造。

（一）后土祠的兴立

后土祠是用来祭地的，也用来祭河。秦代祭河，本来在临晋（在今山西大荔县东南朝邑镇的西北），叫河水祠，后世也叫河渎祠或河渎庙。唐开元十五年（727年）迁河渎祠于黄河对岸的蒲州（在今山西永济县西的蒲州镇），仍在黄河转弯处。[25]这是传统的祭河地点。汉武帝选中汾阴作为祭祀地点，有两个考虑，一是平水患，二是合祥瑞。他在汾阴正式立祠是元鼎四年（前113年）。这以前，汉文帝十六年（前164年）已在此修庙，祠河求鼎。这些活动都和水患有关。文、武二帝时，黄河曾多次决口。[26]文帝治庙，是从新垣平议，其事在河决酸枣之后四年。汉初盛传，秦亡而周鼎没泗水，而汾阴多出鼎彝。新垣平，赵人，可能对此早有所闻，他说"周鼎亡在泗水中，今河溢通泗，臣望东北汾阴直有金宝气，意周鼎其出乎？兆见不迎则不至"，以为河决是因鼎没，鼎出才能河平，劝文帝治庙汾阴南，临河求鼎。这是汉武帝立后土祠的先声。但周鼎没于泗，不可能逆流而上，汾阴所出者，乃魏墓所藏（详见下第六节）。新垣平的气神之说（伪称"宝玉气"、"金宝气"），当然是编造。平谋败伏诛，但临河求鼎之说却深获武帝之心。元光三年，河决瓠子，通于淮、泗，使他再次把求鼎与塞河联系到一起（这种说法在汉代影响很大，东汉画像石上常见的泗水捞鼎图，就是其反映）。前116年，武帝得鼎于汾水（应即脽上），视为祥瑞，因此改元，称元鼎元年。这件事更刺激了武帝的想法。后三年，乃从司马谈和宽舒之议，在汾阴设后土祠，从此频繁祭祀后土。上有此好，当年夏天，供事后土祠的巫锦就在祠外发现了一件大鼎，也被视为祥瑞（应是当地人为了迎合武帝而制造的祥瑞），送往甘泉宫，供人朝拜。可见立祠和出鼎有直接关系。

(二) 汉代的祭祀活动

史载天子亲祭 17 次,包括:

(甲) 西汉

(1)武帝。凡五祭后土:元鼎四年(前 113 年)、元封四年(前 107 年)、元封六年(前 105 年)、太初二年(前 103 年)和天汉元年(前 100 年)。其中元鼎四年和元封四年,中间隔五年;太初二年和天汉元年,中间隔两年;其他只隔一年。

(2)昭帝。年幼,不亲巡,无记录。

(3)宣帝。初即位,亦为幼主,非宗庙之祀不出,即位 12 年,始祭后土,凡两次:神爵元年(前 61 年)和五凤三年(前 55 年),中间隔五年。

(4)元帝。遵旧仪,凡五祭后土:初元四年(前 45 年)、永光元年(前 43 年)、永光三年(前 41 年)、永光五年(前 39 年)和建昭二年(前 37 年),都是隔年祭祀。

(5)成帝。初,从匡衡、张谭议,罢武帝诸祠,行长安南北郊之祭,即位 19 年,以无继嗣故,又复武帝诸祠,凡四祭后土:永始四年(前 13 年)、元延二年(前 11 年)、元延四年(前 9 年)和绥和二年(前 7 年),也是隔年祭祀。

(6)哀帝。成帝崩,曾罢武帝诸祠,复长安南北郊之祭。但哀帝即位后不久,又罢长安南北郊之祭,尽复武帝诸祠。哀帝多病,不亲祭,惟遣有司致祭。

(7)平帝。从王莽议,彻底废除武帝诸祠,行长安南北郊之祭。

(乙)东汉

惟光武帝建武十八年(42 年),进幸蒲坂,祠后土,推测也在汾阴。[27]

(三) 唐代的祭祀活动

史载天子亲祭三次,即唐玄宗开元十一年、十二年和二十年(723、724 和 732 年)。祭祀地点在宝鼎县。玄宗祭祀前,宫内原有后土像,是作妇人塑像,武则天时还把河对岸梁山祠的神像移此,置于别室配焉。[28]

（四）宋代的祭祀活动

史书记载，宋代祭后土，天子遣官致祭，主要有三次，即宋太祖开宝九年（976 年）一次，宋真宗景德四年（1007 年）一次，宋真宗大中祥符元年（1008 年）一次，这些祭祀是真宗亲祭的准备。他祭后土，只有一次，是在大中祥符四年（1011 年），仪式非常隆重。宋代史料对这一活动有详细记录（可以精确到天）。活动酝酿于三年（1010 年）的下半年，正式进行是在四年的正月到三月（仪式是在二月十七日，但往返颇费时日）。是年，真宗改宝鼎县为荣河县，置庆成军，增葺宫室，宫内设后土圣母像。[29]

（五）宋以后的祭祀活动

宋以后，天子不亲祭，但金章宗（1190—1208 年）和元世祖（1260—1294 年）皆遣官致祭，[30]明清以来降为民祠，乃乡社之所。[31]

案：明乔宇《汾阴祠记》“登谒后皇，翠冠翟裳”（收入上引《万泉、荣河县志》，626 页），曾提到明代的后土圣母像。今后土庙中仍供奉着类似的神像。

上述祭祀活动，自西汉中期到清代末年，历时两千多年，光是天子亲祀，就有 21 次。[32]

四、历代发现和金石铭刻（附：艺文著录）

这类发现和金石铭刻有：

（1）铜鼎。汉武帝元鼎元年（前 116 年），“得鼎汾水上。”（《汉书·武帝纪》）

案：此鼎非当时之鼎（若当时之鼎，不会视为神异），据下第六节，当是战国魏国墓地出土的铜鼎。

(2)铜鼎。汉武帝元鼎四年(前113年),“其夏六月中,汾阴巫锦为民祠魏脽后土营旁,见地如钩状,掊视得鼎。鼎大异于众鼎,文镂无款识”(《史记·封禅书》);“昔宝鼎之出于汾脽也,河东太守以闻,诏曰:‘朕巡祭后土,祈为百姓蒙丰年,今谷口兼未报,鼎焉为出哉?’博问耆老,意旧藏与,诚欲考得事实也。有司验脽上非旧臧处,鼎大八尺一寸,高三尺六寸,殊异于众鼎。……”(《汉书·郊祀志下》)

案:这是一件有花纹无铭文的大鼎,按汉尺一尺长23.1厘米计算,径约187厘米,高约83厘米,在出土发现中非常罕见,据下第六节,估计也是战国魏国墓地出土的铜鼎。

(3)铜鼎。唐玄宗开元十一年(723年),有两种说法,一种是出了三件,一种是出了两件。[33]

案:有可能是战国魏鼎,或秦汉魏晋时期的鼎。

(4)汉砖。唐玄宗开元十一年(723年),“又获古砖,长九寸,篆书‘千秋万岁’字及‘长乐未央’字”(《唐会要》卷十上)。

案:“千秋万岁”、“长乐未央”,都是汉宫砖瓦铭文的流行用语,不仅陕西出土,山西也出土。《三辅黄图》卷三:“万岁宫,武帝造。汾阴有万岁宫。宣帝元康四年幸万岁宫,神爵翔集,以元康五年为神爵纪元。”《河水四》“又南过汾阴县西”条:“汉宣帝神爵元年,幸万岁宫,东济大河,而神鱼舞矣。”这很明显是汉代的宫室用砖,或许就是万岁宫的用砖。

(5)张说《后土神祠碑铭》。碑铭很短,唐玄宗开元十一年(723年),命兵部尚书张说撰(收入《全唐文》卷二三一),但前有御序(收入《全唐文》卷四一),很长。碑亡。

案:《庙图碑》于承天门外西侧画碑楼,上题“唐明皇碑”,疑即此碑。[34]

(6)宋《汾阴二圣配飨之铭碑》(图三)。宋真宗大中祥符四年(1011年)刻,俗称“萧墙碑”。原在后土庙内,清顺治十二年(1655年),黄河东侵,祠被水淹,曾移此碑,置之荣河县城(在今宝井村)内察院东。1931年，黄河东侵，荣河县城被淹，碑亦沉沦。1951年，荣河县修建轧花厂，将碑帽砸碎作石料，留下中间的篆字碑额，使石碑遭到破坏。1963年，经勘探，始从泥沙中挖出，移入今后土祠内，收入碑廊保护。[35]

案：《庙图碑》于承天门外东侧画碑楼，上题"宋真宗碑"，疑即此碑。[36]或者楼中还有宋真宗《河渎显圣灵源公赞》、宋真宗《西海广润王赞》等碑（详下）。

（7）宋真宗祭后土玉册。大中祥符四年（1011年）刻铭瘗埋，埋藏地点应在《庙图碑》所画"阴柔之殿"前的栅栏内。文曰："维大中祥符四年，岁次辛亥，二月乙巳朔，十七日辛酉，嗣天子臣某，敢昭告于后土地祇：恭惟位配穹旻，化敷品汇。瞻言分壤，是宅景灵。备礼亲祠，抑惟令典。肇启皇宋，混一方舆，祖祢绍隆，承平兹久。眇躬缵嗣，励翼靡遑，厚德资生，绵区允穆，清宁孚祐，戴履蒙休。申锡宝符，震以珍物，虔遵时迈，已建天封。明察礼均，有所未答，栉沐祇事，用致其恭。夷夏骏奔，牲以荐，肃然郊上，对越坤元。式祈年丰，楙昭政本，兆民乐育，百福蕃滋，介祉无疆，敢忘祇畏。恭以琮币、牺牲、粢盛、庶品，备兹瘗礼。皇伯考太祖皇帝、皇考太宗皇帝侑神作主。尚享。"（《宋史·礼志七》）

案：册文形式同于大中祥符元年（1008年）宋真宗禅社首玉册，目前尚未发现，但说不定哪一天会出土。

（8）金《后土庙像图碑》（图四）。[37]此碑是明天启三年（1623年）翻刻嘉靖三十五年（1556年）碑，嘉靖三十五年碑又是据金天会十五年（1137年）碑重刻，碑名全称是《蒲州荣河县创立承天效法厚德光大后土皇地祇庙像图》，"蒲州荣河县创立承天效法厚德光大后土皇地祇庙"，是宋后土庙的原名。[38]碑的正面是庙像图，背面是"历朝立庙致祭实迹"。此图有两点值得注意。第一，它可以大致反映宋金后土庙的基本布局；第二，它把庙的北端画在汾、河二水交会处，这足以说明，宋金时期的庙址应在今庙前村以北，傅熹年先生的复原图也表现出这一点。

明代的后土庙，其实也离水边很近。[39]故今后土庙反而是南移的结果。

案：此碑，王世仁先生简称"后土祠庙貌碑"。他指出，"此图与金承安五年重修中岳庙图碑中之中岳庙极为类似"。王先生提到的"金承安五年重修中岳庙图碑"，碑额原名是"大金承安重修中岳庙图"。此碑碑阴所录《通鉴纲目》、《文献通考》提到大中祥符三年八月"辛未，内出《脽上后土庙图》，命陈尧叟量加修饰"，也是称为"脽上后土庙图"。可见当时最普通的叫法是"庙图"。下文简称"《庙图碑》"。

(9)元代和清代的《秋风辞》刻石(图五)。有元大德十一年(1307年)刻楷书《秋风辞》和清同治十三年刻篆书《秋风辞》两种，现藏秋风楼的二层和三层。[40]

案：我们推测，明清时期的"秋风楼"，前身即金元时期的"秋风亭"，而金元时期的"秋风亭"，前身即宋代的郑丘亭。明清时期的"秋风楼"，金元时期的"秋风亭"，都是取名于汉武帝《秋风辞》，碑刻本身正与这一名称相配。这可能是金元以来改名。我们推测，《庙图碑》上的大亭就是宋代的郑丘亭。今秋风楼在后土庙的最后，正与此亭相当。

(10)邵黛编钟(图六)。据说"出山西荣河县后土祠旁河岸中。同治初年，岸圮，出古器甚夥，长安贾人雷姓获邵钟大小十二器，皆同文"(《愙斋集古录》卷一，第七页)。[41]

案：同治元年(1862年)，黄河于荣河东岸决口，淹后土庙。这套编钟可能即出于其前后。"邵黛"，魏邵锜的后人。这套编钟是春秋晚期的魏器，出土后，曾归英兰坡、潘祖寅所有。"十二器"，现知有十三件，十件在上海博物馆，一件在台北故宫博物院，一件在大英博物馆，一件只有拓片，下落不明。

(11)齐仲之子鞽镈(图七)。旧称齐子仲姜镈、齐侯镈、黛镈等等。据说"同治庚午岁四月，山西荣河县后土祠旁河岸圮出土"(《攀古楼彝器款识》卷二，第一页)，"寻氏得之，后归潘伯寅"(《缀遗斋彝器款识考释》卷二，第二十七页)。50年代，此器由上海博物馆调拨中国历史博物馆收藏。[42]

案:这是一件春秋中晚期的齐器,葬于魏国。"同治庚午岁"为1870年,即今后土庙落成之年。这是现存铭文最长的钟镈之一,铭文有172字(外加重文二,合文一),它与上部黛钟也有可能是一墓所出,犹曾侯乙编钟与楚王酓章镈同簴。

(12)古铜印。"初淳熙十四年春,有聂事愿者获古印,其文曰'皇帝车驾奉祀汾阴之宝'。吴琚以献于朝,诏藏天章阁,下工部考覈,乃铜也。按《汾阴记》:'封金匮石匮,用"受命宝"及"天下同文宝"。'"此宝不见于记载,朝论疑之,卒不加赏云。"(《文献通考·王礼考十一》)

案:《汾阴记》,即下陈尧叟《汾阴奉祀记》。宋工部考覈,疑点有二,一是此宝是天子用印,非金则玉,而此印是铜印;二是《汾阴记》没有著录这类印文。但《汾阴记》所记为宋印,此印也可能是唐印。当然,唐代是否真有此类铜印,还有待证实。

附:艺文著录

(1)汉武帝《郊祀歌·景星》。见《汉书·礼乐志》等书,佚。《汉书·武帝纪》:"(元鼎四年夏)六月,得宝鼎后土祠旁。秋,马生渥洼水中,作《宝鼎》、《天马之歌》。"

(2)汉武帝《秋风辞》。见《文选》卷四五等书,存。或说出自《汉书》,或说出自《汉武故事》。序曰:"上行幸河东,祠后土,顾视帝京,欣然中流,与群臣饮燕,上欢甚,乃自作《秋风辞》曰"云。

案:汉武帝亲幸河东祭后土都在春三月,而不在秋,此诗或出依托。逯钦立先生说,元鼎四年夏六月巫锦获鼎后,武帝或有汾阴之行,乃猜测之辞,无法证实,见逯氏《先秦魏晋南北朝诗》(北京:中华书局,1983年,上册),第94—95页。

(3)扬雄《河东赋》。见《汉书·扬雄传》,存。

(4)《玄宗开元十一年祭皇地祇于汾阴乐章》。见《旧唐书·音乐志》,凡十一首,佚。

(5)《汾阴后土故事》三卷(自汉至唐)。见《崇文总目》卷二、《宋史·

艺文志》。《宋志》注“不知作者”,佚。

案:《宋会要辑稿·礼二八》之四二至四三载大中祥符三年八月一日下宰臣诏,提到“先是召王旦等曰:‘谓朕览史书,见汾阴祠后土事,亦古礼也。’因勑陈彭年等检讨历代祀汾阴及废后土祠事”,其书或出陈彭年等人。

(6)宋真宗《汾阴二圣配飨铭》。见《宋会要辑稿·礼二八》之五二、《续资治通鉴》卷二九、《庙图碑》录《通鉴纲目》、《文献通考》,即上《汾阴二圣配飨之铭碑》,存。

(7)宋真宗《河渎显圣灵源公赞》。见《宋会要辑稿·礼二八》之五二,佚。

(8)宋真宗《西海广润王赞》。见《宋会要辑稿·礼二八》之五二,佚。

(9)宋真宗《汾阴礼成诗》。见《庙图碑》录《通鉴纲目》、《文献通考》,佚。

(10)宋真宗《西巡还京歌》。见《庙图碑》录《通鉴纲目》、《文献通考》,佚。

(11)王旦《祀汾阴坛颂》。见《宋会要辑稿·礼二八》之四六、五二,为碑刻,文见上引《万泉、荣河县志》,第617—620页,存。

(12)宋王钦若《朝覲坛颂》。见《宋会要辑稿·礼二八》之四六、五二,亦碑刻,佚。

(13)宋陈尧叟《亲谒后土庙颂》。见《宋会要辑稿·礼二八》之四六、五二,亦碑刻,佚。

案:《宋史·陈尧叟传》作《亲谒太宁庙颂》,“太宁庙”即大中祥符四年四月十六日宋真宗为后土庙起的新名。

(14)宋陈尧叟《汾阴奉祀记》三卷。见《续资治通鉴》卷三十一,佚。

(15)宋陈尧叟《汾阴补记》三卷。见《庙图碑》录《通鉴纲目》、《文献通考》,佚。

(16)丁谓等《大中祥符祀汾阴记》五十卷。见《郡斋读书志》卷八、《宋史·艺文志》、《文献通考·经籍考十四》、《续资治通鉴》卷三一,佚。

案:《郡斋读书志》曰:"右皇朝丁谓撰。大中祥符三年八月,降祀汾阴御札,至明年春礼成。四年,诏与陈彭年编次事迹仪注,逾二年,成书上之。"

(17)宋丁谓《大中祥符祀汾阴祥瑞赞》五卷。见《宋史·艺文志》,佚。

(18)宋杨照《重修太宁庙记》。文见上引《万泉、宋河县志》,第620—621页,存。

(19)宋师德《汾阴大礼颂》。见《宋史·师德传》,佚。

(20)宋晁迥等撰《祀汾阴十首》。见《文献通考·乐考》,佚。

五、读卫聚贤《汉汾阴后土祠遗址的发现》和董光忠《山西万泉县阎子疙瘩(即汉汾阴后土祠遗址)之发掘》

西方的考古学,最初往往与探险和寻宝有关。他们的探险和寻宝很多都是根据古典作品和《圣经》的描写,按书上的记载去找,可能找到,可能找不到。有些著名发掘就是因此而起,比如英法和德国在土耳其、伊拉克、伊朗等地的发掘就是如此,典型代表是谢里曼的特洛伊发掘。我们的考古学比较年轻,20世纪上半叶,也有类似经历。比如,1930年卫聚贤发起的山西万泉县阎子疙瘩汉代遗址的发掘就是如此。[43]

卫聚贤为什么要发起和策划这一发掘?而且是选择在万泉县的孤山附近进行发掘?原因可能很多,但关键有一条,他是旧万泉县北吴村人。其地在唐以前,一直属于汾阴县,即脽丘的所在地。卫氏是在自己的家乡,按照《史》、《汉》记载寻找后土祠,而且一找,还真的就发现了汉代的遗址。《汉汾阴后土祠遗址的发现》就是他寻找后土祠和发掘后土祠的设想和计划,下简称《发现》。[44]

《发现》一文包括四部分:

(一)"介子推的隐地"。他先讨论介子推。介子推是山西历史上的名人，据说逃隐于介山。介山见于古书，向有二说，一说在介休，即绵山；一说即上面提到的万泉孤山。他的结论是，汉武帝到过的介山肯定在万泉，而不在介休，此山才是介子推隐居的介山。

（二）“汉汾阴后土祠的所在地”。是讨论汾阴后土祠在什么地方，即旧荣河县还是旧万泉县，作者认为，古书所见脽丘应是一高起之地，而汉汾阴境内的最高处当属介山，介山应即脽丘。他在“山西万泉县南吴村药王庙西南柏林庙东南严子疙瘩”，即阎子疙瘩，发现断崖上有不少汉代砖瓦，其中包括带“千秋”铭文的汉砖和带“宫宜子孙”、“长乐未央”铭文的瓦当（图八），这更坚定了他的想法：汉汾阴后土祠肯定是在旧万泉县的孤山。

（三）“后土祠即介子推祠”。作者又回到文章开头的话题，他说介子推是死在三月，万泉、稷山交界处的介庙有三月三日举行迎神赛会的习俗，而汉祭后土也在三月，可见后土祠就是介子推祠。

（四）“发掘的计划”。包括在山西万泉、山西太原、河南洛阳、陕西咸阳四处发掘，共需经费九万元，其中万泉占一万元。卫氏设想，此次发现，除汉代砖瓦为“当然得物”，铜器石刻和其他汉代建筑物为“预计所得”，还有“进一步希望”，是挖出春秋铜器，其中甚至包括“晋文公所埋五鼎之四”（此说近于幻想），以及这一时期的其他建筑物。

文后有年款，是 1929 年 6 月 12 日写于南京古物保存所。

《山西万泉县阎子疙瘩（即汉汾阴后土祠遗址）之发掘》，是根据卫氏设想，于次年在山西万泉县阎子疙瘩进行发掘，嗣后写成的发掘报告。报告用中英文双语发表，中文从书口的右边翻页，英文从书口的左边翻页，图版按英文顺序走。下简称《发掘》。[45]

中文部分，书前有山西省立（封面作“公立”）图书馆馆长柯璜的序言。然后是著者的简短声明，说明这一发掘是由卫聚贤论证和策划，请看《发现》一文云。

正文分四部分，第一至第三部分是由董光忠执笔，第四部分是由张蔚然执笔：

(一)“山西万泉县阎子疙瘩(即汉汾阴后土祠遗址)之发掘”。主要是讲发掘之缘起和发掘之经过,甚短。发掘缘起,是1930年卫聚贤从南京到北京与美国华盛顿弗利尔美术馆陈列部主任毕士博(C. W. Bishop)商定,由弗利尔美术馆出资,山西省立图书馆负责组织考古团进行发掘。双方签约,规定发掘标本归山西省立图书馆,发掘报告由两家署名,用中英文双语发表,发掘经费和出版经费由美方负责。考古团由四人组成:董光忠(来自山西省立图书馆,毕士博在中国的代理人)、张蔚然(来自中央研究院历史语言研究所考古组)、聂光甫(来自山西省立图书馆)和卫聚贤(来自南京古物保存所),万泉县长魏日靖、西杜村村长吴克明协助。发掘始于1930年10月30日,终于同年11月8日,共挖探沟十条,其中包括南北纵沟五条、东西横沟四条、斜沟一条,以及探沟旁出的探坑四个(图九),属于试掘性质。

(二)“掘获物门类”。是对出土物的说明,主要包括汉砖、汉瓦、陶器等大件器物,以及铜、铁、蚌、骨、琉璃等不同材质的小件器物。其中“铜器类”为耳环和五铢钱,没有图版或插图。汉砖有“千秋”、“□岁”铭,瓦当有“长生无极”、“宫宜子孙”和“长乐未央”铭(图一〇)。

(三)“各坑掘获物器物数目统计表(附统计表例言)”。即出土器物登记表,只有一页。

(四)“遗址附近之地形及地质”。是对孤山地理、地质的描述,并附“图三”即地图三的说明。作者说,此山周长60里,山高300米(两句中间,英文还多出一句:and it occupies an area of some 300 square *li* (thirty-five square miles),即“占地约300平方里(35平方英里)”),[46]西南峭突,东北坡缓,特别是东南一隅,山势平缓,为山尾,按堪舆家的说法,是宜于修建宫殿和祭坛的地点(图一一、一二)。[47]遗址即位于此处的多层台地上(图一三)。

英文部分,与中文略同,但前面多出一篇长达20页的介绍:*Prefatory Note on the Worship of Earth in Ancient China*(《序说:中国古代的土地崇拜》),是毕士博写给英文读者看的。上述四节的顺序也不一样，张文（第四节）在前，董文（第一至三节）在后。

全书包括图版19幅（14幅是黑白照片，5幅是线图），地图3幅，遗址（发掘部分）平面图一幅，插图一幅。

这次发掘的出土物，后来是归山西省立图书馆。山西省立图书馆，1933年改为民众教育馆，后来又改称山西省立太原博物馆，即山西省博物馆的前身。当年，这批文物曾于该馆的文庙陈列室展出。[48]

上述作品，《发现》的最大可取之处，就是它对与汾阴后土祠有关的介山给予了极大关注。其贡献主要有两点，一是论定汉武帝所到介山非介休介山而是万泉介山，二是指出阎子疙瘩遗址是汉代的宫殿遗址。但此文把万泉介山说成是脽丘和后土祠所在，把后土祠说成是介子推祠，据下所论，却并不可信。《发掘》一书记录的发掘，是在卫氏的设想下进行，它对遗址性质的判定也不可取，但发掘对象与汉武帝祭后土有关，这对我们的研究仍有参考价值。

六、汾阴古城之调查和庙前村魏国墓地的发掘

探索汾阴后土祠，关键有三，一是确定古汾阴城的位置，二是确定古脽丘的位置，三是寻找汉后土祠本身的遗物。

（一）我们先说第一点。首先，我们可以肯定，历代文献讲后土祠都是说它在汾阴。上面说过，汾阴古城，战国秦汉也好，魏晋南北朝也好，隋代和唐初也好，肯定是在汾、河二水交会处；唐代的宝鼎县和宋元明清的荣河县也都在黄河岸边。现在，据山西省考古工作者调查，汾阴古城（图一四）是在今后土庙和庙前村的西侧，只有东墙的北段和东北角还留在岸上，北、西、南三面均已没入水中，保留面积还有3000—4000平方米。东墙残长约750米，北段高15—42米、宽约7—9米不等，夯层厚8厘米，夯窝直径5.5厘米；东南角“看去不很明显”。城址遗物有陶片、砖瓦、瓦当、箭头等物（图一五），年代是在战国到西汉。其中有西汉典型的云纹瓦当和带“长生无极”铭文的瓦当（注意：这种铭文也见于

1930年万泉阎子疙瘩汉宫殿遗址出土的瓦当)。[49]也有学者认为,古城可以早到春秋时期,[50]即与庙前村的魏国墓地大致为同一时期。其上下限的时间范围还可以讨论。但凭这一发现,我们可以肯定,早期的汾阴肯定是在这一带。

(二)脽丘,按古书记载,是在汾、河二水交会处,现在还在黄河东岸。50年代,考古工作者到当地调查,说此丘是一道高约30米的土岗。当时,村民说,30—40年前,它东西长约5—6里,南北宽约2—3里,后来因河道东移,南段约3—4里已没入水中,剩下的部分只有2里长。[51]我们在第二节提到,按汉代的说法计算,脽丘的大小是:长约合今3—4里,宽约合今1.5里,高约合今20—30米。它比村民所说10—20年代人们看到的要小一点,但比50年代看到的要大一点。他们的回忆不一定可靠。这道土岗,汉代叫"魏脽"(《史记·封禅书》),当与它在魏汾阴城附近有关。我们要想确定汉后土祠在什么地方,有一点不能忘记,就是这一地点是个历代多出鼎彝的地方,汉武帝、唐玄宗祭后土,都是迎合这种祥瑞。

脽丘为什么多出鼎彝?请参看上文第四节。[52]它们很多都是因河水冲刷暴露于断崖,显然和脽丘所在的地形有关。1958年3月,当地船工在黄河边距河底30多米高的断崖(贾家崖)发现有铜器露出,当时拣到铜鼎、罍、鬲等二十余件。山西省文物管理委员会获知这一情况后,派人清理了残余部分,证实这是一座墓葬,编号为58M1。它就是后来庙前墓地发掘的先声。[53]另外,1961年,因河水冲刷,贾家崖被河水冲塌,这里还出土过错金鸟书的吴国铜器:王子于戈(图一六)。[54]

庙前墓地(图一四),50—60年代,山西省文物管理委员会做过全面调查、钻探,并有三次发掘(1958、1961和1962年)。他们发现,脽丘的地势是东北高亢,西南低缓,墓地分布其上,略小于这道土岗,面积有25万平方米,贾家崖一带,断崖上暴露墓葬甚多,就是历代多出鼎彝的地方。整个墓地,墓地中部和斜口村西北,墓葬最密集。这批墓葬主要是春秋战国墓，年代最早是上面提到的58M1。它们早可早到春秋晚期之初，晚可晚到战国中期，战国中期以后一度废弃，西汉中期又被利用，多数是春秋战国墓，少数是汉墓。[55]

上述发现说明，汾阴这个地方，城、墓、祠三者之间有密切关系。春秋战国时期，汾阴古城和庙前墓地彼此相邻，城里是住活人的地方，墓地是埋死人的地方，两者一左一右，相互匹配。而西汉中期，大约正好在武帝前后，这里的居民似乎突然增加，城邑是利用原来的城邑，墓地是利用原来的墓地。当时的人在这一带兴屋起坟，很容易发现铜器。汉代的后土祠是和出鼎有关，它的位置应该就在这一带，庙前墓地是间接证明。

（三）汉代的汾阴城是沿袭秦代和战国时期的汾阴城，但后土祠的正式建立却是在汉武帝元鼎四年，大致与庙前墓地中的汉墓是同一时期。汉汾阴城在什么地方？汉后土祠在什么地方？现在还没有直接证据。但我们在第四节中提到唐玄宗开元十一年祭后土，"又获古砖，长九寸，篆书'千秋万岁'字及'长乐未央'字"（《文献通考·郊社考九》），汉汾阴城也出土过带"长生无极"铭文的西汉瓦当。这些都是寻找汉代宫殿的重要线索。

总结上述发现，我们认为，既然汾阴古城在黄河岸边，唐宝鼎县和宋荣河县皆沿其地而易其名，仍在附近，唐宋以来的后土祠，与城相随，一脉相承，也在这一带，我们相信，汉代的后土祠不可能在其他地方，也一定就在附近。

七、我们的调查

我们的调查，是由国家社会科学基金委员会、山西省文物局大力支持，太原师范学院派车，该校网络中心主任董靖保陪同，同行有中国社会科学院文学所的赵丽雅先生，以及北京大学城市环境系的两位研究生，马保春和王辉，连同司机，一共七人。

下面摘自李零的调查日记。

5月16日夜，同赵丽雅乘火车去太原。17日晨到达，与先到太原师范学院的唐晓峰会合，他的两个学生已在身边。上午，去山西省考古所座谈，参观所内的发掘标本。然后，去山西省博物馆，除院里有一点石刻，没有文物展览。下午，上路，先去平遥古城，再去镇国寺，最后到霍州，宿霍州市财政局招待所。18日，参观霍州署、兴唐寺和霍山中镇庙，继往洪洞，参观广圣寺，看水神庙壁画，访永凝堡和坊堆的西周遗址，宿临汾市；19日，经临汾、襄汾、新绛，到稷山和河津一游。稷山，参观金墓博物馆，看青龙寺壁画。河津，看禹门口。然后去万荣，本来打算沿黄河东岸走，因为堵车，被迫绕道从柴家、里望走。下午到达万荣，住商贸大厦，旅馆对面是飞云楼。参观飞云楼，见万荣县文物旅游局局长孙养幸，听他介绍情况，得《万泉、荣河县志》和后土祠《庙图碑》拓片，以及后土祠和秋风楼的说明书。

20日，早起，天阴下雨，再到飞云楼会孙局长。孙局长在开会，暂时无法谈话。先在院内参观，看薛儆墓石椁。然后登楼照相。飞云楼的匾额是1952年所书，落款仍作“万泉县”。会后，孙局长派小贾、小孙为向导，南行，一同去孤山。

先到万泉乡，寻找“西社村”。因为在北京准备不够，很多地理方位都不清楚，只好临时打听。赵丽雅在孙局长写的《卫氏故里考》中读到，阎子疙瘩是在一个叫“西社村”的地方。我们就先打听“西社村”。万泉乡在孤山的北面。小贾、小孙说，你们要了解“西社村”在哪里，最好是找当地老人而且是有知识的老人问。经介绍，我们拜访了一位退休老师，此人名叫屈殿魁。他给我们讲孤山的形势，介绍孤山周围的村落分布。经他指点，卫聚贤的故里是在孤山东侧的北吴村，北吴村的南面还有南吴村；我们找的“西社村”，其实是“西杜村”之误，和吴村分南北相似，它也分东西，我们要找西杜村，先要找到东杜村。谢过屈老师，我们往外走，南望孤山，灰灰蒙蒙，天公不作美，雨中摄孤山，很不理想。照相后，去荆村，路旁有小屋，小屋旁立有保护标志，旁边是个土疙瘩，村人谓即瓦渣斜，当年董光忠等人在此发掘，在考古学史上有纪念意义。出荆村，再往东南走，至皇甫乡。问路，谓向南走，不意走错，又返回皇甫乡，再问路，才知道应走另一条路。路上，黄色的麦田和绿色的树丛相间，风景很好。左绕右绕，终于到达东杜村。东杜村与西杜村，中间有一道南北向的壕沟，连接两村的路是一道土梁，比较窄。刚刚下过雨，司机担心塌陷，众遂下车而行。进西杜村，被村民围观。问阎子疙瘩在什么地方，都说不知道，没人听说过。我们问，村里还有没有老人知道，谁听说过吴村的卫聚贤，也没人知道。这个村是以吴姓为大姓。有人说，村里最有知识是尹老师。于是，找尹老师。我们进一个院子打听，说不是尹老师家，唐晓峰和赵丽雅扭头就走。李零在院中解手，留在后面，出门前，顺便打听，女主人靠窗而立，说不知道，但问话间，有人在屋里搭讪，不断驳斥女主人，原来是此家的男主人。他说他知道这些事。唐晓峰和赵丽雅问尹老师，无功而返，他们没有想到，反而是这个农民知道情况。此人叫吴振江，自告奋勇，愿意给我们带路。我们从村西头出村，先西行，再北折，路边到处可见汉代的砖瓦。最后爬上一座高塬。他说，到了，你们说的“阎子疙瘩”，我们叫“阎疙瘩”，现在是村里的墓地，俗名“陵园”，还有一种叫法是“上甘岭”(当是50年代以来的新名)，并指着北面的另一个塬说，那座塬上有个“祖先碑”，有一个叫吴璋的人埋在那里。当年，卫聚贤到此发掘，是1930年，即72年前。那时，即便是10岁的小孩，活到现在也82岁，老人是见不到了。吴振江也是耳闻于先人。

遗址在孤山的东南脚，西北遥对孤山上的柏林庙，所见砖瓦与1930年的发现相符，纹饰同于未央宫和甘泉宫所出(图一七)。

我们终于找到了阎子疙瘩。登临四望，细雨绵绵，大家都很激动。唐晓峰“望气”，斩钉截铁说，此遗址必非后土祠，而是汉武帝祭后土临时歇脚的行宫(或可称为“介山宫”)。大家都赞同这一看法。看来，这个遗址还没有引起考古学界的足够重视，今后，还应做进一步调查，遗址保护的问题也应呼吁一下。

从阎子疙瘩回来，时间紧，放弃去北吴村调查(老人都已作古，估计很难访到当年的情况)，返回万荣县吃午饭。然后去庙前村看后土祠。路上有不少水坑，颠颠簸簸。

后土祠，东依黄河，北带汾水，人还没到，远远已见秋风楼。车开到庙垣东北隅，有小门正对秋风楼的右侧。大家从此小门入。接待者十分热心，售当地出版的《后土》杂志和碑刻拓片，入库看《秋风辞刻石》和《后土庙像图碑》，然后在院内拍摄。

今后土庙是一长院，北门不开，只能从门缝向外窥看。前院有树，地面有点潮湿，后院比较敞亮，也比较干燥。正殿和秋风楼间是一大空场，有一群小孩正在跳舞，秋风楼(图一八)有三层，第一层，一进门，可见"扫地坛"三字(图一九)，下面有放供物的石龕，左右两旁是楼梯。登楼，观《秋风辞》刻石，极目远眺，左前河滩十分宽阔，远处有星星点点的白色，是羊在吃草。黄河的河道很远，汾水蜿蜒，流入其中。整个颜色，或黄或绿，昏昏蒙蒙。左侧是韩城县，据说可见司马迁祠，但睁大眼睛看，还是看不清。

出秋风楼，继续颠簸，经临猗，去永济。晚上到永济，宿黄河宾馆(原名莺莺饭店)。

21日，上午参观万固寺和普救寺。然后，去蒲州城和蒲津渡，看黄河铁牛。下午去运城，看关帝庙、运城市博物馆、盐池博物馆。最后到夏县，宿国贸宾馆，名字很阔，条件极差(被褥、毛巾都很脏)。22日，上午去夏县博物馆，找不到拿库房钥匙的人。然后，去东下冯遗址。然后去侯马，住凯悦宾馆。下午去山西省考古所的信息中心，看陶寺文物。23日，同夏商周断代工程的人一起参观曲村车马坑、陶寺城址和侯马工作站。下午4点半，乘火车回北京。

上述调查，时间过于仓促，资料准备很不充分，但沿途所过，山川形势，多所观察，归而读书，还是很有收获。

现在，对照今后土庙的平面图和剖面图(图二〇)，回想我们看到的建筑，讲一点粗糙的印象：

(1)大门。前有月台,后有戏台,大体相当《庙图碑》的櫺星门或“太宁庙”门。

(2)道院。左右并列,大体相当《庙图碑》的“西道院”和“东道院”。但《庙图碑》的这两个院子是在外垣中点的两侧,这里则前置。

(3)旗杆。在院门内,《庙图碑》是放在“太宁庙”门后,位置大体对应。

(4)戏台。在旗杆后,左右并列,相当《庙图碑》的露台,两旁有廊庑。这一空间大体相当《庙图碑》主殿区内院的前庭。

(5)鼓楼和钟楼。在献殿前。《庙图碑》的钟楼和对面的建筑也在主殿的前方,但位置更为靠前,其实是在主殿区内院的前方,按此庙的位置讲,等于是在戏台的前面。

(6)献殿和正殿。它们大体相当《庙图碑》的“阴柔之殿”和“寝殿”。

(7)献殿、正殿两旁的建筑。左右有东西相对的两个配殿,左前和右前还有二祠,或即说明书上的“东西五虎配殿”。它们大体相当《庙图碑》的“□主”、“六一殿”、“五岳殿”和“五道殿”、“六甲殿”、“真武殿”。

(8)正殿后的空场和秋风楼。大体相当《庙图碑》的后院和我们推测为郊丘亭的建筑。

总体印象,今后土庙,主要是放大和突出了《庙图碑》的主殿区,而大大简化了它前面的院子。它在一定程度上保留了《庙图碑》的某些成分,但布局变化很大。

八、初步总结

(一)汾阴后土祠是汉代“三大祠”中硕果仅存,惟一保持祭祀的地点,唐宋时期的祭祀带有复古意味,延续了这一传统。其地位很高,从建筑设计看,要高出一般的岳庙、镇庙和渎、海庙,只有封禅泰山,才能与之相比。历史上,光天子亲祠就有 21 次。其中西汉最盛,有 17 次,唐代有 3 次,宋代有 1 次。天子派臣致祭或民间奉享,还不在其内。其著名天子，如汉武帝和汉光武帝，唐玄宗和宋真宗，都是历史上举行封禅大典的皇帝。它的历史价值和考古价值是毋庸置疑的。

（二）汾阴后土祠在今万荣县西黄河、汾水交汇处，即在旧荣河县的西南，地点与汉汾阴县城、唐宝鼎县城、宋荣河县城相邻，而不可能在其东面旧万泉县的孤山。

（三）汉代的汾、河二水，汾水的南岸较今靠北，河水的东岸较今靠西。我们应根据当地的地理形势和历史上的水患记录，进行地质和水文方面的调查。这会有助于了解上述城址和祠址的位置，以及其迁徙移动的规律。

（四）战国和汉代的汾阴古城是在今万荣县黄河东岸、汾水南岸的庙前村一带，确切地点是庙前村的西北，即旧荣河县的西南。这座古城，除东墙还残存在岸上，大部分都已没入黄河之中。唐宝鼎县和宋荣河县在庙前村南的宝井村，它们都在庙前村附近。唐万泉县在庙前村以东的万泉乡，即旧万泉县县城的位置，与历代的后土祠相距较远。1930年卫聚贤和董光忠等人在旧万泉县东南的阎子疙瘩发掘，他们发现的是另一处汉代遗址，而不是汉代的汾阴后土祠。

（五）汉后土祠在脽丘，脽丘在庙前村一带。这里是春秋战国魏国的汾阴城所在，城西有魏国墓地，历代多出鼎彝。汉武帝和唐玄宗获鼎，清代出土郘黛编钟、齐仲之子鎗镈，多半都是因汾、河二水冲刷河岸，因此露头。汉祠的位置在什么地方，还有待调查，或已没入水中，或仍压在今后土祠下，还有可能在附近的其他地方。唐玄宗祭后土，曾在这一带发现过“千秋万岁”砖和“长乐未央”砖，可以证明这一带确有汉代宫室。唐祠的位置，可能较汉祠偏南，具体位置也有待调查。宋祠则更在唐祠以南。金元和明清时期的后土祠，是在庙前村的北面，位置也经常移动。

（六）卫聚贤、董光忠等人发掘的万泉县阎子疙瘩遗址不是汾阴后土祠，而是汉武帝祭祀汾阴临时歇脚的行宫，即介山宫，情况类似蒲坂的首山宫。这个遗址，虽然不是后土祠本身，但与后土祠有关，是属于同一时期的汉代建筑，而且从过去的调查和试掘看，规模可能比后土祠还大，今后应该进行深入调查，摸清其遗址范围和地层内涵，以便采取适当的保护措施，为将来的发掘作准备。

2004 年 7 月 17 日写于北京蓝旗营小区

注　释：

① 本文是李零与唐晓峰共同调查共同讨论的结果。文章由李零搜集资料，执笔写成。文中的地图由北京大学历史地理研究中心马保春同学绘制。写作过程中，得到中国建筑技术设计院建筑历史研究所钟晓青先生的指点和帮助。

② 参看万荣县志编纂委员会《万泉、荣河县志》，内部印刷，1999 年。

③《旧唐书·玄宗本纪》："（十一年春二月）壬子，祠后土于汾阴之脽上，……改汾阴为宝鼎县。"《旧唐书·礼仪志四》记唐玄宗第一次祭后土在开元十一年二月十六日，曰："先是，脽上有后土祠，尝为妇人塑像，则天时移河西梁山神塑像，就祠中配焉。至是，有司送梁山神像于祠外之别室，内出锦绣衣服，以上后土之神，乃更加装饰焉。又于祠堂院外设坛，如皇地祇之制。及所司起作，获宝鼎三枚以献，十一年二月，上亲祠于坛上，亦如方丘仪。礼毕，诏改汾阴为宝鼎。"《元和郡县图志》："宝鼎县，……本汉汾阴也，属河东郡。……开元十一年，改为宝鼎县。"

④《元丰九域志》卷三："大中祥符四年改宝鼎县为荣河，隶庆成军。"

⑤ 今本《竹书纪年》卷上所述全同《宋书·符瑞志上》，或说前者是抄袭后者，其实不一定。因为这类传说在汉代非常流行，取材多端，不自一途。

⑥《通典》卷四五："开元十一年，玄宗自东都将还西京，便幸并州。至十二年二月二十二日，祠后土于汾阴脽上。太史奏：'荣光出河，休气四塞，祥风绕坛，日扬其光。'"唐吕温《河出荣光赋》（《全唐文》卷六二五）还把"荣光出河"倒过来讲。

⑦《读史方舆纪要》卷四一于荣河县下记："开元十一年，获宝鼎，因改县曰宝鼎。宋祥符三年，又改为荣河县，又置庆成军。"案：真宗祭后土在大中祥符四年二月，到达宝鼎的具体日期有丙辰（十二日）、丁巳（十三日）二说，壬戌（十八日）始建宝鼎为庆成军，改县即在其时，这里当从《元封九域志》，顾氏作"三年"误。

⑧《元和郡县图志》："万泉县，上。东北至州一百二十里，本汉汾阴县地，属河东郡。又薛通城者，后魏道武帝天赐元年，赫连勃勃僭号夏，侵河外，于时有县人薛通，率宗族千余家，西去汉汾阴县城八十里筑城自固，因名之。武德三年，于薛通故城置万泉县，属泰州。县东谷中有井泉，因名万泉。"

⑨ 杨富斗《山西万荣县发现古城遗址》（《考古》1959 年第 4 期，第 205 页）说庙

前村北距河口约1.5公里，南至宝井村（唐宝鼎县、宋荣河县）约4公里，东至荣河镇约7.5公里。王世仁《记后土祠庙貌碑》（《考古》1963年第5期，第273—277页）说庙前村北距河口5公里，南距宝井村亦5公里。二文所记略有不同，这里的距离是马保春同学根据《山西省地图集》（上海：中华印刷厂，1973年，1:250000）按直线距离测算。关于民国十年的荣河之迁，张柳星《重修荣河县志叙》（民国石印本，1935年）说："荣邑旧城向在宝鼎镇，距此廿五里，左眉岭，右大河，系隋开皇时创建，迄今垂数千年，河身日高，县城日低，潮湿倾圮，不胜修理。民初纪元，群议迁徙，逮至十年，始迁于此。"（收入上引《万泉、荣河县志》，第254页）。又张去疾《范公池歌》序也说"荣河县治西门内地势洼下，一遇淫雨，即成泽国"。

⑩ 参看《水经注·河水四》"（河水）又南过皮氏县西"、"又南出龙门口，汾水从东来注之"、"又南过汾阴县西"、"又南过蒲坂县西"四条的有关描述。

⑪ 参看《水经注·汾水》"（汾水）又南过临汾县东"、"又屈从县南西流"、"又西过长脩县南"、"又西过皮氏县南"、"又西至汾阴县北，西注入河"五条的有关描述。

⑫ 明乔宇《汾阴祠记》："去祠三百步许，是为汾河"（收入上引《万泉、荣河县志》，第626页）。案：乔宇（1457—1524年），明孝宗和武宗时的名臣，《明史》有传，传世文集有《乔庄简公集》。

⑬ 宋金郏丘亭，后改名秋风亭。金曹之谦《题秋风亭故基》诗："危亭冠雉雄，飞构何崔嵬。一夕堕劫火，变化成烟灰。颓基翳蓬蒿，坏道封苔莓。萧条古城上，空有秋风来"（收入《全金诗》卷一三〇）。他所看到的"秋风亭故基"，就是焚毁的秋风亭。

⑭ 元明清三代，不断有人来此登临赋诗，看来不久又重修。此亭，明人犹称"秋风亭"（如明祝颢《登秋风亭》），但不久就改称"秋风楼"。这一名称一直延续到清代和民国。

⑮ 参看清戴儒珍《迁建汾阴祠记》（收入上引《万泉、荣河县志》，第638页）。

⑯ 荣河东岸的黄河三决，一次是在顺治十二年（1655年），一次是在康熙元年（1662年），一次是在同治元年（1862年）。今后土祠是同治九年（1870年）知县戴儒珍在阎村村北高阜上重建，见上引《万泉、荣河县志》，第470页。关于顺治十二年的决口，可参看清潘国华《重建汾阴后土祠记》（收入上引《万泉、荣河县志》，第628—629页）；关于康熙元年的决口，可参看清陈觐圣《后土庙自康熙元年河决被冲修志有感》诗（同上，第662页），关于同治十二年的决口，可参看清戴儒珍《迁建汾阴祠记》（同上，第638页）。

⑰ 参看水利部黄河水利委员会《黄河水利史述要》编写组《黄河水利史述要》，北京：水利电力出版社，1984年，第17页。

⑱《汉书·郊祀志》"上遂立后土祠于汾阴脽上"，师古曰："二说皆是也。脽者，以其形高起如人尻脽，故以名云。一说此临汾水之上，地本名鄈，音与葵同，彼乡人呼葵音如谁，故转而为脽字耳，故《汉旧仪》云葵上。"

⑲《汉书·武帝纪》"上遂立后土祠于汾阴脽上",如淳曰:"脽者,河之东岸特堆掘,长四五里,广(一)〔二〕里余,高十余丈。汾阴县治脽之上。后土祠在县西。汾在脽之北,西流与河合。"郦道元《水经注·汾水》"又西至汾阴县北,西注于河"条曾描写脽丘的位置和范围,也说"水南有长阜,背汾带河,阜长四五里,广二里余,高十丈。汾水历其阴,西入河,《汉书》谓之汾阴脽"。

⑳《水经注·汾水》"又西过皮氏县南"条:"文颖曰:介山在河东皮氏县东南。其山特立。"《清史稿·地理志·山西》"万泉",注:"……东:介山,其西峰孤山。城南山阴暖泉。……"《读史方舆纪要》卷四一说孤山"在县西南十里,一名介山,以亭然孤峙,不接他山也"。案:介山又名汾山,见《水经注·汾水》"又西过皮氏县南"条;又名孤山,见《太平寰宇记》卷四六。

㉑"介丘",或说是大山,或说是小山(读如"芥")。如《史记·司马相如传》:"钦哉,符瑞臻兹,犹以为薄,不敢道封禅。盖周跃鱼陨杭,休之以燎,微夫斯之为符也,以登介丘,不亦恧乎!"集解引《汉书音义》曰:"介,大;丘,山也。言周以白鱼为瑞,登太山封禅,不亦惭乎!"就是以为大山;扬雄《法言·吾子》:"升东岳而知众山之峛崺也,况介丘乎!浮沧海而知江河之恶沱也,况枯泽乎!"宋咸注:"介,小也。"就是以为小山。古书常以"介丘"与"梁父"并举,如《晋书·礼志下》:"登介丘,履梁父。"唐代封禅泰山,也把行禅礼的社首山称为介丘,并把社首坛称为介丘坛,见《旧唐书·礼仪志三》。介山或有这类含义。

㉒扬雄《河东赋》是写于汉成帝的哪一年,王先谦《汉书补注》曾有所讨论,定为元延二年。《西汉会要》卷十也把《汉书·扬雄传》的这段话编入元延二年。

㉓《唐十道志》:"河东道名山曰介山,其山高三十里,周七十里,汉武帝用事介山,即此。后周保定初,韦孝宽筑城于玉壁以北,齐人至境上,会废,孝宽使汾水以南傍介山、稷山诸村皆纵火,齐人以为军营,将兵自固。版筑遂集。所谓介山,亦即此山也。或又讹为绵山。西半隅有栏泉,南麓有双泉。又有桃花洞,其东谷有暖泉,流为东谷涧。"

㉔扬雄《河东赋》"谒汾阴于东郊",师古曰:"京师之东,故曰东郊也。"可见当时是以汾阴比东郊。案:这三大祠,祭祀对象大体同于明清的天坛、地坛和历代帝王庙。

㉕黄河在蒲坂和朝邑之间经常摆动,蒲津渡(宋称大庆关)时在河东,时在河西。参看《黄河水利史述要》,第17页。

㉖如:(1)文帝十二年(前168年),"文帝十二年冬,河决东郡"(《汉书·武帝纪》),"孝文时,河决酸枣,东溃金堤"(《史记·河渠书》);(2)武帝建元三年(前138年),"河水溢于平原,大饥,人相食"(《汉书·武帝纪》);(3)武帝元光三年(前132年),"三年春,河水徙,从顿丘东南流入勃海"(《汉书·武帝纪》);(4)武帝元光三年(前132年),"夏五月,河水决濮阳,氾郡十六"(《汉书·武帝纪》),"今天子元光之中,河决于瓠子,东南注钜野,通于淮、泗"(《史记·河渠书》)。

㉗ 以上，见《史记·封禅书》，《汉书》的《武帝纪》、《昭帝纪》、《宣帝纪》、《元帝纪》、《成帝纪》、《哀帝纪》、《平帝纪》、《地理志》、《郊祀志》，《后汉书》的《光武帝纪》、《文苑列传》。

㉘ 以上，十一年祭，见两《唐书》的《玄宗本纪》、《旧唐书·礼仪志四》和《册府元龟》卷三三；十二年祭，见《通典》卷四五和《文献通考·郊社考九》。这也可能是同一次祭祀的两种不同记载。

㉙ 以上，见《宋史》的《真宗本纪》、《礼志七》，以及《文献通考·郊社考九》、《续资治通鉴》卷二六、二九、《庙图碑》录《通鉴纲目》、《文献通考》。

㉚ 见上《万泉、荣河县志》，第470页。

㉛ 后土庙附近的乡民在庙中举行祭祀活动，宋代就有记载。如：《宋会要辑稿·礼二八》："（大中祥符四年四月）五日，诏汾阴后土坛令官吏守奉，勿令人至其上。十六日，诏脽上后土庙宜令本殿周设栏楯，民庶祈赛，上拜于庭中，官吏非祠祭，亦勿升殿。""六年四月六日，庆成军言：'太宁宫请自清明至四月八日天庆节三元各五日，并听士庶焚香。'从之。"案：今俗以农历3月18日和10月5日为庙会大祭日。

㉜ 下引《庙图碑》"历朝立庙致祭实迹"对历代祭祀有撮述，王世仁《记后土祠庙貌碑》说它"除轩辕、二帝、三王之说系讹衍附会者外，余文均见诸史乘无误"，但经核实，其记事多误，如：(1)以后土祠立于元狩二年冬十月"行幸雍，祠五畤"后；(2)误增"汉武帝元封二年祀后土"；(3)误增"太初元年十二月祀后土"；(4)"五凤元年三月幸河东祀后土"是"五凤三年三月幸河东祀后土"之误；(5)误增"甘露二年三月，幸河东，祀后土"；(6)汉元帝五祭后土，此碑漏掉永光三年和五年事；(7)汉成帝四祭后土，此碑漏掉元延二年、四年和绥和二年事；(8)误增"哀帝建平三年冬十一月祀汾阴"；(9)漏唐玄宗开元十一年事。

㉝《旧唐书·礼仪志四》："先是，脽上有后土祠，尝为妇人塑像，则天时移河西梁山神塑像，就祠中配焉。至是，有司送梁山神像于祠外之别室，内出锦绣衣服，以上后土之神，乃更加装饰焉。又于祠堂院外设坛，如皇地祇之制。及所司起作，获宝鼎三枚以献，十一年二月，上亲祠于坛上，亦如方丘仪。"《唐会要》卷十上："初，有司奏脩坛，掘地获古铜鼎二，其大者容四升，小者容一升，色皆青。"

㉞ 参看王世仁《记后土祠庙貌碑》。

㉟ 山西省考古研究所：《山西碑碣》，太原：山西人民出版社，1997年，第172—181页。参看：樊晋宝《〈汾阴二圣配飨铭〉碑文注释》（《后土》2001年4期，第44—50页），第50页，注2。

㊱ 王世仁《记后土祠庙貌碑》说此"宋真宗碑"是指大中祥符四年王钦若撰《汾阴朝觐坛颂》，恐非。

㊲ 参看王世仁：《记后土祠庙貌碑》。案：王文只有碑图的拓本和摹本，见插页：图一、图二；碑阴的拓本，见山西省考古研究所《山西碑碣》，第182—184页。

㊳ 王世仁先生指出，今碑额所刻庙号全称见于《宋大诏令集》卷一三七之政和

六年诏，是宋代原来的名称。见王氏著《记后土祠庙貌碑》。

㊴ 明乔宇《汾阴祠记》："去祠三百步许，是为汾河，重湍驶涛，自河津而来。河之滨，见卧有崇碑，埋有穹龟，去流惟跬步，拂而观之，乃宋真宗西封文也。相与恻感，遂鸠隶人培土而深，贯木而旋，系绳而引，使依于祠所，庶几不忘。"（收入上引《万泉、荣河县志》，第626页）。案："宋真宗西封文"，是记真宗祭华山事。真宗祭后土前曾西行祭华山。乔宇文说明，明后土祠仍距河口不远。

㊵ 山西省考古研究所：《山西碑碣》，第270—271页。

㊶ 中国社会科学院考古研究所编《殷周金文集成》，第一册，北京：中华书局，1984年，第252—262页；第225—237页。

㊷ 同上，第301—302页；第271页。

㊸ 1950年，徐旭生先生在河南登封、禹县、偃师寻找夏墟也带有同样的性质。

㊹ 卫聚贤：《汉汾阴后土祠遗址的发现——附发掘计划》，《东方杂志》第26卷19号（1929年），第71—81页。

㊺ 董光忠：《山西万泉县阎子疙瘩（即汉汾阴后土祠遗址）之发掘》，太原山西公立图书馆和美国华盛顿福利尔艺术陈列馆合刊，上海，1932年。案："美国华盛顿福利尔艺术陈列馆"，即 Freer Gallery of Art of Washington D.C.，今多译为"华盛顿弗利尔美术馆"。

㊻《水经注·汾水》"又西过皮氏县南"条曾描写此山："文颖曰：介山在河东皮氏县东南。其山特立，周七十里，高三十里。颖言在皮氏县东南则可，高三十里，乃非也。今准此山，可高十余里。"案："周七十里"，与此说相近，但"高三十里"或"高十余里"则不合。疑所记或为上山路程，非高度也。

㊼ 地图三上标有大片新石器遗址。它们主要位于孤山东北（药王庙的西北和东南）和正南（水母庙南）的山麓。这次发掘后，1931年4月，由国立北平大学女子师范研究所、山西省立图书馆和美国弗利尔美术馆合作，卫聚贤（代表国立北平大学女子师范研究所）和董光忠（代表弗利尔美术馆）还在孤山东北的荆村瓦渣斜进行过考古发掘。参看董光忠：《本校与山西图书馆、美国福利尔艺术陈列馆发掘山西万泉石器时代遗址之经过》，《师大月刊》1933年3期，第99—111页。案：1993年李零在华盛顿弗利尔—赛克勒美术馆的图书馆曾发现董氏的报告手稿。

㊽ 水野清一、日比野丈夫：《山西古迹志》，孙安邦等译，太原：山西古籍出版社，1993年，第11、16—18页。

㊾ 杨富斗：《山西万荣县发现古城遗址》，《考古》，1959年第4期。

㊿ 陶正刚：《山西境内东周古城址调查》，《晋文化研究座谈会纪要》，太原：山西人民出版社，1985年，第32—36页。

51 杨富斗：《山西万荣县发现古城遗址》，《考古》，1959年第4期。

52 关于汾阴出鼎和庙前墓地的关系，李零已有所讨论，见所著《中国方术续考》，北京：中华书局，2006年，第134—136页。

㊸ 杨富斗:《山西万荣县庙前村的战国墓》,《文物参考资料》1958 年 12 期,第 34—35 页。

㊹ 张颔:《万荣出土错金鸟书戈铭文考释》,《文物》1962 年 4、5 期,第 35—36 页。

㊺ 正式报告尚未发表,目前比较详细的介绍,见山西省考古研究所:《万荣庙前东周墓发掘收获》,《三晋考古》第一辑,太原:山西人民出版社,1994 年,第 218—250 页。

附录一：汾阴后土祠的祭祀活动

一、西汉

（一）汉文帝

汉文帝十六年(前 164 年)。

“平(新垣平)言曰:‘周鼎亡在泗水中,令河溢通泗,臣望东北汾阴直有金宝气,意周鼎其出乎？兆见不迎则不至。’于是上使使治庙汾阴南,临河,欲祠出周鼎。”(《史记·封禅书》。《汉书·郊祀志》有类似记载)

案:新垣平,赵人。汾阴城西为魏国墓地,因黄河冲刷河岸,历代多出鼎彝,而赵地又与魏地相近,盖预有所闻。周鼎没于泗水,是秦汉时期的流行传说(汉画像石常见泗水捞鼎图)。新垣平说“周鼎亡在泗水中”是导致“河溢通泗”的原因,预言汾阴会出周鼎,是想用鼎出则河平来打动文帝。汉文帝十二年(前 168 年),即四年以前,曾有河决酸枣的大水灾:“文帝十二年冬,河决东郡”(《汉书·武帝纪》),“孝文时,河决酸枣,东溃金堤”(《史记·河渠书》),但未闻“河溢通泗”。史载河溢通泗,是在武帝元光三年(前 132 年),“夏五月,河水决濮阳,氾郡十六”(《汉书·武帝纪》),“今天子元光之中,河决于瓠子,东南注钜野,通于淮、泗”(《史记·河渠书》),即 32 年以后。新垣平编造神气之说,被人揭发而伏诛,但河溢通泗和获鼎汾阴,后来却成为事实。这是武帝立后土祠的背景。

（二）汉武帝

(1)元鼎元年(前 116 年)。

“(元鼎元年)夏五月,赦天下,大酺五日。

得鼎汾水上。

……"(《汉书·武帝纪》)

案:这是武帝首次获鼎,元鼎年号即以此而得。

(2)元鼎四年(前113年)。

"其明年冬,天子郊雍,议曰:'今上帝朕亲郊,而后土无祀,则礼不答也。'有司与太史公、祠官宽舒议:'天地牲角茧栗。今陛下亲祠后土,后土宜于泽中圜丘为五坛,坛一黄犊太牢具,已祠尽瘗,而从祠衣上黄。'于是天子遂东,始立后土祠汾阴脽丘,如宽舒等议。上亲拜望,如上帝礼。……

是时上方忧河决,……

其夏六月中,汾阴巫锦为民祠魏脽后土营旁,见地如钩状,掊视得鼎。鼎大异于众鼎,文镂无款识,怪之,言吏。吏告河东太守胜,胜以闻。天子使使验问巫得鼎无奸诈,乃以礼祠,迎鼎至甘泉,从行,上荐之。至中山,曣唱,有黄云盖焉。有麃过,上自射之,因以祭云。至长安,公卿大夫皆议请尊宝鼎。天子曰:'间者河溢,岁数不登,故巡祭后土,祈为百姓育谷。今岁丰庑未报,鼎曷为出哉?'有司皆曰:'闻昔泰帝兴神鼎一,一者壹统,天地万物所系终也。黄帝作宝鼎三,象天地人。禹收九牧之金,铸九鼎。皆尝亨鬺上帝鬼神。遭圣则兴,鼎迁于夏商。周德衰,宋之社亡,鼎乃沦没,伏而不见。《颂》云"自堂徂基,自羊徂牛;鼐鼎及鼒,不吴不骜,胡考之休"。今鼎至甘泉,光润龙变,承休无疆。合兹中山,有黄云降盖,若兽为符,路弓乘矢,集获坛下,报祠大享。唯受命而帝者心知其意而合德焉。鼎宜见于祖祢,藏于帝廷,以合明应。'制曰:'可。'"(《史记·封禅书》。《汉书·郊祀志上》有类似记载)

"……昔宝鼎之出于汾脽也,河东太守以闻,诏曰:'朕巡祭后土,祈为百姓蒙丰年,今谷嗛未报,鼎焉为出哉?'博问耆老,意旧藏与,诚欲考得事实也。有司验脽上非旧臧处,鼎大八尺一寸,高三尺六寸,殊异于众鼎。今此鼎细小,又有款识,不宜荐见于宗庙。'制曰:'京兆尹议是。'"(《汉书·郊祀志下》)

案：据下《汉书·武帝纪》，武帝“郊雍”在元鼎四年冬十月，“始立后土祠”在冬十一月甲子，事出司马谈、宽舒之议，非以获鼎而立，获鼎是在其后的夏六月。“其明年冬”节，原文接在“文成死明年……世莫知也”节和“其后三年……三元以郊得一角兽曰‘狩’云”节后，《庙图碑》“历朝立庙致祠实迹”误读，以为后土祠始立于元狩二年冬十月“行幸雍，祠五畤”之后，应纠正。“于是天子遂东，始立后土祠汾阴脽丘，如宽舒等议”，《汉书·郊祀志》作“于是天子遂东幸汾阴。汾阴男子公孙滂洋等见汾旁有光如绛，上遂立后土祠于汾阴脽上，如宽舒等议”。“脽上”，苏林曰：“脽音谁。”如淳曰：“脽者，河之东岸特堆掘，长四五里，广(一)〔二〕里余，高十余丈。汾阴县治脽之上。后土祠在县西。汾在脽之北，西流与河合。”师古曰：“二说皆是也。脽者，以其形高起如人尻脽，故以名云。一说此临汾水之上，地本名鄈，音与葵同，彼乡人呼葵音如谁，故转而为脽字耳，故《汉旧仪》云葵上。”此记武帝始立后土祠，事在河决濮阳之后十九年。当时，汉武帝“遂东，始立后土祠汾阴脽丘”，估计是东出长安，从蒲坂渡河，直接到汾阴祠后土。“汾阴巫锦为民祠魏脽后土营旁”，我理解，意思是说有巫名锦者（疑即后土祠中的巫者）为当地人民祷求，地点在故魏脽之地新建后土祠的围墙之外，而不是说巫锦在后土祠外另外修了一所“民祠”（以别于官祠）。这是武帝的第二次获鼎，鼎大异于前，迁于甘泉。

“（元鼎）四年冬十月，行幸雍，祠五畤。赐民爵一级，女子百户牛酒。行自夏阳，东幸汾阴。十一月甲子，立后土祠于汾阴脽上。……

……

（夏）六月，得宝鼎后土祠旁。秋，马生渥洼水中，作《宝鼎》、《天马之歌》。”（《汉书·武帝纪》）

案：这是汉武帝第一次祭后土。《史记·封禅书》只记武帝元鼎四年立后土祠。其后发生之事，详见《汉书》之《武帝纪》、《郊祀志》。

(3)元鼎五年（前112年）。

“（元鼎五年）十一月辛巳朔旦，冬至。立泰畤于甘泉。天子亲郊见，朝日夕月。诏曰：‘朕以眇身托于王侯之上，德未能绥民，民或饥寒，故巡祭后土以祈丰年。冀州脽壤乃显文鼎，获(祭)〔荐〕于庙。渥洼水出马，朕其御焉。战战兢兢，惧不克任，思昭天地，内省自新。《诗》云：“四牡翼翼，以征不服。”亲省边垂，用事所极。望见泰一，修天文襢。辛卯夜，若景光十有二明。《易》曰：“先甲三日，后甲三日。”朕甚念年岁未咸登，饬躬斋戒，丁酉，拜况于郊。’”(《汉书·武帝纪》)

案：此五年追记之辞。“脽壤”即脽上之地，“文鼎”即“文镂无款识”之鼎。

(4)元封四年(前107年)。

“(元封)四年冬十月，行幸雍，祠五畤。通回中道，遂北出萧关，历独鹿、鸣泽，自代而还，幸河东。春三月，祠后土。诏曰：‘朕躬祭后土地祇，见光集于灵坛，一夜三烛。幸中都宫，殿上见光。其赦汾阴、夏阳、中都死罪以下，赐三县及杨氏皆无出今年租赋。’”(《汉书·武帝纪》。其事又见《郊祀志》)

案：这是汉武帝第二次祭后土。他是从西北巡游，绕一个大圈子，从代地南下，到河东祠后土。《庙图碑》“历朝立庙致祠实迹”记“元封二年祀后土，赐二县及杨民无出今年租赋。四年三月祀后土，诏曰：‘朕躬祭后土，光集灵坛，一夜三烛。’”其实是把四年事一分为二，误增二年。

(5)元封六年(前105年)。

“(元封)六年冬，行幸回中。春，作首山宫。

三月，行幸河东，祠后土。诏曰：‘朕礼首山，昆田出珍物，化或为黄金。祭后土，神光三烛。其赦汾阴殊死以下，赐天下贫民布帛，人一匹。’”(《汉书·武帝纪》。其事又见《郊祀志》)

案：这是汉武帝第三次祭后土。“首山宫”，是蒲坂之宫。应劭曰：“首山在上郡，于其下立庙也。”文颖曰：“在河东蒲坂界。”师古曰：“寻此下诏文及依《地理志》，文说是。”《汉书·地理志》“河东郡蒲反”，注：“有尧山、首山祠。雷首山在南。故曰蒲，秦更名。”“行幸河东，祠后土”，大概都是东出长安，直接渡河，经蒲坂，前往汾阴，下同。

(6)太初二年(前 103 年)。

“(太初二年春)三月,行幸河东,祠后土。……

夏四月,诏曰:‘朕用事介山,祭后土,皆有光应。其赦汾阴、安邑殊死以下。’”(《汉书·武帝纪》)

案:这是汉武帝第四次祭后土。文颖曰:“介山在河东皮氏县东南。其山特立,周七十里,高三十里。”《汉书·地理志》“河东郡汾阴”,注:“介山在南。”《庙图碑》“历朝立庙致祠实迹”记“太初元年十二月祀后土”,误。又《武帝纪》“(太初元年)十二月,禮高里,祠后土”,是说在高里祠后土,而非于汾阴祠后土,不录。

(7)天汉元年(前 100 年)。

“(天汉元年春)三月,行幸河东,祠后土。”(《汉书·武帝纪》)

案:这是汉武帝第五次祭后土。《史记·封禅书》于结尾说“今天子所兴祠,太一、后土,三年亲郊祠,建汉家封禅,五年一脩封”,规定太一、后土,皆三年一祀(即每隔一年祭祀一次),但元鼎四年至元封四年,中间隔五年,太初二年至天汉元年,中间隔二年,则有所不同。

(三)汉宣帝

(1)神爵元年(前 61 年)。

“(神爵元年春)三月,行幸河东,祠后土。诏曰:‘朕承宗庙,战战栗栗,惟万事统,未烛厥理。乃元康四年嘉谷玄稷降于郡国,神爵仍集,金芝九茎产于函德殿铜池中,九真献奇兽,南郡获白虎威凤为宝。朕之不明,震于珍物,饬躬斋精,祈为百姓。冬济大河,天气清静,神鱼舞河。幸万岁宫,神爵翔集。朕之不德,惧不能任。其以五年为神爵元年。赐天下勤事吏爵二级,民一级,女子百户牛酒,鳏寡孤独高年帛。所振货物勿收。行所过毋出田租。’”(《汉书·宣帝纪》。其事又见《郊祀志》)

案:《汉书·郊祀志》说“昭帝即位,富于春秋,未尝亲巡祭云”,是因为八岁即位,年纪太小,由大将军霍光辅政,又很短命。宣帝即位,情况类似,“时大将军霍光辅政,上共己正南面,非宗庙之祀不出”(《汉书·郊祀志》)。他是 12 年以后,才亲巡出祭。这是汉宣帝第一次祭后土。"幸万岁宫",服虔曰:"万岁宫在东郡平阳县,今有津。"晋灼曰:"《黄图》汾阴有万岁宫,是时幸河东。"师古曰:"晋说是。"《黄图》即《三辅黄图》,其书记甘泉宫有万岁宫,而汾阴亦有万岁宫,此平阳万岁宫是另一万岁宫,非汾阴万岁宫。

(2)五凤三年(前 55 年)。

"(五凤三年春)三月,行幸河东,祠后土。"(《汉书·宣帝纪》。其事又见《郊祀志》)

案:这是汉宣帝第二次祭后土。《庙图碑》"历朝立庙致祠实迹"误隶此事于五凤元年,并记"甘露二年三月,幸河东,祀后土",亦无据。甘露二年为前 52 年。

(四)汉元帝

(1)初元四年(前 45 年)。

"(初元四年春)三月,行幸河东,祠后土。赦汾阴徒。赐民爵一级,女子百户牛酒,鳏寡高年帛。行所过无出租赋。"(《汉书·元帝纪》。其事又见《郊祀志》)

案:这是汉元帝第一次祭后土。《庙图碑》"历朝立庙致祠实迹"于此条下记"永光元年,幸河东,祀后土",据下引《郊祀志》,可信。永光元年为前 43 年。

(2)建昭二年(前 37 年)。

"(二年春)三月,行幸河东,祠后土。"(《汉书·元帝纪》。其事又见《郊祀志》)

案:这是汉元帝第五次祭后土。元帝祭后土,最合乎武帝所立"三年一祀"(即每隔一年祭祀一次)的祭祀规定。《汉书·郊祀志》说"元帝即位,遵旧仪,间岁正月,一幸甘泉郊泰畤,又东至河东祠后土,西至雍祠五畤。凡五奉泰畤、后土之祠",史缺其三,疑在永光元年、三年和五年(前 43 年、前 41 年、前 39 年)。

（五）汉成帝

（1）建始二年（前 32 年）。

“（建始）二年春正月，罢雍五畤。辛巳，上始郊祀长安南郊。诏曰：‘乃者徙泰畤、后土于南郊、北郊，朕亲饬躬，郊祀上帝。皇天报应，神光并见。三辅长无共张繇役之劳，赦奉郊县长安、长陵及中都官耐罪徒。减天下赋钱，算四十。’

辛丑，上始祠后土于北郊。”（《汉书·武帝纪》）

案：成帝初即位，匡衡、张谭议罢甘泉泰畤、汾阴后土祠和雍五畤，改行长安南北郊之祭。建始元年（前 33 年），罢甘泉泰畤、汾阴后土祠。二年（前 32 年），罢雍五畤。至此始行长安南北郊之祭。参看《汉书·郊祀志》载衡、谭奏议。

（2）永始三年（前 14 年）。

“（永始三年）冬十月庚辰，皇太后诏有司复甘泉泰畤、汾阴后土、雍五畤、陈仓陈宝祠。语在《郊祀志》。”（《汉书·成帝纪》）

案：汉成帝从匡衡、张谭议，罢甘泉泰畤、阴后土祠和雍五畤，行长安南北郊之祭，事在建始元年和二年。三年，衡、谭坐事免，众多非议之，以为不当变动旧制，尤以刘向反对最力，上有悔意。后以无继嗣故，乃令皇太后诏有司复甘泉泰畤、汾阴后土祠和雍五畤，以及旧祠著明者。其时上距建始元年已有 18 年。参看《汉书·郊祀志》载刘向对上问。

（3）永始四年（前 13 年）。

“（永始四年春）三月，行幸河东，祠后土，赐吏民如云阳，行所管无出田租。”（《汉书·成帝纪》）

案：这是汉成帝第一次祭后土。成帝复后土之祀，议在三年，行在四年。

（4）元延二年（前 11 年）。

“（元延二年春）三月，行幸河东，祠后土。”（《汉书·成帝纪》）

案：这是汉成帝第二次祭后土。扬雄《河东赋》记汉成帝祭后土，说“其三月，将祭后土，上乃帅群臣横大河，凑汾阴。既祭，行游介山，……”，此事应系于汉成帝哪一年，王先谦《汉书补注》曾有所讨论，最后是定为元延二年。《西汉会要》卷十也把《河东赋》定在这一年。

(5)元延四年(前9年)。

“(元延四年春)三月，行幸河东，祠后土。”(《汉书·成帝纪》)

案：这是汉成帝第三次祭后土。

(6)绥和二年(前7年)。

“(绥和二年春)三月，行幸河东，祠后土。”(《汉书·成帝纪》)

案：这是汉成帝第四次祭后土。成帝初，从匡衡、张谭议，罢武帝诸祠，行南郊之祭(在长安南郊祭天)，后以无继嗣故，复武帝诸祠，凡四祭后土：成帝遵旧仪，仍作三年一祀。《庙图碑》“历朝立庙致祠实迹”只记永始四年之祀，不记元延二年、四年和绥和二年之祀。

(六)汉哀帝

“后数年，成帝崩，皇太后诏有司曰：‘皇帝即位，思顺天心，遵经义，天下说熹。惧未有皇孙，故复甘泉泰畤、汾阴后土，庶几获福。皇帝恨难之，卒未得其祐。其复南北郊长安如故，以顺皇帝之义也。’

哀帝即位，寝疾。博徵方术士，京师诸县皆有侍祠使者，尽复前世所常兴诸神祠官，凡七百余所，一岁三万七千祠云。

明年，复令太皇太后诏有司曰：‘皇帝孝顺，奉承圣业，靡有解怠，而久疾未瘳。夙夜唯思，殆继体之君不宜改作。其复甘泉泰畤、汾阴后土祠如故。’上亦不能亲至，遣有司行事而礼祠焉。后三年，哀帝崩。”(《汉书·郊祀志》)

“(建平三年)冬十一月壬子，复甘泉泰畤、汾阴后土祠，罢南北郊。”(《汉书·哀帝纪》)

案：哀帝尽复武帝诸祠，但体弱多病，不亲巡，惟遣官致祭。平帝元始五年(公元5年)，王莽奏罢哀帝所复，颇改祭礼，再定南北郊之祭，配五帝、五佐于五位，集大小神祠 1700 余所于长安。至此，武帝之祀尽除。

二、东汉

汉光武帝。

建武十八年(42 年)。

“(十八年春)三月壬午，祠高庙，遂有事十一陵。历冯翊，进幸蒲坂，祠后土。”(《后汉书·光武帝纪》。事又见《文苑列传》)

案：金《庙图碑》“历朝立庙致祠实迹”录此，以为汉光武帝祠后土是在汾阴。

三、唐代

唐玄宗。

(1)开元十一年(723 年)。

“(十一年春正月)壬子，祠后土于汾阴之脽上，升坛行事官三品已上加一爵，四品已上加一阶，陪位官赐勋一转。改汾阴为宝鼎县。癸亥，兵部尚书张说兼中书令。三月庚午，车驾至京师，制所经州、府、县无出今年地税，京城见禁囚徒并原免之。”(《旧唐书·玄宗本纪》)

“汾阴后土之祀，自汉武帝后废而不行。玄宗开元十年，将自东都北巡，幸太原，便还京，乃下制曰：‘王者承事天地以为主，郊享泰尊以通神。盖燔柴泰坛，定天位也；瘞埋泰折，就阴位也。将以昭报灵祇，克崇严配。爰逮秦、汉，稽诸祀典，立甘泉于雍畤，定后土于汾阴，遗庙巋然，灵光可烛。朕观风唐、晋，望秩山川，肃恭明神，因致祗敬，将欲为人求福，以辅升平。今此神符，应于嘉德。行幸至汾阴，宜以来年二月十六日祠后土，所司准式。’

先是，脽上有后土祠，尝为妇人塑像，则天时移河西梁山神塑像，就祠中配焉。至是，有司送梁山神像于祠外之别室，内出锦绣衣服，以上后土之神，乃更加装饰焉。又于祠堂院外设坛，如皇地祇之制。及所司起作，获宝鼎三枚以献，十一年二月，上亲祠于坛上，亦如方丘仪。礼毕，诏改汾阴为宝鼎。亚献邠王守礼、终献宁王宪已，颁赐各有差。”《旧唐书·礼仪志四》)

“(十一年二月)壬子，如汾阴，祠后土，赐文武官阶、勋、爵、帛。癸亥，张说兼中书令。三月辛未，至自汾阴，免所过今岁税，赦京城。”(《新唐书·玄宗本纪》)

“开元十年十二月壬寅，将北巡，诏曰：‘王者承事天地以为主，郊享泰尊以通神。盖燔柴大坛，定天位也；瘗埋太折，就阴位也。将以昭报灵祇，克崇严配。爰追秦汉，稽诸祀典，立甘泉于雍畤，定后土于汾阴，遗庙巍然，灵光可烛。朕观风唐晋，秩望山川，肃恭明神，思致祇敬，将欲为人求福，以辅升平。今此神符，应于嘉德。宜以来年正月北巡狩，行幸至汾阴，以二月祠后土，所司准式。’(注：先是，脽上有后土祠，尝为妇人素像，则天时移河西梁山神素〔像〕，就祠中配焉。至是，有司送梁山神像于祠外之别室，内出锦绣衣服，以上后土之神，乃更加装饰焉。又于祠堂院外设坛，如皇地祇之制。及所司起作，获宝鼎三枚以献。)”(《册府元龟》卷三三)

案：这是玄宗第一次祭后土。玄宗北巡在开元十年十二月五日。两《唐书》记玄宗祭后土只有十一、二十年祭，无十二年祭。十一年祭的时间为开元十一年二月十六日。

(2)开元十二年(724年)。

“开元十一年，玄宗自东都将还西京，便幸并州。至十二年二月二十二日，祠后土于汾阴脽上。太史奏：‘荣光出河，休气四塞，祥风绕坛，日扬其光。’(注：旧祠堂为妇人塐像。武太后时，移河西梁山神塐像，就祠中配焉)。”(《通典》卷四五)

“开元十一年，上将还西京，便幸并州，兵部尚书张说进言曰：‘陛下今因行幸，路由河东，有汉武后土之祠，此礼久阙，历代莫能行之。愿陛下绍斯坠典，以为三农祈谷，此诚万姓之福。'至十二年二月二十二日，祠后土于汾阴脽上，太史奏：'荣光出河，休气四塞，祥风绕坛，日扬其光（初，有司奏："修坛掘地，获古铜鼎二，其大者容四升，小者容一升，色皆青。又获古砖，长九寸，有篆书'千秋万岁'字及'长乐未央'字。又有赤兔见于坛侧。"旧祠堂为妇人塐像，则天时，移河西梁山神塐像，就祠中配焉。至十一年，有司迁梁山神像于祠外之别室焉。兼以中书令张嘉贞为坛场使，将作少监张景为坛场副使，张说为礼仪使）。'"（《文献通考·郊社考九》）

案：这是玄宗第二次祭后土。但也有可能是第一次祭后土的异说，其时间是开元十二年二月二十二日。

(3)开元二十年(732 年)。

"（开元二十年）十一月庚午，祀后土于脽上，大赫天下，左降官量移近处。内外文武官加一阶，开元勋臣尽假紫及绯。大酺三日。十二月壬申，至京师。"（《旧唐书·玄宗本纪》）

"（开元）二十年，车驾又从东都幸太原，还京。中书令萧嵩上言：'去十一年亲祠后土，为祈谷，自是神明昭格，累年丰登。有祈必报，礼之大者。且汉武亲祠脽上，前后数四，伏请准旧祀后土，行赛之礼。'上从之。其年十一月至宝鼎，又亲祠以申赛谢。礼毕，大赦。仍令所司刊石祠所，上自为其文。"（《旧唐书·礼仪志四》）

"（开元二十年十一月）庚申，如汾阴，祠后土，大赦。免供顿州今岁税。赐文武官阶、勋、爵，诸州侍老帛，武德以来功臣后及唐隆功臣三品以上一子官。民酺三日。十二月辛未，至自汾阴。"（《新唐书·玄宗本纪》）

"（开元）二十年，车驾欲幸太原，中书令萧嵩上言云：'十一年亲祠后土，为苍生祈谷。自是神明昭祐，累年丰登。有祈必报，礼之大者。且汉武亲祠脽上，前后数四。伏请准旧事，至后土行报赛之礼。'从之。至十一月二十一日，祀后土于脽上。其文曰：'恭惟坤元，道昭品物，广大茂育，畅于生成，庶凭休和，惠及黎献。博厚之位，粤在汾阴，肃恭时巡，用昭旧典。敬以琮璧牺牲，粢盛庶品，备兹瘗礼，式展诚悫。睿宗皇帝，配神作主。'礼毕，令所司刊石于祠所。"（《通典》卷四五）

案：这是玄宗第二次祭后土。祭祀时间当从《新唐书·玄宗本纪》，作"（开元二十年十一月）庚申"，庚申是二十一日，正与《通典》卷四五作"二十一日"合。该年十一月无庚午日，《旧唐书·玄宗本纪》作"十一月庚午"误。汉以后，天子封禅泰山、祭汾阴后土只有唐玄宗和宋真宗。唐玄宗封禅泰山在开元十三年（725 年）十一月。

附：

（1）唐玄宗《后土神祠碑序》：

"古之王者，皆受天命，礼乐有权，神祇是主。郊兆所设，虽定于厥居；精灵所感，则通乎其变。大抵归正，旁行不流，惟创制者为能之，亦安在守文而已。脽上祠者，本魏地郊邱之旧，而汉家后土之宫。汾水合河，梁山对麓，地形堆阜，天然诡异。隆崛岉而特起，忽盘纡而斗绝，景象相传，肸蚃如在。有物不可以终否，有典不可以遂废，故推而行之，神而明之，岁在癸亥，始有事于兹焉。

在昔后王，时迈省方，柴燎告至，幽隐胥洎。大舜则五载一巡，武帝则三岁一祭，古今代变，人神礼烦，朕就为损益，折以法度，一纪再驾，亦无闲焉。二十年冬，勒兵三十万，旌旗亘千里，校猎上党，至于太原。赫威戎于朔陲，沛展义于南夏。肆觐群后，道有以大备；怀柔百神，文无而咸秩。先是有司宿设，恪敬乃事。己未师次于斋宫，庚申亲祀于后祇。圣考在天，侑而作主，何礼不举，靡神不遍。往者汉氏之祠也，牲以养牛，五岁茧栗，所以贵其诚；藉以采席，六重藁秸，所以尚其质。事与古反，义不经见。朕因其地而不因其仪，取其得而不取其失。凡牲币法物之事，歌舞接神之类，咨故实于方泽。不遂过于元鼎。此皆公卿大夫，鸿生钜儒，献其方闻，匡于不逮，朕何有也。且王者事天明，事地察，示有本，教以孝，奈何郊丘之礼，犹独以祈谷为名者耶？

於戏！享于至诚，锡以繁祉。黄云盖于神鼎，降光烛于灵坛。自昔已然，乃今复见。斯固阴精有所寓，宝气为不诬，虽寂寥而不动，亦动之而斯应。顾朕之不德，灵感何从？赖累圣储祉，福流所致。乃眚灾肆赦，与物更始，大赉天下，有庆兆人。山川鬼神，鸟兽鱼鳖，莫不允若，莫不咸宁。此所以承覆载，报生植，资元元，尽翼翼，岂与夫封禅有牒，专在求仙，秘祝有辞，密于移过而已！”(《全唐文》卷四一)

(2)张说《后土神祠碑铭》：

“至哉坤元！万物资生。王者母事，德合天明。义有大报，用协永贞。茫茫九土，思索其精。因天事天，因地事地。彼汾之曲，高脽杰异。景象遗光，坛场旧位。寂寥千祀，精灵永闷。诬神不祥，复古维祺。文所无者，秩而祭之。矧曰后土，昔载明祠。何必因阴，迺为我师。意多汉武，迹在横汾。风流可接，箫鼓如闻。寿宫创制，神鼎勒勋。古往今来，岂无斯文？”(《全唐文》卷二三〇)

案：此碑立于二十年祭后。

四、宋代

(一) 宋太祖

开宝九年(976 年)。

“汾阴后土，汉武帝元鼎中所立脽上祠，宣帝、元帝、成帝、后汉光武、唐元宗皆亲祭。是后，旷其礼。开宝九年，徙庙稍南，是年，始遣使致祭。其后，又诏：‘自今凡告天地，仍诣祠告祭，命礼官考定衣冠制度，令有司修制，遣使奉上。’”(《文献通考·郊社考九》)

案：“开宝九年，徙庙稍南”，说明宋庙在唐庙南。

(二) 宋真宗

(1)景德四年(1007 年)。

“(真宗景德)四年正月十七日，以朝拜诸陵，遣工部尚书王化基乘驿诣后土庙致祭，用大祀礼。其朝服祭器并自京赍送。”(《宋会要辑稿·

礼二八》之四〇)

“真宗景德三年八月九日,详定所又请造正座玉册玉匮一副,配座玉册金匮二副,及金绳金泥,如禅祭社首之制。其配座金匮,通礼藏于太庙埳室,欲依东封例,更不凿动壁庙,只依尊谥册宝,置神座之侧。又祀礼毕,封玉册匮于庙中,伏缘前代,封禅之外,别无祠宇内封玉册制度。今详所用石匮,并盖三层,方广五尺,下层高二尺,上开牙缝一周,阔四寸,深五寸;中容玉匮处,长一尺六寸,阔一尺。又南北刻金绳道三周,各相去五寸。每勒金绳处,阔一寸,深五分。上层厚一尺,仍于上面四角,更刻牙缝,长八寸,深四寸。每系金绳处,深四寸,方三寸五分,容‘天下同文之宝’。先就庙庭规度为埳,深五尺,阔容石匮及封固之人,先以金绳三道,南北络石匮。候祀毕,封玉匮讫,中书侍郎奉匮至庙,与太尉同置匮石中。将作监加上层盖讫,系金绳三道毕,各填以石泥,印以“天下同文之宝”印毕,皇帝省事后,将作监率执事更加盖顶石盖,然后以土封固如法,上为小坛如方丘状,诏可,仍命直史馆刘锴摄将作监,与人内殿头郝昭信同领其事,又命三曾押当玉册金玉匮朱允中援护入内,供奉官杨怀玉与判门下省官押当‘授命宝’。

初,命制置史定置石匮方位。尧叟等据翰林天文邢中和等议置前殿西间近北壬地吉,或从殿内西间午地安置亦吉。既而礼仪使王钦若请依仪注,于前殿栏楯之下,皇帝板位之西,奉安石匮,以藏玉册。诏尧叟覆议,请依钦若所定,礼官详定亦请如尧叟议,于正殿直南安置,仍别设栏槛遮护。刘锴又请依东封例,增差石匠二十人。又言封固石匮,将作监率执事者更加盝顶石盖,然后用土封固,上为坛,如方丘之状。若只用土,恐未如法。欲先用砖砌,后以土封固。又小坛元无方广制度,请广厚皆五尺,饰如丘坛。”(《宋会要辑稿·礼二五》之六〇至六一)

案:景德四年祭属于遣官致祭,但其三年所议,却为五年后真宗亲祭定下制度。《文献通考·王礼考二十一》载大中祥符三年诏:“将来祀汾阴,还时朝拜诸陵,大略如景德四年之礼。”就是证明。

(2)大中祥符元年(1008 年)。

“大中祥符元年九月五日,以将东封,议同日遣官致祭汾阴后土。详定所上言:‘按西汉祭天于甘泉泰畤,祭地于汾阴后土,后汉始定南北郊。然则今之汾阴后土,本汉祀地之所也。将来既社首,祀皇地祇,则后土不当同日更祭。按唐开元十二年、二十年祀后土于汾阴脽上,十三年封禅不别祀望,欲车驾将行,遣官告祭封禅日,即罢祭。’从之。乃命给事中冯起致祭。及礼成,又遣右谏议大夫薛映祭谢。”(《宋会要辑稿·礼二八》四〇至四一)

案:此亦遣官致祭。

(3)大中祥符四年(1011 年)。

【记载一】

“(大中祥符三年)六月庚戌,边臣言契丹饥,来市籴,诏雄州籴粟二万石振之。河中府父老千余人请祀后土,不许。……

……(秋七月)辛丑,文武官、将校等三上表请祠汾阴后土。

……

八月丁未朔,诏明年春有事于汾阴,州府长吏勿以修贡助祭烦民。戊申,陈尧叟为祀汾阴经度制置使。己酉,王旦为祀汾阴大礼使,王钦若为礼仪使。庚戌,诏汾阴路禁弋猎,不得侵占民田,如东封之制。……乙亥,河中府父老千七百人来迎,上劳问之,赐以缗帛。

……

四年春正月辛巳,诏执事汾阴懈怠者,罪勿原。乙酉,习祀后土仪。丁亥,将祀汾阴,谒启圣院太宗神御殿、普安院元德皇后圣容。丙申,诏以六月六日天书再降日为天贶节。丁酉,奉天书发京师。日上有黄气如匹素,五色云如盖,紫气翼仗。……

……(二月)癸丑,次河中府。丁巳,黄云随天书辇。次宝鼎县奉祇宫。戊午,登后圃延庆亭。己未,瀵泉涌,有光如烛。辛酉,祀后土地祇。是夜,月重轮,还奉祇宫,紫气四塞。幸开元寺,作大宁宫。……”(《宋史·真宗本纪》)

案:“奉祇宫”,是真宗祭后土设在宝鼎县的行宫,前殿叫穆清殿,前亭叫望云亭,后亭叫“延庆亭”、“延信亭”。《宋会要辑稿·礼二八》之四七:“(大中祥符三年十月)五日,赐宝鼎县行宫名曰奉祇,前殿曰穆清殿,后亭曰严庆、严信,行宫前亭曰望云,渭河桥曰省方,洛河桥曰迎跸。”“严庆”就是这里的“后圃延庆亭”,“严信”也应当是“延信”之误。二亭皆在奉祇宫的后院,即所谓“后圃”。这是大中祥符三年宋真宗定的一套名称。次年则改奉祇宫为太宁宫,详下。

【记载二】

“汾阴后土。真宗东封之又明年,河中府言:‘进士薛南及父老、僧道千二百人列状乞赴阙,请亲祠后土。’诏不允。已而南又请,河南尹宁王元偓亦表请,文武百僚诣东上阁门三表以请。诏明年春有事于汾阴后土,命知枢密院陈尧叟为祀汾阴经度制置使,翰林学士李宗谔副之,枢密直学士戚纶、昭宣使刘承珪计度发运,河北转运使李士衡、盐铁副使林特计度粮草,龙图阁待制王曙、西京左藏库使张景宗、供备库使蓝继宗修治行宫、道路,宰臣王旦为大礼使,知枢密院王钦若为礼仪使,参知政事冯拯为仪仗使,赵安仁为卤簿使,陈尧叟为桥道顿递使。又以旦为天书仪卫使,钦若、安仁副之,丁谓为扶侍使,蓝继宗为扶侍都监,内侍周怀政、皇甫继明为夹侍。发陕西、河东兵五千人赴汾阴给役,出厩马,增传置,命翰林、礼院详定仪注,造玉册、祭器。先令尧叟诣后土祠祭告,分遣常参官告天地、庙社、岳镇、海渎。

详定所言:‘祀汾阴后土,请如封禅,如太祖、太宗并配。其方丘之制,八角,三成,每等高四尺,上阔十六步。八陛,上陛广八尺,中广一丈,下广一丈二尺。三重壝,四面开门。为瘗坎于坛之壬地外壝之内,方深取足容物。其后土坛别无方色。正坐玉册,玉匮一副;配坐玉册,金匮二副;金泥,金绳。所用石匮并盖三层,方广五尺,下层高二尺,上开牙缝一周,阔四寸,深五寸,中容玉匮,其阔一尺,长一尺六寸。匮刻金绳道三周,各相去五寸,每缠绳处,阔一寸,深五分。上层厚一尺,仍于上四角更刻牙缝,长八寸,深四寸。每缠金绳处深四寸,方三寸五分,取容封宝。先即庙庭规地为坎，深五尺，阔容石匮及封固者。先以金绳三道南北络石匮，候祀毕封匮讫，中书侍郎奉匮至庙，与太尉同置石匮中，将作监加盖，系金绳毕，各填以石泥，印以"天下同文之宝"，如社首封礤制。帝省视后，将作监率执事更加盝顶石盖，然后封固如法。上为小坛，如方丘状，广厚皆五尺。'

经度制置使诣脽上筑坛如方丘，庙北古双柏旁有堆阜，即其地为之。有司请祭前七日遣祀河中府境内伏羲、神农、帝舜、成汤、周文武、汉文帝、周公庙及于脽下祭汉、唐六帝。

四年正月，帝习仪于崇德殿。丁酉，法驾发京师。二月丙辰，至宝鼎县奉祇宫。戊午，致斋。己未，遣入内都知邓永迁诣祠上衣服、供具。庚申，百官宿祀所。是夜一鼓，扶侍使奉天书升玉辂，先至脽上。二鼓，帝乘金辂，法驾诣坛，夹路设燎火，盘道回曲，周以黄麾仗。初，路出庙南，帝以未修谒，不欲乘舆辇过其前，令凿路由庙后至坛次。翼日，帝服衮冕登坛，祀后土地祇，备三献，奉天书于神坐之左次，以太祖、太宗配侑。

册文曰：'维大中祥符四年，岁次辛亥，二月乙巳朔，十七日辛酉，嗣天子臣某，敢昭告于后土地祇：恭惟位配穹旻，化敷品汇。瞻言分壤，是宅景灵。备礼亲祠，抑惟令典。肇启皇宋，混一方舆，祖祢绍隆，承平兹久。眇躬缵嗣，励翼靡遑，厚德资生，绵区允穆，清宁孚祐，戴履蒙休。申锡宝符，震以珍物，虔遵时迈，已建天封。明察礼均，有所未答，栉沐祗事，用致其恭。夷夏骏奔，瑄牲以荐，肃然郊上，对越坤元。式祈年丰，楙昭政本，兆民乐育，百福蕃滋，介祉无疆，敢忘祗畏。恭以琮币、牺牲、粢盛、庶品，备兹瘗礼。皇伯考太祖皇帝、皇考太宗皇帝侑神作主。尚享。'亲封玉册，正坐于玉匮，配坐于金匮，摄太尉奉之以降，置于石匮，将作监封固之。

帝还次，改服通天冠、绛纱袍，乘辇谒后土庙，设登歌奠献，遣官分奠诸神。至庭中，视所封石匮。还奉祇宫，钧容乐、太常鼓吹始振作。是日，诏改奉祇曰太宁宫。壬戌，御朝觐坛受朝贺，肆赦，宴群臣于穆清殿、父老于宫门。穆清殿，奉祇宫之前殿也。诏五使、从臣刻名碑阴。谒西岳庙，从官皆刻名庙中，仗卫仪物大略如东封之制。命薛南试将作监主簿，以首请祠汾阴故也。"（《宋史·礼志七》）

案：真宗祭后土是在祭泰山之后，议在三年，祭在四年。"真宗东封"指宋真宗大中祥符元年（1008年）封禅泰山，"之后明年"是大中祥符三年（1010年）。"祀汾阴后土，请如封禅"，请看《宋史·礼志七》的"封禅"条，该条提到"太平兴国中，有得唐玄宗社首玉册、苍璧，至是令瘞于旧所"。真宗所埋"唐玄宗社首玉册"，即马鸿逵获于泰安，今藏于台北故宫博物院之唐玄宗玉册，同出还有宋真宗玉册。其四年祭后土的玉册，据《宋会要辑稿·礼二八》之四四"（大中祥符三年八月）十七日，命王旦撰后土地祇册文，赵安仁撰太祖、太宗配座册文"，册文是出自王旦之手。《宋会要辑稿·礼二五》之六三载之，略同。其格式同于宋真宗祭泰山的玉册，可以对照参看。宋制，祭地埋册是在"前殿栏楯之下，皇帝板位之西"，"于正殿直南安置，仍别设栏槛遮护"（《宋会要辑稿·礼二五》之六〇至六一）。"至庭中，视所封石匮"，是仪式完毕后，检查册文的埋藏情况。《宋会要辑稿·礼二八》之四九和五一提到祭前开石匮瘞坎，祭后埋册庭中，一条是大中祥符四年正月八日，"详定所言：'后土庙开石匮瘞坎，望令于祀前七日内择日穿土。'从之"，一条是同年二月十七日，"帝服衮冕，登坛祀后土地祇，奉天书于右次，以太祖、太宗配侑，亲封玉册正座于玉匮，配座于金匮，摄太尉奉之以降，置玉匮于殿庭石匮，将作监领徒封固"。"穆清殿"，是奉祇宫的前殿，见上条案语。

【记载三】

"大中祥符三年，河中府言：'进士薛南率耆老、僧道千二百九十人列状求诣阙，请亲祠。'诏不允，仍止其来。七月；复上表固请，群臣亦诣东上河阁门陈请。八月，诏以来年春，有事于汾阴后土。

有司定制：'玉册、金玉匮，度庙庭，择地为坎，中置石匮，匮方五尺，厚二尺，中容玉匮，刻金绳道三，阔一寸，深五分，系绳处刻深四寸，方三寸五分，容"天下同文"宝。俟祀毕，太尉奉玉匮置其中，将作监领徒举石覆之，石厚一尺，系绳、填泥、印宝，悉如社首封𥖁之制。皇帝省视讫，加盖其上，封固，为小坛，广厚五尺。'从之。九月，经度制置使诣脽上筑坛如方丘之制，庙北古双柏旁有堆阜，即就其地焉。十月，礼仪使王钦若言：'准仪注，祀毕，太尉封玉册于庙庭石匮，百官班于庭中。皇帝谒庙礼毕，至石匮南，北向省视。'

四年正月丁酉，备銮驾出京师。二月丙辰，至奉祇宫。戊午，致斋，召近臣登延庆亭，南望仙掌，北瞰龙门，自宫至脽丘，列植嘉树，六师环宿行阙，旌旗帟幕照耀郊次，眺览久之。己未，遣入内都知邓永迁诣祠上衣服、供具。庚申，群臣宿祠所。辛酉，具法驾诣脽坛，夹路设燎火，其光如昼。盘道纡屈，周以黄麾仗。至坛次，服衮冕登坛，祀后土地祇，备三献，奉天书于神座之左，以太祖、太宗并配，悉如封禅之礼。先是，脽上多风，及行礼，顿止，黄气绕坛，月重轮，众星不见，惟大角光明。少顷，改服通天冠、绛纱袍，乘辇诣庙，设登歌，奠献，省封石匮，遣官分奠诸神。登郏邱亭望河汾。还行宫，鼓吹振作，紫气四塞，观者溢路，民有扶老携幼，不远千里而至者。壬戌，御朝觐坛肆赦。是行，涂中屡有甘澍之应，皆夕降晨霁，从官、卫兵无霑服之患；又农事方兴，耕民欢忭相属。三月，驻跸西京。四月，诏脽上后土庙宜上额为太宁正殿。"(《文献通考·郊社考九》)

案："诏脽上后土庙宜上额为太宁正殿。"《续资治通鉴》卷三〇作"诏恭上汾阴后土庙额曰太宁"，《宋大诏令集》卷一一七作"诏脽上后土庙宜上额为太宁宫"，这三种记载，应以《续资治通鉴》为是，"宫"、"正殿"并是衍文。

【记载四】

"(大中祥符三年)六月，庚戌，……

知河中府杨举正言本府父老僧道千二百九十人状请车驾亲祀后土，诏不许。

……

(七月)辛丑，文武官、将校、耆艾、道释三万余人诣阙请祀汾阴后土，不允。表三上，八月，丁未朔，诏以来年春有事于汾阴。

戊申，以知枢密院事陈尧叟为祀汾阴经度制置使，翰林学士李宗谔副之。

河北转运使李士衡献钱帛三十万以佐用度，诏褒之。

己酉，发陕西、河东兵五千人赴汾阴给役，置急脚递铺，出厩马，增驿传递铺卒至八千余人。

庚戌，命翰林学士晁迥、杨亿等与太常礼院详定祀汾阴仪注。

诏：'汾阴路禁弋猎，不得侵占民田，如东封之制。'

……

丁巳，诏：'宝鼎县不得笞箠人，有罪并送府驱遣。'

……

辛未，命曹利用祭汾河。

有司定祀后土仪，度庙庭，择地为埳，其玉册、玉匮、石匮、石䃭、印宝，悉如社首之制，从之。

乙亥，河中府父老千七百人诣阙迎驾，帝劳问之，赐以缗帛。

九月，戊寅，诏：'西路行营，宜令仪鸾司止用油幕为屋，以备宿卫，不须覆以芦竹。'

辛巳，河东转运使、兵部郎中陈若拙请以所部缗钱刍粟十万转输河中以助经费，许之。

癸未，陈尧叟言：'筑坛于脽上，如方丘之制。庙北古双柏旁起堆阜，即就用其地焉。'

……

初，有司仪：'祀宇之旁难行觐礼，欲俟还至河中，朝会，肆赦。'于是陈尧叟等言：'宝鼎行宫之前，可以设坛壝，如东封之制。'诏如尧叟等奏。

……

冬，十月，庚戌，陈尧叟言解州父老欲诣阙奉迎车驾，诏尧叟谕止之。

戊午，命三司使丁谓赴汾阴路计度粮草。

……

（十二月）乙卯，告太庙，奉天书，如东封之制。

……

龙图阁待制孙奭，由经术进，守道自处，即有所言，未尝阿附取悦。帝尝问以天书，对曰：‘臣愚所闻："天何言战！"岂有书也！’帝知奭朴忠，每优容之。是岁，特命向敏中谕奭，令陈朝廷得失。奭上纳谏、恕直、轻徭、薄赋四事，颇施用其言。

及将有汾阴之役，会岁旱，京师近郡谷价翔贵，奭遂奏疏曰：‘（略）。’

帝遣内侍皇甫继明谕以具条再上，于是奭又上疏曰：‘（略）。’

时群臣数奏祥瑞，奭又上疏言：‘（略）。’疏入，不报。

……

（四年）春，正月，乙亥朔，……

……

诏：‘执事汾阴懈怠者，罪勿原。’

……

乙酉，亲习祀后土仪于崇德殿。

丁亥，谒启圣院太宗神御殿、普安院元德皇后圣容，告将行也。

……

丁酉，车驾奉天书发京师。群臣言日上有黄气如匹素，五色云如盖。是夕，次中牟县。

戊戌，次郑州。命陈彭年、王曙同详定邀驾词状。

庚子，次巩县。判河阳张齐贤见于汜水顿，侍食毕，即还任。

辛丑，过訾郚，设幄殿，奉置山陵神坐，帝鞾袍拜哭奠献。是日，有白雾起陵上，俄覆神幄，群臣以为帝哀惨所感。夕，次偃师县。

壬寅，至西京。

甲辰，发西京，至慈涧顿，大官始进素膳。夕，次新安县。

二月，乙巳朔，次渑池县。

……

壬子，出潼关，渡渭河，次严信仓，遣近臣祀西岳。

丙辰，次永安镇，遣近臣祀河渎。

丁巳，发永安镇，群臣言有黄云随《天书》辇。法驾入宝鼎县奉祇宫。

戊午，致斋。召近臣登延庆亭，南望仙掌，北瞰龙门，自宫至脽，列植嘉树，六师环宿，行阙旌旗帟幕照耀郊次，眺览久之。

己未，宝鼎县守臣言瀵泉涌，有光如烛。庚申，群官宿祀所。

辛酉，具法驾诣脽坛，夹路燎火，其光如昼，甬道盘屈，周以黄麾仗。至坛次，服衮冕，登坛，祀后土地祇，备三献，奉天书于神坐之左，以太祖、太宗并配，悉如封禅礼。司天奏言黄气绕坛，月重轮，众星不见，惟大角光明。少顷，改服通天冠、绛纱袍，乘辇诣庙，登歌奠献，省封石匮，遣官分奠诸神。登鄈丘亭，视汾河，望梁山，顾左右曰：'此汉武帝泛楼船处也。'即日，还奉祇宫。诏以奉祇宫为太宁宫，增葺殿室，设后土圣母像，又遣官祭告河渎。

壬戌，御朝觐坛，受群臣朝贺。大赦天下，恩赐如东封例。封宝鼎县为庆成军，给复二年，赐天下酺三日。大宴穆清殿，赐父老酒食衣帛。帝作《汾阴二圣配飨》、《河渎》、《西海》等赞。

癸亥，发庆成军，观瀵泉。夕，次永安镇。

甲子，次河中府，幸舜庙，赐舜井名广孝泉。度河桥，观铁牛。又幸河渎庙，登后亭，见民有操舟而渔，秉耒而耕者，帝曰：'百姓作业其乐乎！使吏无侵忧，则日用而不知矣。'

……

乙丑，御宣恩楼观。

加号西岳金天王曰顺圣金天下，遣鸿胪少卿裴庄祭告。又诏葺夷、齐庙。

丙寅，赐亲王、辅臣、百官酺宴于行在尚书省，凡二日。

戊辰，发河中府。己巳，次华阴县，幸云台观观陈抟画像，除其观田租。庚午，谒顺圣金天王庙，群臣陪位，遣官分奠庙内诸神。又幸巨灵真君观，并除其田租，宴从官父老于行宫之宣泽楼。召见华山隐士郑隐、敷水隐士李宁，赐隐号曰贞晦先生。

辛未，次阌乡县，召承天观道士柴通玄，赐坐，问以无为之要，除其观田租。通玄年百余岁，善服气，语无文饰，多以修身谨行为说云。

壬申，次湖城县，宴虢州父老于行宫门。

三月，甲戌朔，次陕州，召草泽魏野，辞疾不至。

……

乙亥，幸顺正王庙，宴从官父老于霈泽惠民楼。又登北楼，望大河，赐运河卒时服。是日，雨，石普请驻跸城中，勿涉泥泞，因令扈从至西京。

戊寅，次新安县。帝之还也，以道远，闵卫士肩舆执盖之劳，多乘车马，御乌藤帽。翼日，入西京，以知河南府薛映有治状，赐诗嘉奖。癸未，张齐贤来河阳来朝，召之也。

甲申，幸太子太师吕蒙正第，慰抚之，赐赉有加。问蒙正：'诸子孰可用？'对曰：'臣之子豚犬耳；臣侄夷简，宰相才也。'

陈尧叟、李宗谔自河中府来朝，言初经度祀事至礼毕，凡土木工三百九十万余，止役军士辇送粮草，供应顿递亦未尝差扰编民，帝称善。

戊子，丁谓言有鹤二百余翔天书殿上，又有五百余飞集太清殿。

乙丑，御五凤楼观酺。

车驾将朝陵，甲午，发西京。

乙未，帝素服乘马至永安县，斋于行宫。丙申，谒安陵、永昌、永熙、元德皇太后陵。帝奠献悲泣，感动左右。又遍诣诸后陵、诸王坟致奠。命中使遍祭皇亲诸坟及诣汝州祭秦王坟。

丁酉，次巩县，张齐贤辞归河阳，赐衣带、器币如侍祀例。

戊戌，至汜水县。虎牢关路险，命执炬火以警行者。河阳结采为楼，备乐奏，帝以太宗忌辰甫近，亟止之。夕，至荥阳县。改虎牢关为行庆关。

己亥，次郑州。庚子，召从官宴于回銮庆赐楼，宴父老于楼下，不作乐。

癸卯，次琼林苑，赐部署钤辖羊酒，犒设将士。

……

夏，四月，甲辰朔，驾至自汾阴。

……

己未，诏恭上汾阴后土庙额曰太宁。

以河中府进士薛南为试将作监主簿，首诣阙请祀汾阴者也。

……

（五年秋，七月）癸未，庆成军大宁宫、庙成，总六百四十六区。

……

（六年，八月）辛酉，以参知政事丁谓为奉祀经度制置史，翰林学士陈彭年副之，谓仍判亳州，增置官署，如汾阴之制。

……

丁丑，参知政事丁谓上《新修祀汾阴记》五十卷。

……

（七年，十一月壬辰），户部尚书陈尧叟上《汾阴奉祀记》三卷。

……”

（《续资治通鉴》卷二九至三一）

案：宋真宗祭后土，是从河南到陕西，再从陕西渡河，往河中。《宋会要辑稿·礼二八》之四五：“先是往河中路有二，一由陕州浮梁，历白径岭，一由三亭渡黄河。司天保章正贾周言：‘二路岩险湍迅，不如出潼关，过渭、洛二水趋蒲津，地颇平坦，虽兴工不过十数里，事下尧叟等，请如周议。’”“《河渎》、《西海》等赞”，即《河渎显圣灵源公赞》、《西海广润王赞》，见《宋会要辑稿·礼二八》之五一之五二。“（五年秋，七月）癸未，庆成军大宁宫、庙成”，癸未是十七日，《宋会要辑稿·礼二八》之五二至五三作“五年七月十四日，庆成军言：‘太宁宫、庙成。’”

【记载五】

“宋真宗大中祥符四年春二月，帝祭后土于汾阴，大赦三月，驻跸西京，诏脽上后土庙宜上额为太宁正殿。

先是三年六月癸丑，河中府进士薛南等请祀后土。

七月辛丑，群臣上表复请。

八月丁未朔，诏以来年春有事于汾阴。上曰：‘翼民获丰穰于朕躬固无所惮。’

戊申，以王旦兼汾阴大礼使，王钦若为礼仪使，陈尧叟为经度使，李宗谔副之。庚戌，命翰林晁迥、杨亿、杜镐、陈朋年、王曾与详定祀汾阴仪注。

辛未，内出《脽上后土庙图》，命陈尧叟量加修饰。

九月甲午，令宰臣王旦撰《汾阴坛颂》，知枢密院王钦若撰《朝觐坛颂》。

十月甲子，晁迥上《祀汾阴乐章》十首。

十二月二十六日，诏进蔬食，群臣继请御常膳。

己巳，帝制《奉天庇民述》以示王旦等。

四年正月，帝习仪于崇德殿。

丁酉，奉《天书》发京师，出潼关，渡河，次河中府。

甲寅，以冯起为考制度使，赵湘副之。

丁巳，至宝鼎县奉祇宫，有黄云随《天书》辇。

戊午，斋穆清殿。

庚申二鼓，上乘金辂法驾，进至脽坛，夹道设燎，周以黄麾下仗。

辛酉，上服衮冕，登坛祀后土地祇，奉《天书》于左次，以太祖、太宗配侑，亲封玉册、玉匮。少顷，服通天绛纱，乘辇至庙，设登歌奠献。司天监言黄气绕坛，月重轮，大角光明，群臣拜舞称贺，诏改奉祇宫曰太宁。

壬戌，御朝觐坛，受朝贺，大赦，赐天下脯三日，大宴群臣于穆清殿，御制《汾阴二圣配飨》，建宝鼎为庆成军，给复三年。

乙丑，丁谓而下以礼成献歌颂者四十二人，付史馆。

丙寅，制《汾阴礼成诗》赐百官。

四月甲午，至京师。

丁未，制《西巡还京歌》。

己未，诏脽上后土庙上额为太宁正殿，周设栏。

壬戌，增葺宫、庙。

六年八月丁丑，参政丁谓上《新修祀汾阴记》五十卷，诏褒之。

七年十一月壬辰，陈尧叟上《汾阴补记》三卷。"（《庙图碑》录《通鉴纲目》、《文献通考》）

案："四月甲午，至京师"，"甲午"当作"甲辰"。"壬戌，增葺宫、庙"，"壬戌"是该月十九日。参看：《宋会要辑稿·礼二八》之五二："（大中祥符四年四月）十九日，命内供奉官郝昭信、赵履信增葺太宁宫、庙，并依修会真宫例，仍令周起一月一至检校。"

归纳上述记载，宋真宗祭祀后土的过程，大体是像下面这样：

正月丁酉　发京师。

二月丁巳　入宝鼎，次奉祇宫。

戊午　在奉祇宫，斋穆清殿，登延庆亭。

辛酉　自奉祇宫，诣庙祭后土，登鄈丘亭，还奉祇宫，改奉祇宫为太宁宫。

壬戌　在太宁宫，御朝觐坛，诏改宝鼎县为荣河县，置庆成军。

四月甲辰　至京师。

己未　改后土庙正殿为太宁正殿。

壬戌　增葺宫、室。

宋真宗祭后土是在祭泰山之后。他祭泰山是在大中祥符元年（1008 年），祭后土是在四年（1011 年）。四年正月丁酉是二十三日，二月丙辰是十二日，丁巳是十三日。真宗至宝鼎有丁巳、丙辰二说，《宋会要辑稿·礼二八》之五〇作"十三日"，《宋史·真宗本纪》、《续资治通鉴》卷二九作"丁巳"，《宋史·礼志七》、《文献通考·郊社考九》作

“丙辰”。今采用“丁巳”说。二月戊午是十四日，辛酉是十七日，壬戌是十八日。其祭祀活动主要在丁巳至壬戌六天里。四月甲辰是一日，己未是十六日，壬戌是十九日。宋代以后，皇帝不亲祀后土，皆遣官致祭，下不备述。

（李零）

附录二：汾阴后土祠和孤山的地理位置

一、荣河县

（一）《汉旧仪》的记载（参看：《汉官六种》，周天游点校，北京：中华书局，1990 年，99 页）

“祭地，河东汾阴后土宫，宫曲入河，古之祭地泽中方丘也。礼仪如祭天，名曰汾葵，一曰葵丘也。”

（二）《说文解字》的记载

“鄈，河东临汾地，即汉之所祭后土处，从邑癸声。”

（三）《三辅黄图》的记载（参看：《三辅黄图校注》，何清谷校注，西安：三秦出版社，1998 年，203、307 页）

“万岁宫，武帝造。汾阴有万岁宫。宣帝元康四年幸万岁宫，神爵翔集，以元康五年为神爵纪元。”（卷三《甘泉宫·万岁宫》）

“武帝定郊祀之事，祀太乙于甘泉圜丘，取象天形，就阳位也；祀后土于汾阴泽中方丘，取象地形，就阴位也。至成帝徙泰畤后土于京师，始祀上帝于长安南郊，祀后土于长安北郊。”（卷五《南北郊》）

（四）《水经注》的记载

“河水东际汾阴脽，县故城在脽侧。汉高帝六年，封周昌为侯国。《魏土地记》曰：河东郡北八十里有汾阴城，北去汾水三里。城西北隅曰脽丘，上有后土祠。《封禅书》曰：元鼎四年，始立后土祠于汾阴脽丘是也。汉宣帝神爵元年，幸万岁宫，东济大河，而神鱼舞矣。”（《河水四》“又南过汾阴县西”）

“汾水西迳郰丘北，故汉氏之方泽也。贾逵谓之方泽，丘即葵丘也。许慎《说文》称从邑癸声，河东临汾地名矣，在介山北，山即汾山也。文颖曰：介山在河东皮氏县东南。其山特立，周七十里，高三十里。颖言在皮氏县东南则可，高三十里，乃非也。今准此山，可高十余里。山上有神庙，庙侧有灵泉，祈祭之日，周而不耗。世亦谓之子推祠。扬雄《河东赋》曰：灵舆安步，周流容与，以览于介山。嗟文公而愍推兮，勤大禹于龙门。《晋太康记》及《地道记》与《永初记》，并言子推所逃，隐于是山，即实非也。余按介推所隐者，绵山也。文公环而封之，为介推田，号其山为介山。杜预曰：在河西界休县者是也。

汾水又西，迳耿乡城北，故殷都也。……汉武帝行幸河东，济汾河，作《秋风辞》于斯水之上。”（《汾水》“又西过皮氏县南”）

“水南有长阜，背汾带河，阜长四五里，广二里余，高十丈。汾水历其阴，西入河，《汉书》谓之汾阴脽。应劭曰：脽，丘类也。汾阴男子公孙祥望气，宝物之精上见，祥言之于武帝，武帝于水获宝鼎焉，迁于甘泉宫，改其年曰元鼎，即此处也。”（《汾水》“又西至汾阴县北，西注于河”）

（五）《括地志》的记载（参看：《括地志辑校》，贺次君辑校，北京：中华书局，1980年，60页）

“汾阴故城俗名殷汤城，在（蒲）〔泰〕州汾阴县北。”（《史记·秦本纪》“渡河取汾阴、皮氏”正义引。又《通鉴》卷二《周显王纪》“取汾阴、皮氏”注引作“汾阴故城在蒲州汾阴县北九里”）

（六）《元和郡县图志》的记载

“宝鼎县，次畿。西南至府一百一十里，本汉汾阴也，属河东郡。刘元海时废汾阴县入蒲坂县。后魏孝文帝复置汾阴县。开元十一年，改为宝鼎县。

黄河，在县北十一里。赵简子沈佞臣栾激之所也。

汾水，北去县二十五里。

后土祠，在县西北一十一里。

殷汤陵，在县北四十二里。”

（七）《元丰九域志》卷三的记载

“次府，河中府，河东郡，护国军节度。（唐河中节度。皇朝太平兴国七年改护国军。治河东县。）

……

县七。（大中祥符四年改宝鼎县为荣河，隶庆成军。熙宁元年废军，以荣河县隶府，即县治置军使；三年省河西县，六年省永乐县并入河东。）

……

次畿，荣河。（府北一百里。二乡。北乡、胡壁堡二镇。有黄河、汾水、脽丘。）”

（八）《读史方舆纪要》卷七

“河中府（唐末护国军治。宋仍曰河中府，亦曰护国军，领河东等县七。又大中祥符五年，置庆成军，领荣河县一，今蒲州荣河县也）。”

（九）《读史方舆纪要》四一的记载

“荣河县（在州北百二十里。东北至河津县九十里，西至陕西韩城县三十里，东南至临晋县六十里。古纶地，夏后少康所邑也。战国时为魏汾阴地。汉置汾阴县，属河东郡。后汉及魏、晋因之。晋乱，刘渊省汾阴入蒲坂县，后魏时复置，兼置北乡郡治焉。后周改为汾阴郡。隋初郡废，县属蒲州。义宁元年，复置汾阴郡。唐初改属泰州。贞观十七年，还属蒲州。开元十一年，获宝鼎，因改县曰宝鼎。宋祥符三年，又改为荣河县，又置庆成军。熙宁初军废。金贞祐三年，升为荣州。元仍曰荣河县。今城周九里，编户三十二里）。”

二、万泉县

（一）《汉书·武帝纪》的记载

“（太初二年春）三月，行幸河东，祠后土。……

夏四月，诏曰：‘朕用事介山，祭后土，皆有光应。其赦汾阴、安邑殊死以下。’”

（二）《汉书·地理志》的记载

“河东郡汾阴”，注：“介山在南。”

（三）《汉书·扬雄传上》的记载

“孝成帝时，客有荐雄文似相如者，上方郊祠甘泉泰畤、汾阴后土，以求继嗣，召雄待诏承明之庭。正月，从上甘泉，还奏《甘泉赋》以风。其辞曰：

……（略）

其三月，将祭后土，上乃帅群臣横大河，凑汾阴。既祭，行游介山，回安邑，顾龙门，览盐池，登历观，陟西岳以望八荒，迹殷、周之虚，眇然以思唐、虞之风。雄以为临川羡鱼不如归而结网，还，上《河东赋》以劝。其辞曰：

伊年暮春，将瘗后土，礼灵祇，谒汾阴于东郊，……遂臻阴宫，穆穆肃肃，蹲蹲如也。

灵祇既乡，五位时叙，细缊玄黄，将绍厥后。于是灵舆安步，周流容与，以览虖介山。嗟文公而愍推兮，勤大禹于龙门，洒沈灾于豁渎兮，播九河于东濒。……

……”

案：扬雄作《甘泉》、《河东》、《羽猎》三赋同在元延二年（前11年），而非永始三年（前14年），详王先谦《汉书补注》考证。文中

"介山",师古曰:"介山在汾阴东北",当指万泉介山。但下文说"嗟文公而愍推兮",则又以介山指灵石、介休的绵山,盖介推隐地早有歧说,古人已有混淆。"灵祇",指地祇。"谒汾阴于东郊",师古曰:"京师之东故曰东郊也。"可见武帝时是以汾阴比东郊。"河灵",苏林曰:"河灵,巨灵也。"乃辟开华山的河神。"阴宫",师古曰:"阴宫,汾阴之宫也。"

(四)《续汉书·郡国志》的记载

"汾阴,有介山。"

(五)《水经注·汾水》"又西过皮氏县南"的记载

"汾水西迳郯丘北,故汉氏之方泽也。贾逵谓之方泽,丘即葵丘也。许慎《说文》称从邑癸声,河东临汾地名矣,在介山北,山即汾山也。文颖曰:介山在河东皮氏县东南。其山特立,周七十里,高三十里。颖言在皮氏县东南则可,高三十里,乃非也。今准此山,可高十余里。山上有神庙,庙侧有灵泉,祈祭之日,周而不耗。世亦谓之子推祠。扬雄《河东赋》曰:灵舆安步,周流容与,以览于介山。嗟文公而愍推兮,勤大禹于龙门。《晋太康记》及《地道记》与《永初记》,并言子推所逃,隐于是山,即实非也。余按介推所隐者,绵山也。文公环而封之,为介推田,号其山为介山。杜预曰:在河西界休县者是也。"

案:《周书》和《北史》的《韦孝宽传》也提到汾水以南有"介山、稷山"。

(六)《太康地记》佚文(王谟《汉唐地理书钞》,北京:中华书局,1961年,169页)

"介山一名孤山,在万泉县南一里,晋文公臣介之推从文公逃难,赏不及,怨而匿此山,文公求之,推不出,乃封三百里之地,又号为介山。”

（七）《新唐书·地理志》的记载

“万泉”，注：“上。本隶泰州，武德三年析稷山、安邑、猗氏、汾阴、龙门置，州废隶绛州，大历二年来属，有介山。”

（八）《元和郡县图志》卷一四的记载

“万泉县（上。东北至州一百二十里），本汉汾阴县地，属河东郡。又薛通城者，后魏道武帝天赐元年，赫连勃勃僭号夏，侵河外，于时有县人薛通，率宗族千余家，西去汉汾阴县城八十里筑城自固，因名之。武德三年，于薛通故城置万泉县，属泰州。县东谷中有井泉百余区，因名万泉。”

（九）《唐十道志》的记载（《读史方舆纪要》卷四一引）

“河东道名山曰介山，其山高三十里，周七十里，汉武帝用事介山，即此。后周保定初，韦孝宽筑城于玉壁以北，齐人至境上，会废，孝宽使汾水以南傍介山、稷山诸村皆纵火，齐人以为军营，将兵自固。版筑遂集。所谓介山，亦即此山也。或又讹为绵山。西半隅有栏泉，南麓有双泉。又有桃花洞，其东谷有暖泉，流为东谷涧。”

（十）《太平寰宇记》卷四六的记载

“介山一名孤山。”

（十一）《元丰九域志》卷三的记载

“万泉”，注：“府东北一百五十里。二乡。有介山。”

（十二）《明史·地理志》的记载

“万泉”，注：“州东北。南有介山。”

（十三）《清史稿·地理志》的记载

“万泉”，注：“难。府东北百六十里。东：介山，其西峰孤山。城南山阴暖泉。又东涧。解店镇。”

（李零）

附录三：金《后土庙像图碑》的布局和榜题

金《后土庙像图碑》（图二一、二二），碑额原名是《蒲州荣河县创立承天效法厚德光大后土皇地祇庙像图》，下简称《庙图碑》。此碑是研究宋后土庙的重要参考资料，并与金承安五年《重修中岳庙图碑》（图二三）可以相互比较，[①]王世仁、车文明和傅熹年先生已有所讨论。[②]这里围绕庙图的布局和榜题，在前贤研究的基础上，试作订正和补充。

研究宋后土庙，此图之前，有宋大中祥符四年（1011年）陈尧叟据内府旧藏《脽上后土庙图》（估计是开宝九年或景德四年祭祀后土画的庙图）修订的庙图，[③]惜已失传。此图虽出金刻，仍可反映宋庙的规划设计。[④]

《庙图碑》上的碑图是平面图。其庙域轮廓，粗看是长方形，但北端为圆弧形，属于所谓“南方北圆”式。整个建筑分三部分。主体部分，外垣近乎正方，四角建角楼。[⑤]其南，围以方墙，伸出一个外院；其北，围以圆墙，也伸出一个外院。两个外院，下称“外接前院”和“外接后院”，围墙、隔墙皆树堞。主体部分，围墙、隔墙皆覆瓦，这是基本区别。

内部结构，三部分也不同：

（1）主体部分。是由四墙四门划分空间，第一道墙，即通常说的“下三门”，是以“太宁庙”门居中，旁开二门；第二道墙，即通常说的“中三门”，是以“承天门”居中，也旁开二门；第三道墙，为增出的一道墙，是以“延禧门”居中，也旁开二门；第四道墙，是主殿区的内垣，即通常说的“上三门”，则以“阴柔之门”居中，旁接侧墙，也各开一门。[⑥]它们把庙垣以内分为前后两半：前半略小，是由三道横墙隔出的日字形前院。后半较大，分内外两层，作回字形，则是主殿区。主殿区的内院是由廊庑四周和中分，也隔出两重院，作日字形；外院，左右各有三个配殿，作目字形。配殿前端的短墙，连接主殿区内垣的南墙，形成上述第四道墙。第三道墙和第四道墙之间，即“坤柔门”前、“延禧门”后的空间，是衔接前后的中间地带。它的两侧，外垣左右还有两个道院。

(2) 外接前院。比较简单，只有四面的围墙。

(3) 外接后院。还有一道横墙，也分前后院。

下面，从南到北，我们讲一下庙图的布局和榜题。

(一) 外接前院。南墙正中有三个欞星门，门前有下马石(?)和狮子，各一对。入欞星门，北面是庙垣的南墙，上开三门，上题“太宁庙”的建筑居中，是正式的庙门，周设栏楯(后面三道门也如此)，[⑦]门后树旗杆二。此门题“太宁庙”，庙名与太宁宫同，但太宁庙是太宁庙，太宁宫是太宁宫，两者不容混淆。王世仁先生已指出，太宁宫是宋真宗祭后土的行宫，原来叫奉祇宫，[⑧]在宝鼎县城(祭后土前叫宝鼎县，祭后土后改名荣河县)，距后土庙还有九里(应作“八里”)。真宗祭后土，是在大中祥符四年(1011年)的二月辛酉(十七日)。他是礼成返回奉祇宫才诏改奉祇宫为太宁宫，时间在同一天。这是太宁宫。太宁庙是另一建筑，即后土庙。这里的“太宁庙”，过去没有确解，王世仁先生曾猜测，庙图“太宁庙”三字“或系明代重刻时原字模糊而刻工以意为之，或另有缘故”。其实，“太宁庙”就是后土庙的庙额，庙额挂在庙门上，还是保留真宗时的名称。史载真宗到河中祭后土，四月甲辰(一日)返回京师，已未(十六日)下诏，“诏恭上汾阴后土庙额曰太宁”(《续资治通鉴》卷三〇)。此诏原义不过是说，真宗把后土庙改名为“太宁庙”，本来很简单。但他书互有不同，误衍“宫”、“正殿”等字，使人误以为是改宫殿之名。[⑨]现在，我想指出的是，后土庙改叫“太宁庙”，这个新名在史料上出现不多，后来也不太流行(新名虽定，旧名不废)，但在史籍中还是留下痕迹。如《宋史·五行志》提到“庆成军大宁庙圣制碑阁”，“庆成军大宁庙”，显然就是这里的“太宁庙”。又《宋史·陈尧叟传》记陈尧叟作《亲谒太宁庙颂》，《宋会要辑稿·礼二八》之四六、五二作《亲谒后土庙颂》，也是后土庙亦名“太宁庙”的有力证据。另外，当时还有一个习惯，就是把太宁宫和太宁庙并称为“大宁宫、庙”（多作“大宁宫庙”，以为同一建筑，其实宫是宫，庙是庙，两者应分读），如真宗下己未诏，改后土庙额为“太宁”，后三日，马上“增葺宫、庙”（《庙图碑》录《通鉴纲目》、《文献通考》），就是对太宁宫和后土庙都进行翻修和扩建。这个工程一直持续到来年七月，花了十五个月。《续资治通鉴》卷二九说，次年七月十七日（癸未），“大宁宫、庙成，总四百四十六区”。《宋史·刘综传》也提到“真宗以太宁宫、庙长吏奉祠”。它们都是以太宁宫与太宁庙并举，类似《宋史·礼志五》说“河中之后土庙、太宁宫”。这几处提到的太宁庙（或大宁庙），显然都是指后土庙。真宗改后土庙为太宁庙，是为了与太宁宫相配。王先生没有考虑这一层，所以有上述猜测。现在做一点补充，问题就清楚多了。这个前院，只有左右相向的两个小殿，以及位于门左，相当后世燎炉的“火池”（傅熹年先生的复原图遗之）。[10]

（二）主体部分的前半。有三道横墙，各三门。第一道墙，是庙垣的南墙，正中是题“太宁庙”的庙门，两旁有侧门。第二道墙，正中是“承天门”，[11]两旁也有掖门。“承天门”门前，左右并列，是放“唐明皇碑”和“宋真宗碑”的碑楼，这是第一进。“唐明皇碑”，疑即张说撰《后土神祠碑铭》，前有唐玄宗御序。“宋真宗碑”，则是《汾阴二圣配飨之铭碑》。《宋史·五行志》提到“庆成军大宁庙圣制碑阁”，应即后一建筑。碑楼两旁，还有左右并列的两个小殿，西南和东南两隅，还有左右相向的两个小殿，皆不知名。出“承天门”，是第二进，前面是第三道墙，正中是“延禧门”，两旁有小门。“延禧门”前，也有两个碑楼，左右相向，是放“□□□□”（榜题磨损，摹本缺，首字似乎是“花”字，图二四）和“修庙记”二碑。前者不详所指，后者当是宋金重修此庙的碑记，其中包括杨照《重修太宁庙记》（收入上引《万泉、荣河县志》，620—621页）。此外，碑楼侧后，还有两个井亭。

（三）主体部分的后半（主殿区）。从“延禧门”入，是第三进，即正殿所在的回字形套院。外院前区，是以“坤柔之门”居中。门前左右相向，是一不知名建筑（无榜题，从侧门可见，内陈一扁圆形物，摹本缺）和

"钟楼",其后,内垣南墙的两端,还有题为"二郎殿"和"判官殿"的两个小殿;小殿两旁,配殿前端,各有墙,上开侧门,可通外院左右区和后区的永巷。配殿有六座,左区三殿坐西朝东,为"□主"(榜题磨损,摹本缺,"主"下疑脱"殿"字,图二五)、"六一殿"和"五岳殿",右区三殿坐东朝西,为"五道殿"、"六甲殿"和"真武殿"。院门开在内院的东西两庑。外院前区,围墙以外,还有两个小院,是叫"西道院"和"东道院"。内院,四周为廊庑,也分前后两区。前区较大,自"坤柔之门"入,北面正中为"坤柔之殿",是后土庙的正殿,在所有各殿中,规模最大。此殿,从名称考虑,当是供奉后土圣母的地方,地位相当北京地坛位于方泽坛后的皇祇室。它的庭院比较开阔,殿前有用栅栏围起的一块地方,王世仁先生推测,可能是封石匮之坛,疑不能定,[12]车文明先生认为,此说确无可疑。[13]车说是。据《宋会要辑稿·礼二五》之六〇至六一,宋代埋册之制,是用玉匮或金匮封存玉册,放入瘗坎中的石匮内,以土封固,上为小坛。埋册地点,在"前殿栏楯之下,皇帝板位之西"。图中栅栏,即"于正殿直南安置,仍别设栏槛遮护"的"栏槛"。此坛以南的平台,王世仁先生推测,可能是拜台或舞基(上无覆屋的露天舞台),[14]车文明先生考证,应即《大金承安重修中岳庙图》碑中的"路台",也就是宋元祠庙中表演歌舞,兼陈供品,习惯上叫"露台"的露天戏台。[15]这种理解也很对。但这类戏台的前身,恐怕还是祭坛。[16]此外,值得注意的是,东西两庑的前面,还有左右相向的两个小殿,皆不知名,王世仁先生推测,可能是奏乐之所。[17]这是内院前区。内院后区,还有"寝殿"。"寝殿"与"阴柔之殿",中间有穿廊相连,形成所谓"工字殿"。这两个殿,后面的廊庑都是钝角形斜廊,与其他三面不同。

(四)外接后院。上述主体部分,庙垣北墙只有一门。出此门,有半圆形的两重院,当是临河而祭的行礼之地。其轮廓有点像明清陵寝后面的宝城。明清陵寝都是前方后圆,前面是长方形的寝园,后面是半圆形的宝城,宝城围绕圆形的宝顶,即陵墓,宝顶和寝园交接处是明楼。北京的天坛和先农坛也是这种轮廓,它们都是体现天地相配。[18]王世仁先生已指出这种相似，对我们很有启发。但他认为，这些南方北圆的设计都是以北方属阴，故以半圆像月代表之，汾阴后土属坤（阴），也是以半月象之，却值得商榷。其实，南方北圆和外方内圆，都是体现天地相配，它也是一种方圆相含，只不过不是以方套圆，而是以方形的北端与圆形的南半叠压。特别是陵墓，宝顶都是圆形，可以看得很清楚。它们都不是代表月亮。这两重院落，第一进，与庙垣北门相接，是题为“配天”的门楼，乃登临眺望的佳处。王世仁先生以为，楼上之亭可能就是宋真宗登临过的“郯丘亭”，我的想法不太一样。我理解，此楼题为“配天”，当指以地配天（“履地戴天”），这一部分做成半圆，就是体现这种含义。上面说过，此后院酷似明清陵寝的宝城，如果这种比喻可以成立，这里的“配天”楼就相当它的明楼。这一进，院中多植树木，比较空旷，除去南面的“配天”楼，只有一座小亭，偏于门左，而面向南（三面开放，只有后墙），题为“□□”（榜题磨损，摹本缺，图二六）。小亭以北，有横墙为隔。横墙正中有一櫺星门。出櫺星门，是第二进。北面正中，有一大亭（亦三面开放，只有后墙），亦面南，题为“□□亭”（榜题磨损，第三字影影绰绰，似为“亭”字，图二七）。此亭下有高台，则题为“旧轩辕扫地坛”，它和前面两个坛不一样，是临河而祭专门禅地的坛场，而且同样可以登临眺望。王世仁先生说，宋后土坛是利用“庙北古双柏旁”的土堆筑为方坛，有如北郊祭地的方丘，就是这个坛。[19]坛前，还有两个小屋，可能是存放祭物的地方，皆无榜题。这一进也很空旷，不但建筑少，树木也少（只有左三右三，共六株）。[20]我很怀疑，这个亭子才是宋代的“郯丘亭”。[21]理由有三条，第一，金元后土庙有“秋风亭”，明清后土庙有“秋风楼”，[22]显然是一脉相承，今秋风楼，原来叫亭，正在后土庙的最后；第二，今秋风楼下，于入门处题刻“扫地坛”三字，也与此亭下有“旧轩辕扫地坛”对应。这里的“扫地坛”很有意思，它是先在场上筑坛，再在坛上起亭，坛只是建筑的一部分。我们可以笼统说，这也是一种“坛场”，但严格讲，“坛”和“场”还不太一样。古人所谓“坛”，是指隆起的台子；“场”，是指平坦的空地。如古代祭泰山，山上祭天叫“封”，是堆土为坛而祭；山下祭地叫“禅”，是扫地为场而祭，两者就不太一样。禅地之礼，本来就和“扫地而祭”的概念直接有关。“场”，古人也叫“墠”，就是和“禅”相对应。㉓它是最原始的祭地方式：一不起坛，二不覆屋。㉔此亭平地起台，台上覆屋，已经让人看不出“扫地而祭”的意义，但屋下有台，台下有场，还是可以反映坛与场、坛与庙的关系。㉕今秋风楼下有“扫地坛”，大家不知坛在哪里。其实，它就是楼下的地基和地面。这一部分，垣墙以外，北、西两面临水，分别标注“黄河”、“汾河”，说明当时的北墙和西墙都是紧贴河道。

（李零）

注　释：

① 参看张家泰：《〈大金承安重修中岳庙图〉碑试析》，《中原文物》1983年1期，第40—50页，张文对金《中岳庙图碑》的榜题有全面论述。

② 参看王世仁：《记后土祠庙貌碑》（下简称“王世仁文”），《考古》1963年5期，第273—277页（附三张插页：拓本、摹本和傅熹年先生复原的鸟瞰图）；车文明：《后土祠庙貌碑中两方台的考释》（下简称“车文明文”），《考古》2001年6期，第70—73页；傅熹年：《中国古代城市规划建筑群布局及建筑设计方法研究》（下简称“傅熹年书”），北京：中国建筑工业出版社，2001年，上册，第42—44页。案：王世仁文发表的拓本和摹本比例比较小，有些榜题看不清，摹本缺释，我们核对原拓（孙养幸局长赠本），有所订补。凡碑图所见榜题，下文引用，一律加引号。

③ 见《庙图碑》录《通鉴纲目》、《文献通考》。

④ 王世仁文说此图与金承安五年《重修中岳庙图碑》中之中岳庙极为类似（第277页），非常正确。承安五年为1200年，比此图略晚。这两幅图都是根据金刻，但实际反映的是宋庙的规制。傅熹年书指出，宋代宫观之制，特点是“皆南开三门，二重，东西两廊，中建正殿，连接拥殿。又置道院、斋坊”（《续资治通鉴长编》卷七九），《中岳庙图碑》是“南面开三门，三重”，但《庙图碑》是南面开三门，四重，比岳庙的等级要高，“中建正殿，连接拥殿”，则是二图所见“工字殿”，前面是正殿，后面是寝殿。案：“东西两廊”，即此图主殿区的廊庑。“道院”，即此图的六配殿，以及“二郎殿”、“判官殿”、“西道院”、“东道院”四殿。“斋坊”，即此图的八个不知名小殿（“太宁庙”门前有二，“承天门”前有四，“坤柔之殿”前有二），正合上清太平宫的“八小殿”（见王世仁文引《宋朝事实》卷七）。《中岳庙图碑》与此相比，有四点显

著不同，一是没有圆形后院；二是只有三墙，少一道墙也少一重院；三是没有埋册之坛，四是没有旁出的“道院”。此外，其他“道院”和“斋坊”，数目和布局也不一样。

⑤ 金《重修中岳庙图碑》榜题称之为“角楼”。

⑥ “下三门”、“中三门”、“上三门”，见金《重修中岳庙图碑》榜题。

⑦《庙图碑》录《通鉴纲目》、《文献通考》引大中祥符四年四月己未诏，作“诏脽上后土庙上额为太宁正殿，周设栏”，正提到“周设栏”。但此诏，他书所载，互有不同，“正殿”当是衍文(见下注 9)。

⑧ 王世仁文。案：据《宋会要辑稿·礼二八》之四七：“(大中祥符三年十月)五日，赐宝鼎县行宫名曰奉祇，前殿曰穆清殿，后亭曰严庆、严信，行宫前亭曰望云……”，奉祇宫也是真宗在祭祀后土前不久才刚刚改名。“奉祇”，是供奉地祇的意思，与祭祀后土有关。

⑨ 此诏见于他书，或有不同，《宋大诏令集》卷一一七作“诏脽上后土庙宜上额为太宁宫”，《庙图碑》引《通鉴纲目》、《文献通考》作“诏脽上后土庙上额为太宁正殿，周设栏”。案：这两种异文，“诏脽上后土庙宜上额为太宁宫”，“宫”字当是衍文，王世仁文指出，太宁宫是由奉祇宫改名，与后土庙无关，很对；“诏脽上后土庙上额为太宁正殿”，“正殿”也是衍文，因为正殿都是在后面，不可能用作庙额题名。王世仁文说，此碑的庙号全称见于《宋大诏令集》卷一三七之政和六年诏，“阴柔之殿”也许是政和间改名，原来是叫“太宁正殿”，这完全是推测。其实，这两种记载都有问题。他没有注意到，宋代当时确有以“太宁庙”指后土庙的例子，己未诏只是改庙名而已。

⑩ 金《中岳庙图碑》有之，名“火池”。王世仁文以为可能是“燎炉之类”，但又说位置不同(金《中岳庙图碑》在第二进的右边)，怀疑是“瘗坎”。案：前说更为合理。

⑪ 宋东京宫城也有承天门，见《宋史·地理志一》。

⑫ 王世仁文。

⑬ 车文明文。案：金《中岳庙图碑》没有这一部分。

⑭ 王世仁文。

⑮ 车文明文。

⑯ 唐宋礼仪，祭祀后土是仿封禅泰山的禅地之礼。祭泰山，有三类坛。一类是封祀坛，一类是社首坛，一类是朝觐坛。封祀坛是封祀泰山的坛，仿祭天圜丘，为圆坛，笼统说，叫封祀坛，具体讲，山下的坛叫封祀坛，山上的坛叫登封坛。社首坛是禅祭社首的坛，仿祭地方丘，为八角方坛，笼统说，叫社首坛，具体讲，山上的坛叫禅祭坛或介丘坛，山下的坛叫降禅坛。朝觐坛是设于行宫之前的坛，也是方坛。三者皆设钟鼓，有登歌献舞。坛也叫台，如封祀坛也叫舞鹤台，介丘坛也叫万岁台，降禅坛也叫景云台。参看《旧唐书·礼仪志三》和《宋史·礼志七》。

⑰ 王世仁文。

⑱ 傅熹年书，第49—53页，第61—66页。

⑲《宋史·礼志七》："经度制置使诣脽上筑坛如方丘，庙北古双柏旁有堆阜，即其地为之。有司请祭前七日遣祀河中府境内伏羲、神农、帝舜、成汤、周文武、汉文帝、周公庙及于脽下祭汉、唐六帝。"

⑳ 王世仁先生以为亭右二树就是《宋史·礼志七》的"庙北古双柏"。

㉑ 郑丘亭，宋太宗时已有，如《宋史·镇王元偓传》："（至道）二年，文武官诣阙请祠后土，……至河中，与判府陈尧叟分道乘舆渡蒲津桥，上登郑丘亭，……"。宋真宗祭后土，也登过郑丘亭，如《续资治通鉴》卷二九载，宋真宗于大中祥符四年二月，"辛酉，具法驾诣脽坛，……登郑丘亭，视汾河，望梁山，顾左右曰：'此汉武帝泛楼船处也。'"（又见《文献通考·郊社考九》）登亭是在祭后土的当天，而且是在仪式结束之后。

㉒ 如金曹之谦《秋风亭故基》（收入《全金诗》卷一三〇）、元王恽《浣溪沙》"至元九年秋九月，登秋风亭观雨，赋呈曹参军、周干臣"（收入《全金元词》），均称"秋风亭"。明祝颢《登秋风亭》（收入《万泉、荣河县志》，第660页）也称"秋风亭"。但明侯祁《秋风楼》（同上，第660页）、李葠《登秋风楼见菊有感》（同上，第662页）则称"秋风楼"。

㉓ 参看李零《说"祭坛"和"祭祀坑"》：收入所著《入山与出塞》，北京：文物出版社，2004年，第3—38页。

㉔《礼记·郊特牲》："扫地而祭，于其质也。"《礼记·礼器》"有以高为贵者"，释文："有以下为贵者。至敬不坛，埽地而祭。"《后汉书·肃宗孝章皇帝纪》："不起寝庙，扫地而祭。"这都说明，"扫地而祭"的本义是没有坛，也不起屋。

㉕ 明清天坛的祈年殿，也是在祈谷坛上修建。

《汾阴后土祠的调查研究》插图

目　　录

图一　山西万荣县 …… 75
图二　孤山 …… 76
图三　宋《汾阴二圣配飨之铭碑》:1—6 …… 77
图四—1　金《后土庙像图碑》(拓本)正面 …… 83
图四—2　金《后土庙像图碑》(拓本)背面 …… 84
图五　元代的《秋风辞》刻石(拓本) …… 85
图六　郘黛编钟(拓本) …… 86
图七　齐仲之子鎗镈(拓本) …… 87
图八　阎子疙瘩遗址出土的砖瓦(卫聚贤采集):1—4 …… 88
图九　1930 年发掘的探沟和探坑 …… 89
图一〇　阎子疙瘩遗址出土的砖瓦(1930 年发掘):1—6 …… 90
图一一　阎子疙瘩遗址附近的地形图 …… 91
图一二　阎子疙瘩遗址周围的村落 …… 92
图一三　阎子疙瘩遗址所在的台地 …… 93
图一四　汾阴古城和庙前墓地 …… 94
图一五　汾阴古城出土的瓦当:1—2 …… 95
图一六　王子于戈 …… 95
图一七　阎子疙瘩遗址出土的砖瓦(笔者采集):1—2 …… 96
图一八　秋风楼 …… 98
图一九　扫地坛 …… 99
图二〇　今后土庙的平面图和剖面图 …… 100

图二一　金《后土庙像图碑》(摹本)…………………………………… 101
图二二　傅熹年先生据金《后土庙像图碑》画的复原图…………… 102
图二三　金承安五年《重修中岳庙图碑》……………………………… 103
图二四　碑楼:题“□□□□”(拓本局部) ………………………… 104
图二五　配殿:题“□主”(拓本局部) ……………………………… 105
图二六　后院小亭:题“□□”(拓本局部) ………………………… 106
图二七　后院大亭:“□□亭”(拓本局部) ………………………… 107

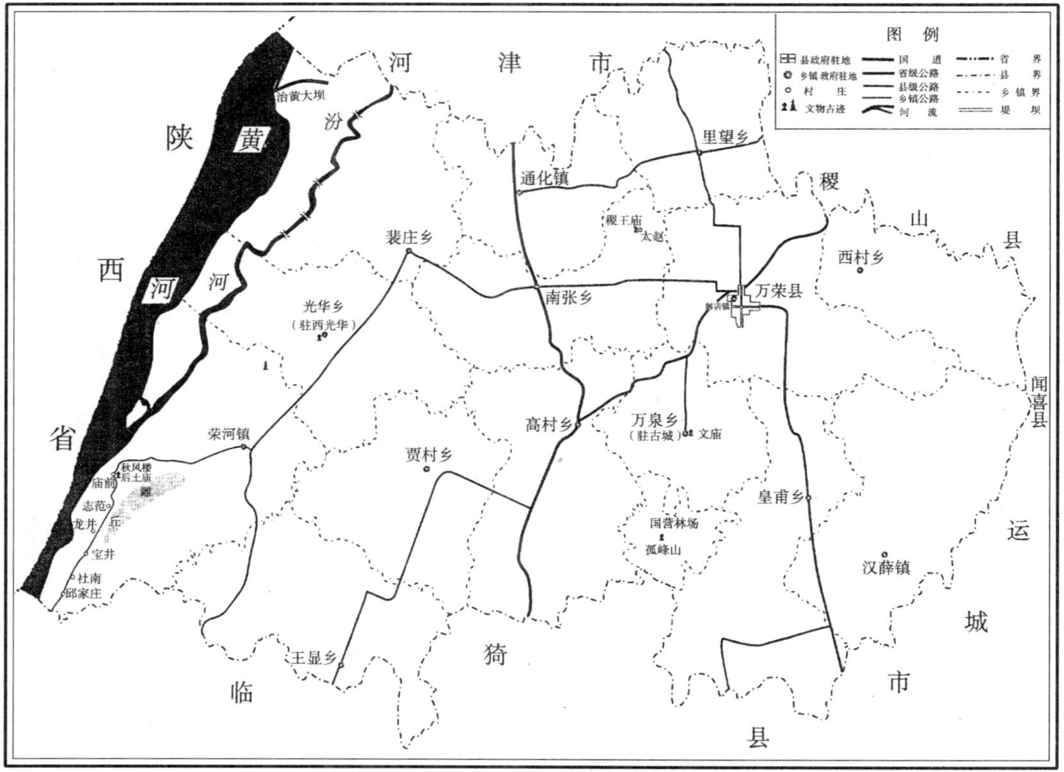
图例
县政府驻地
乡镇政府驻地
村庄
文物古迹
国道
省级公路
县级公路
乡镇公路
河流
省界
县界
乡镇界
堤坝
陕西省
黄河
汾河
治黄大坝
河津市
稷山县
闻喜县
运城市
临猗县
万荣县
里望乡
通化镇
稷王庙
太赵
裴庄乡
南张乡
西村乡
光华乡
（驻西光华）
高村乡
万泉乡
（驻古城）
文庙
贾村乡
荣河镇
皇甫乡
国营林场
孤峰山
汉薛镇
王显乡
秋风楼
后土庙
庙前
志范
龙井
宝井
社南
邱家庄

图一　山西万荣县

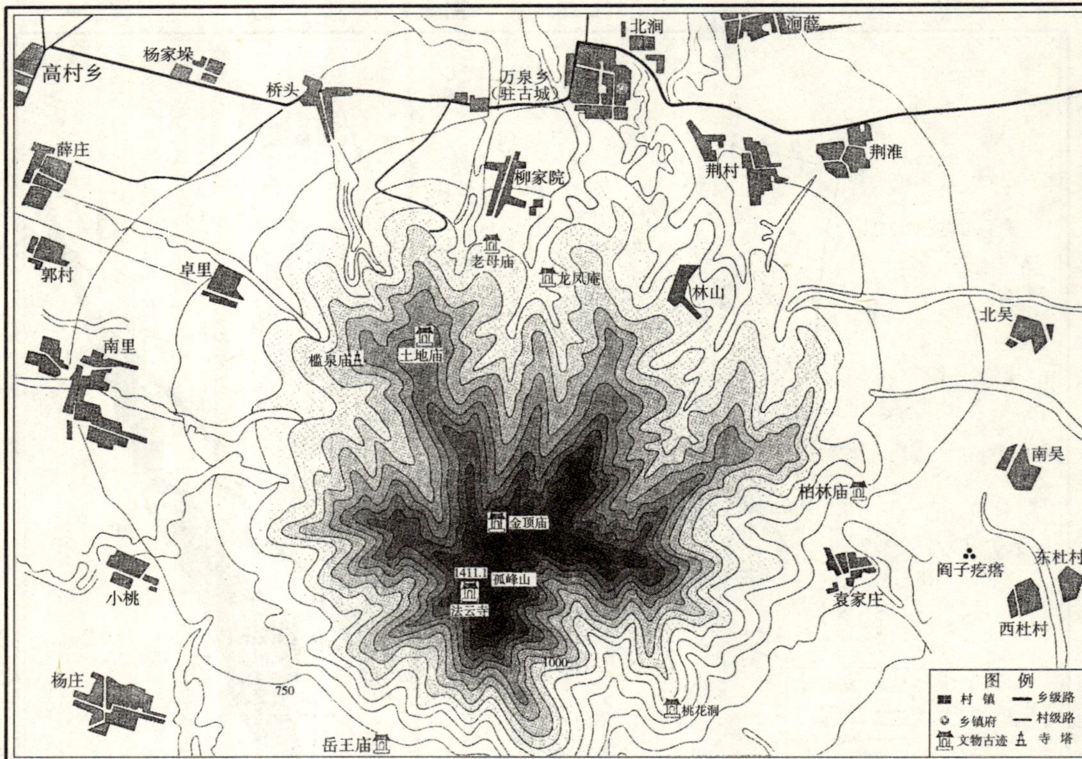
高村乡
杨家垛
桥头
万泉乡
（驻古城）
北洞
洞薛
薛庄
柳家院
荆村
荆淮
郭村
卓里
老母庙
龙凤庵
林山
北吴
南里
槛泉庙
土地庙
南吴
柏林庙
金顶庙
阎子疙瘩
东杜村
1411.1
孤峰山
小桃
法云寺
袁家庄
西杜村
1000
杨庄
750
桃花洞
岳王庙
图 例
村 镇
乡级路
乡镇府
村级路
文物古迹
寺 塔

图二 孤山

图三　宋《汾阴二圣配飨之铭碑》：1

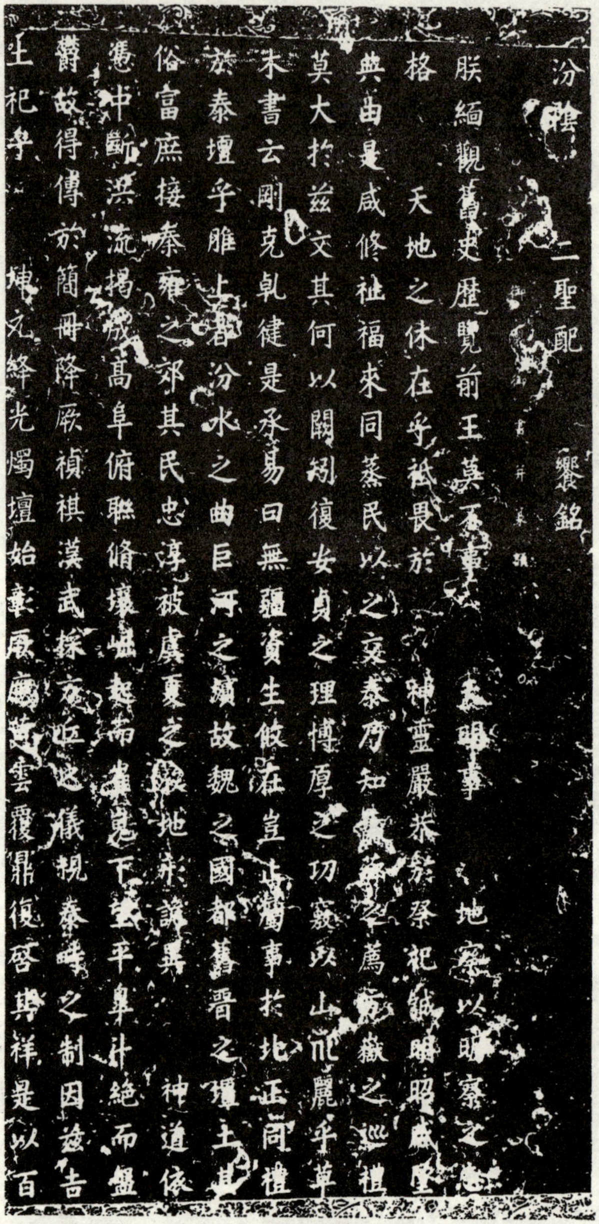

图三　宋《汾阴二圣配飨之铭碑》：2

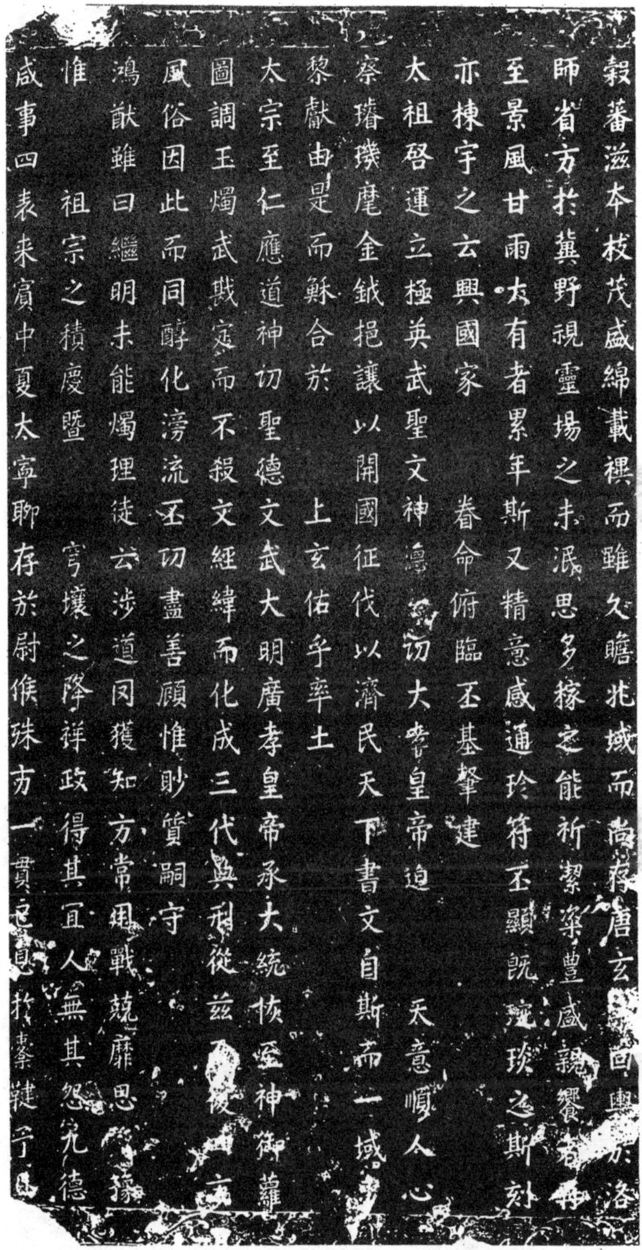

图三　宋《汾阴二圣配飨之铭碑》：3

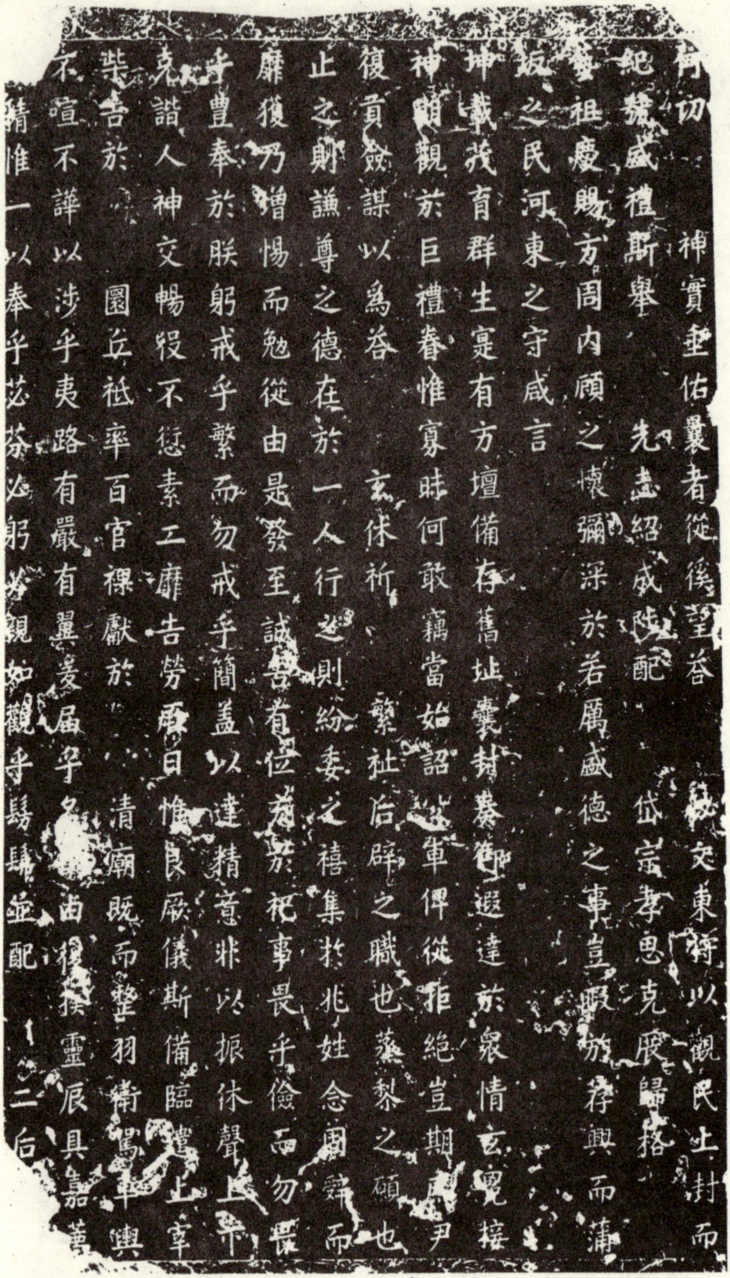

图三　宋《汾阴二圣配飨之铭碑》:4

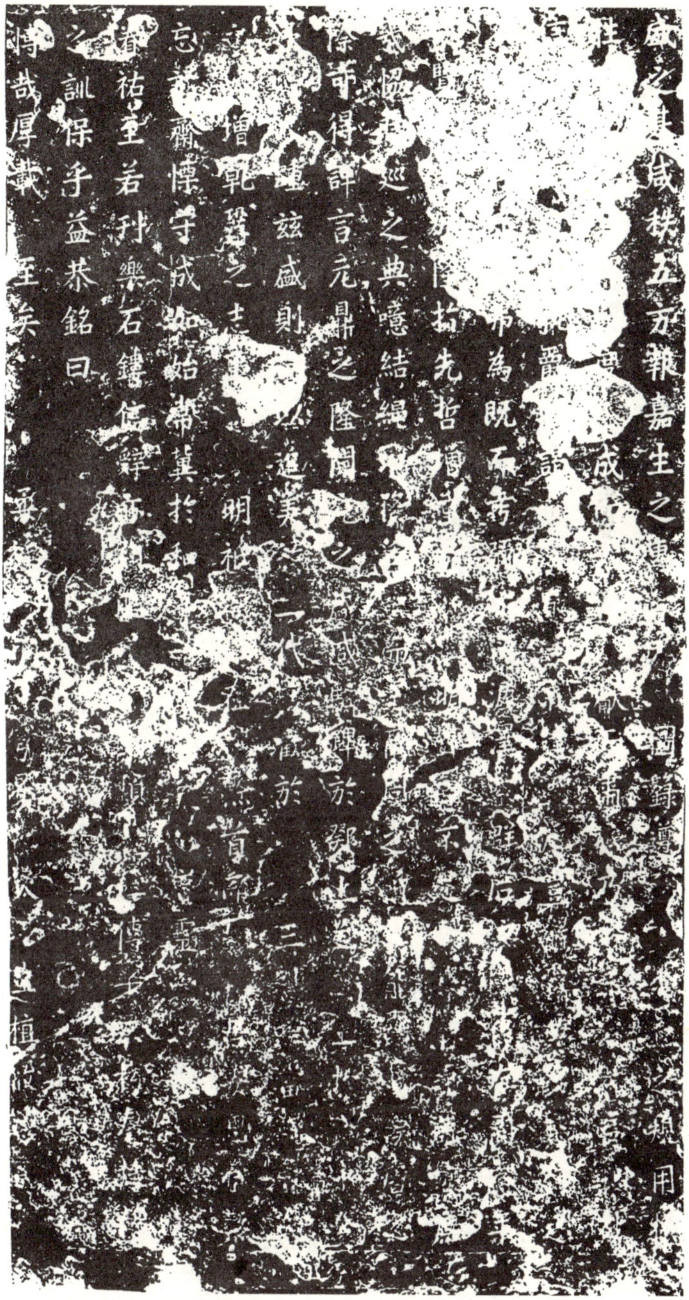

图三　宋《汾阴二圣配飨之铭碑》:5

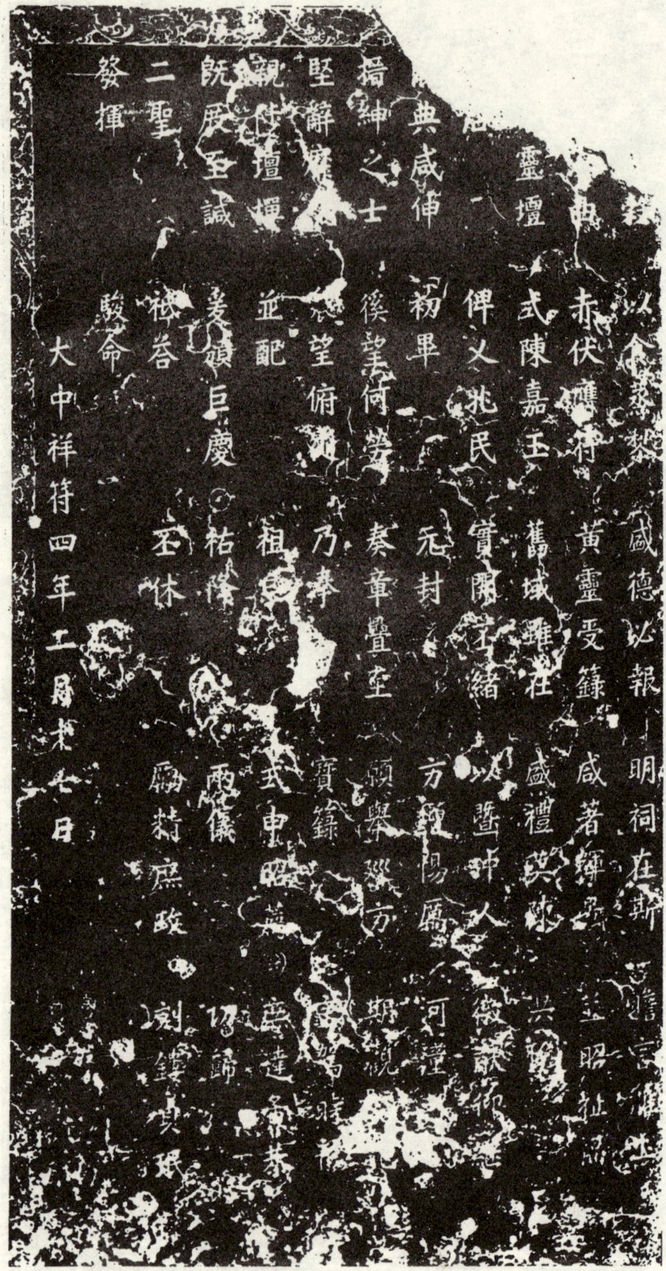

图三　宋《汾阴二圣配飨之铭碑》:6

图四一1　金《后土庙像图碑》(拓本)正面

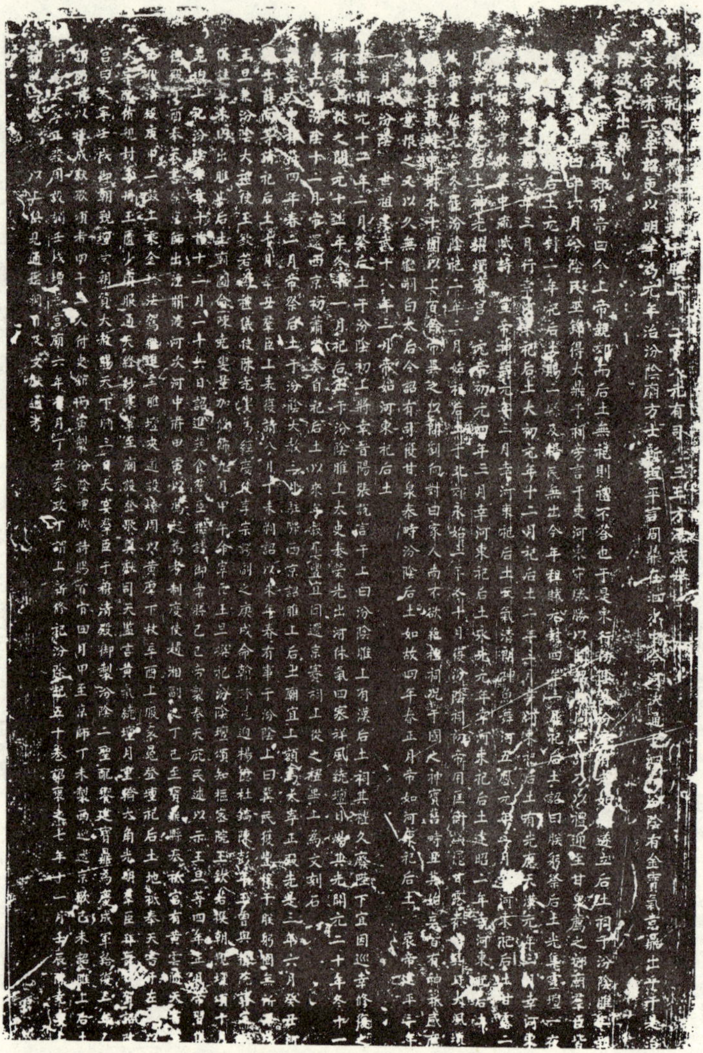

图四—2　金《后土庙像图碑》(拓本)背面

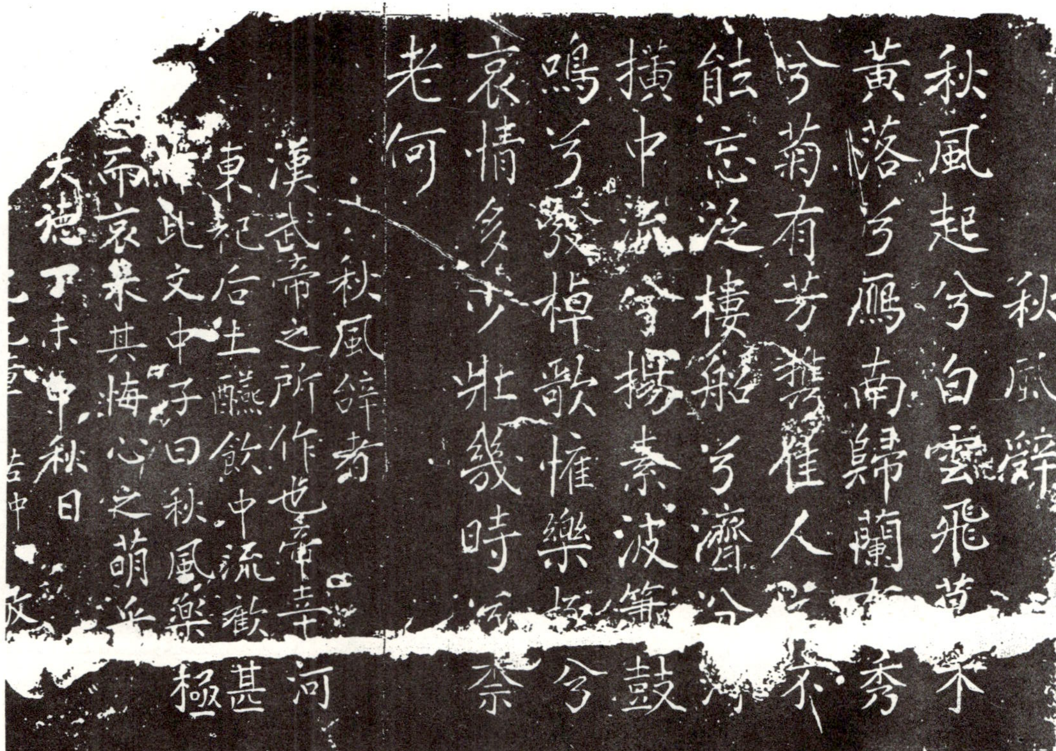

图五　元代的《秋风辞》刻石（拓本）

图六 郘黛编钟（拓本）

图七　齐仲之子黏镈(拓本)

①

②
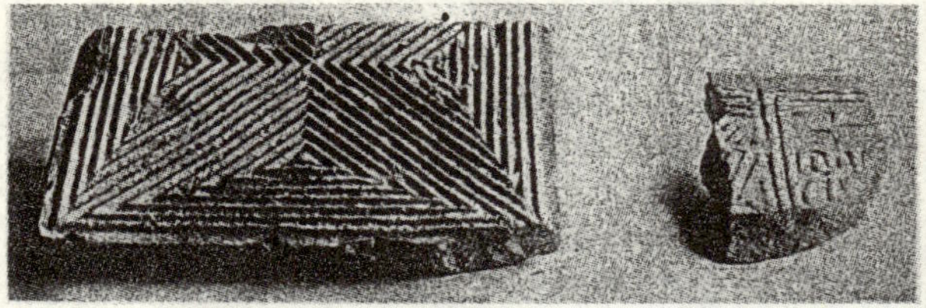
③

④

图八　阎子疙瘩遗址出土的砖瓦（卫聚贤采集）：1—4

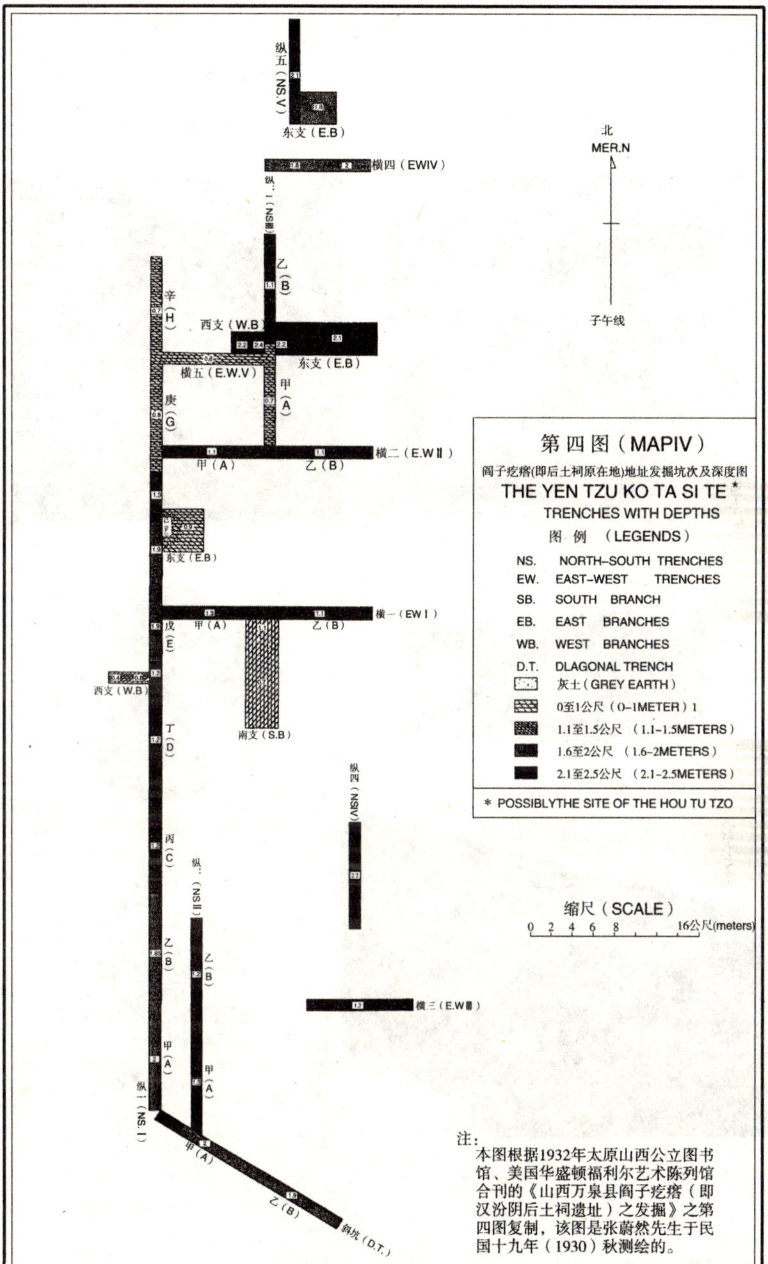

图九　1930年发掘的探沟和探坑

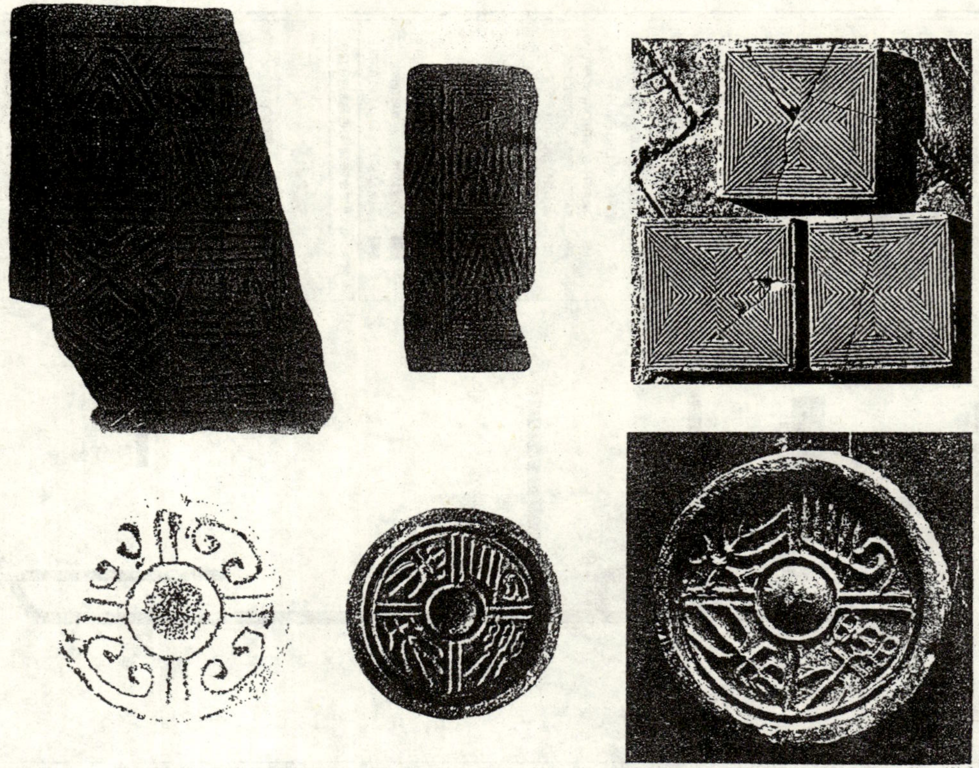

图一〇　阎子疙瘩遗址出土的砖瓦(1930年发掘)：1—6

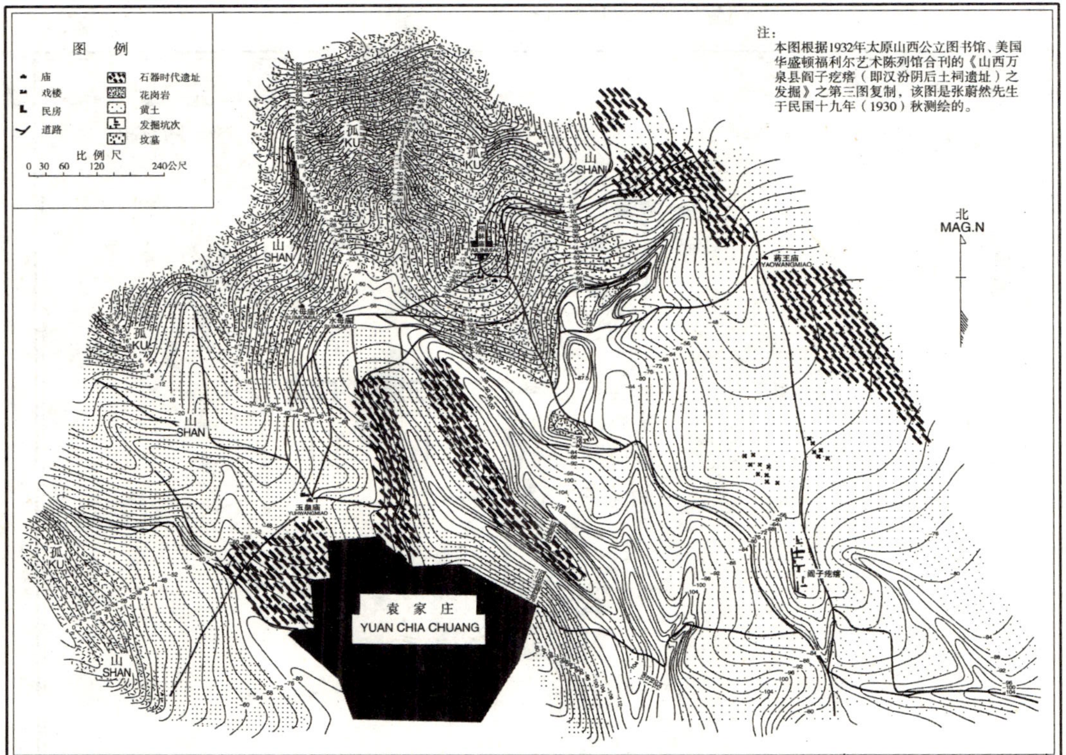

图一一　阎子疙瘩遗址附近的地形图

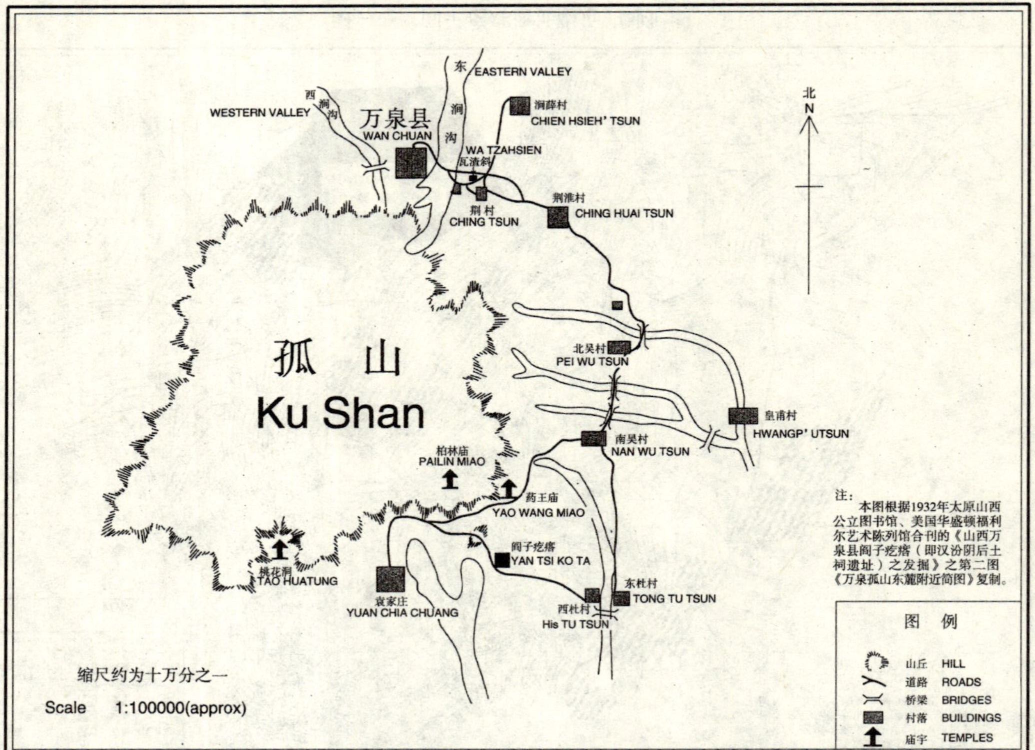

图一二　阎子疙瘩遗址周围的村落

垂直線紋者爲層台　層台間空白者爲農田

图一三　阎子疙瘩遗址所在的台地

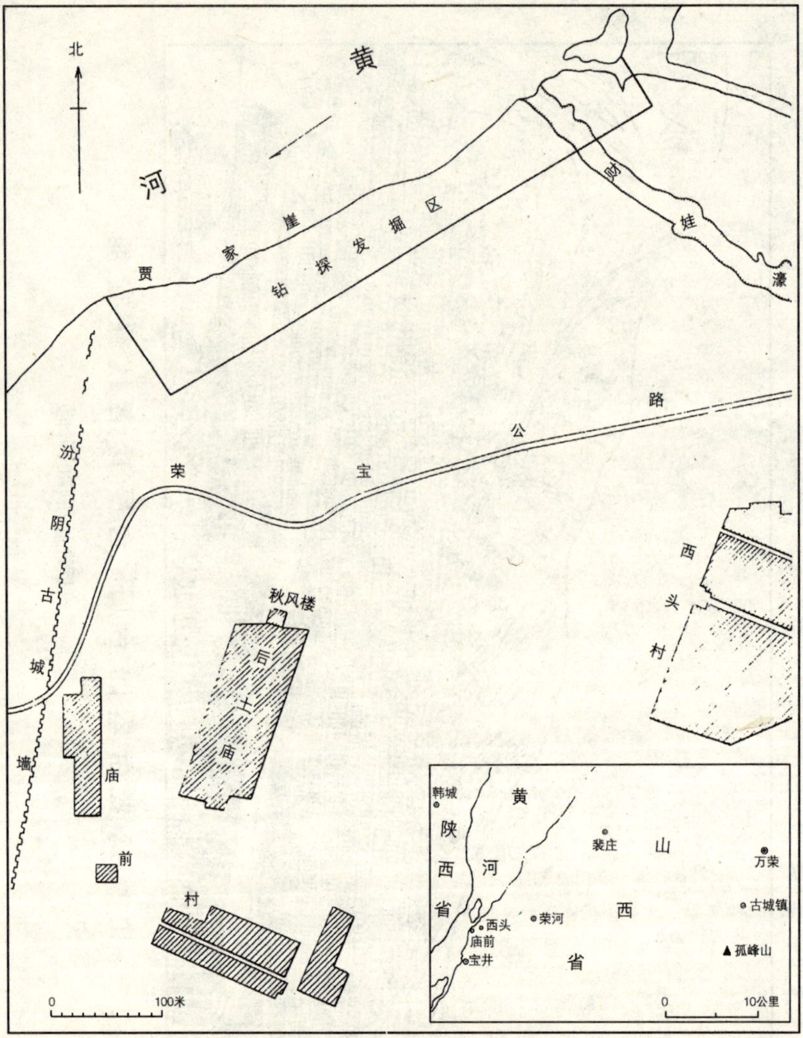

图一四　汾阴古城和庙前墓地

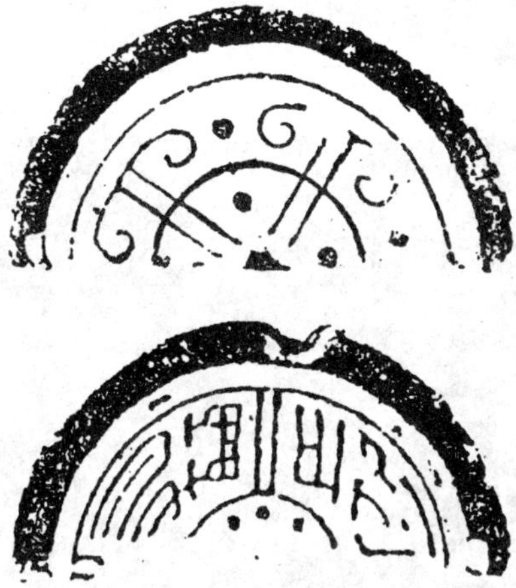

图一五　汾阴古城出土的瓦当：1—2

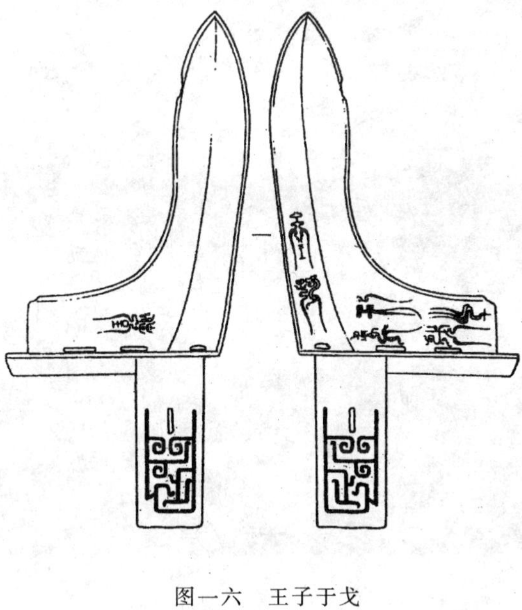

图一六　王子于戈

图一七　阎子疙瘩遗址出土的砖瓦（笔者采集）：1

图一七　阎子疙瘩遗址出土的砖瓦(笔者采集):2

图一八　秋风楼

图一九　扫地坛

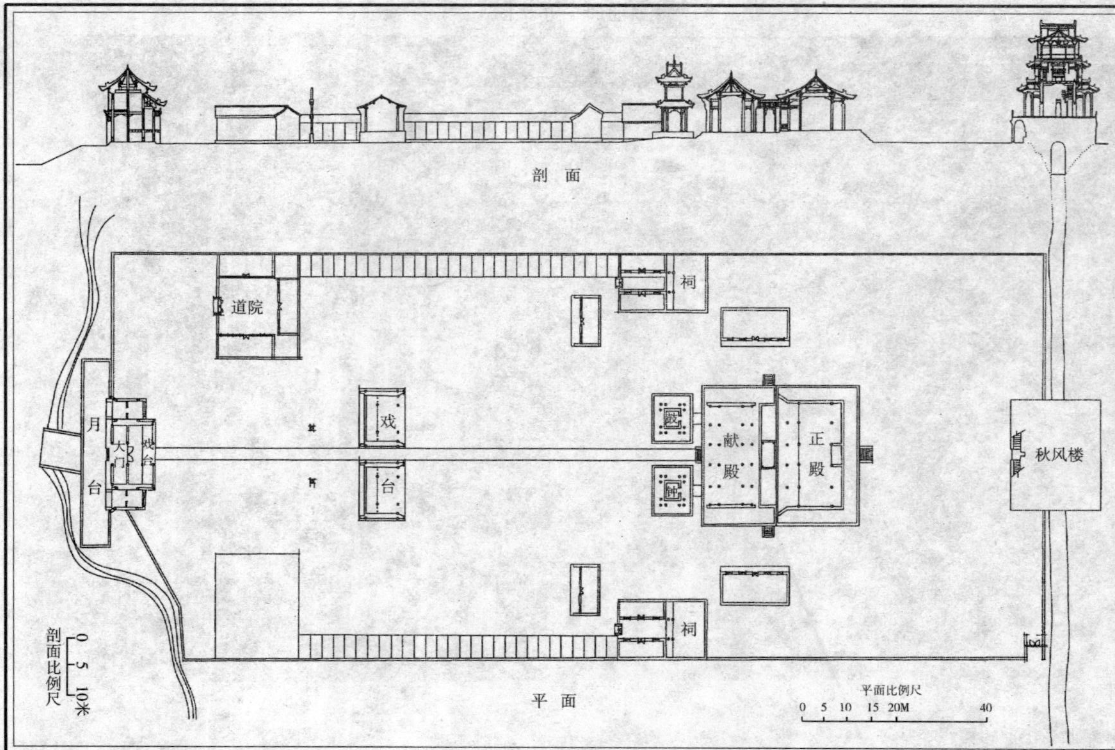

图二〇　今后土庙的平面图和剖面图

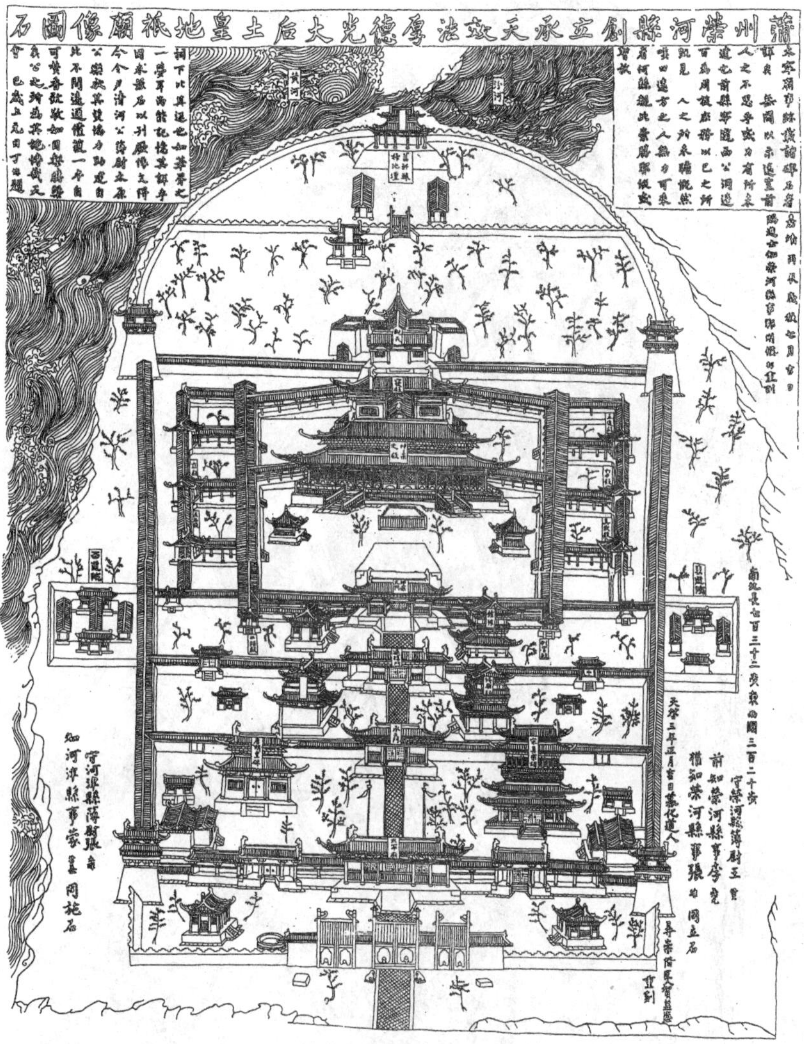

图二一　金《后土庙像图碑》(摹本)

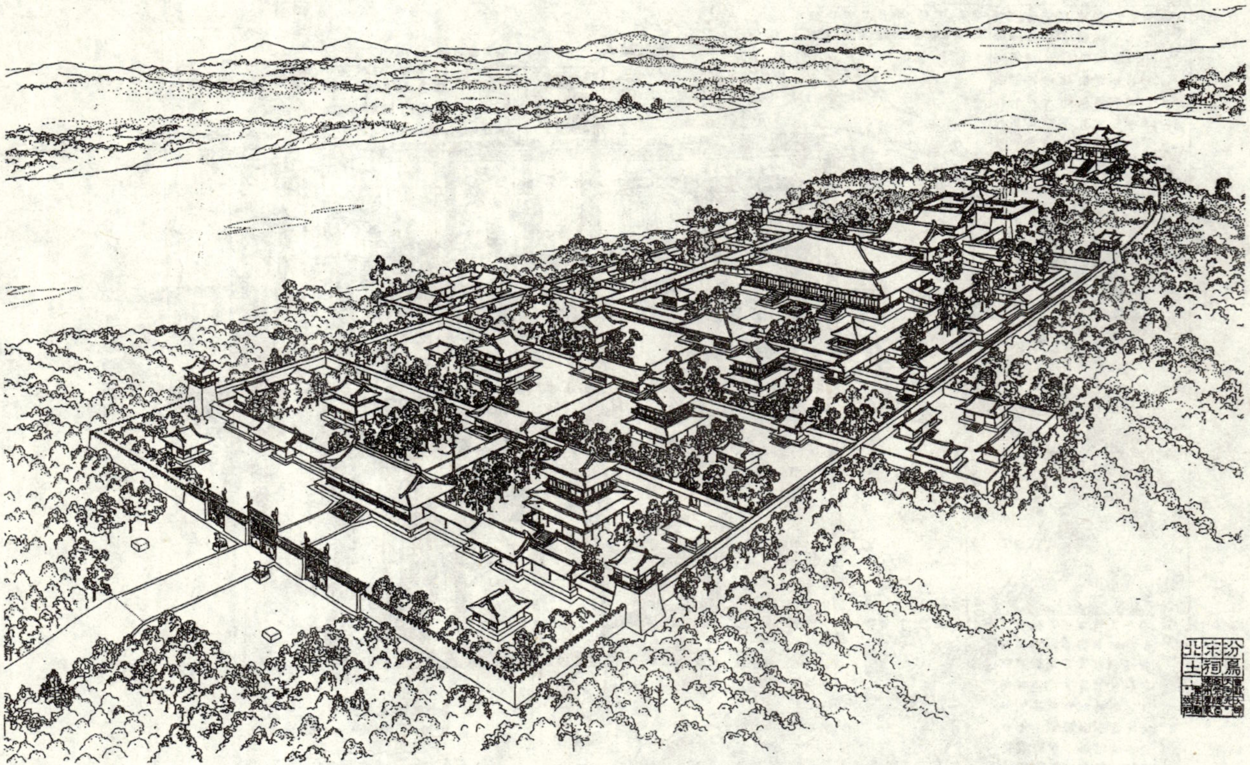

图二二　傅熹年先生据金《后土庙像图碑》画的复原图

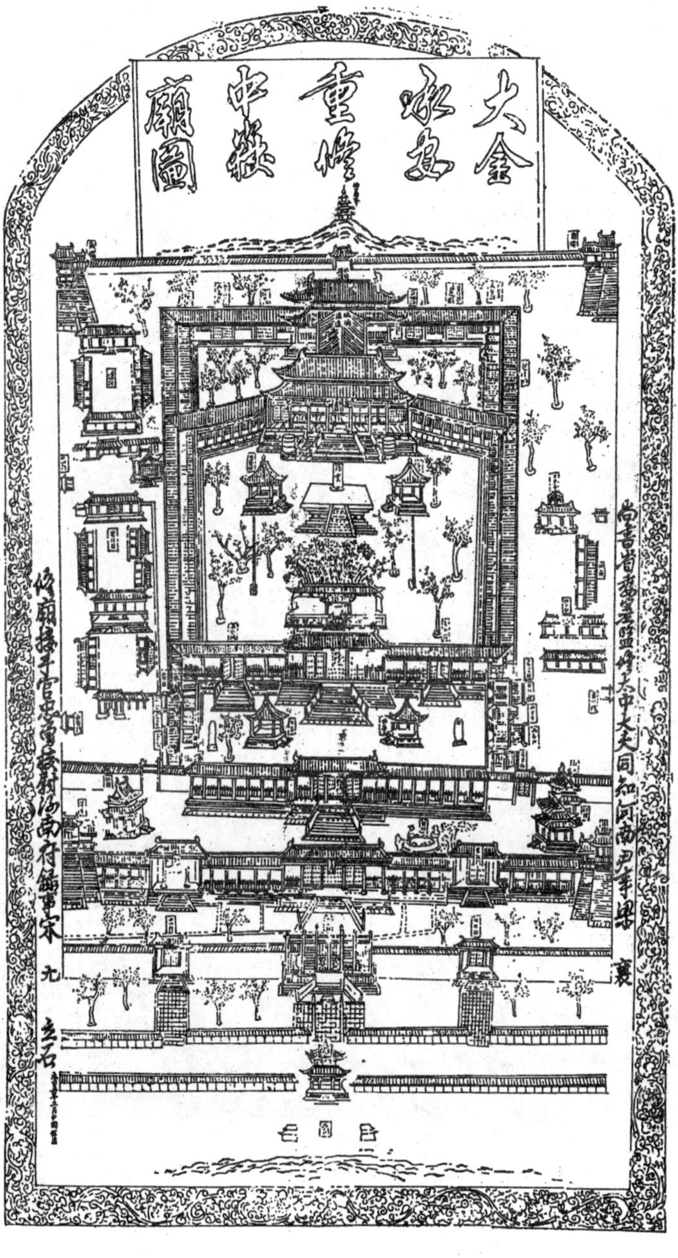

图二三　金承安五年《重修中岳庙图碑》

图二四　碑楼：题“□□□□”（拓本局部）

图二五　配殿:题"□主"(拓本局部)

图二六　后院小亭:题“□□”(拓本局部)

图二七　后院大亭：“□□亭”（拓本局部）

释“地理”

晏昌贵

一、“地理”名词释义

在西方，第一个使用“地理”(geography)这个词的是希腊学者埃拉托色尼(Eratosthenes)，geo 的意义是地球，graphe 的意义是描述，对地球表面的描述构成西方地理学的核心内容[①]。在我国固有的学术传统中，“地理”之学是一门专门的学问，虽然与西方的 geography 有相同或相似之处，但也有 geography 所不能包涵的内容。考察传统学术中“地理”一词的语境及其内涵、外延，或许对理解中国传统学术中的“地理”之学有所助益。

我国古语中的“地理”一词，实由“地”与“理”二字组成，兹先释“地”后及“理”，再释“地理”。

《说文解字》释“地”云：“元气初分，轻清昜为天，重浊侌为地，万物所陈列也。从土，也声。墬，籀文也。”我国传统宇宙生成论以为，宇宙乃由元气所组成，在宇宙形成之前，是一片混沌状态，后来发生分化，轻清之气上升为天，重浊之气下凝为地，于是天地始分。《素问·阴阳应象大论》：“积阳为天，积阴为地。故清阳为天，浊阴为地。”《淮南子·天文训》：“天墬未形，冯冯翼翼，洞洞灟灟，故曰大昭。道始于虚霩，虚霩生宇宙，宇宙生气，气有汉垠，清阳者薄靡而为天，重浊者凝滞而为地。”这都是从生成论的角度立论的，以为形成天地的元素乃是“气”，或可视为宇宙生成的气论。

近年新出的郭店楚简，对宇宙生成又有另一种说法，《太一生水》说："太一生水，水反薄[②]太一，是以成天。天反薄太一，是以成地。天地[复相薄]也，是以成神明。神明复相薄也，是以成阴阳。阴阳复相薄也，是以成四时。四时复相薄也，是以成沧(寒)热。沧(寒)热复相薄也，是以成湿燥。湿燥复相薄也，成岁而止。"与《淮南子》单线条的生成论相比，《太一生水》是一种复式的生成论，而地的生成，不是气，乃是太一与天相交迫激荡而成。《太一生水》又说："上，气也，而谓之天。"由此可见，天亦可等同于气。换言之，《太一生水》中的地，可理解为太一与气相互激发而成。太一是什么呢？太一大概是一抽象的至上神，约相当于《淮南子》的"道"。

《说文》后句说地为"万物所陈列也"，是讲地的表现形式。段注："地以土生物"，《太一生水》也说："下，土也，而谓之地。"地为抽象名词，其具体的物质表现则为土。《说文》释土："地之吐生万物者也。"这是土、地互训。《尔雅·释名》："地，底也，其体低下，载万物也。"这是声训，其意亦同。《博物志》："地以名山为之辅佐，石为之骨，川为之脉，草木为其毛，土为其肉。"所指更为具体。《尔雅》有《释地》篇，大致叙九州十薮八陵五方四极，又有《释丘》《释山》《释水》诸篇，郝懿行《义疏》云："皆地之事，故总曰释地。"这些讲法，类似现代自然地理学中的地形地貌，都很平实，没有神秘气味。

大约从孔子时代开始，又赋予"地"以道德含义。《易·坤·象》曰："地势坤。君子以厚德载物。"[③]《说卦传》："坤，地也，万物皆致养焉。"地既广大，能生养万物，儒家遂以之比附君子之厚德焉。

至于"理"，《说文》曰："治玉也，从王，里声。"《尹文子》云："郑人谓玉未理者为璞。""理"的含义正是指治玉而言。后引申为条理、道理、法则或某种规律性，段玉裁《说文解字注》曰："玉虽至坚，而治之得其鰓理，以成器不难，谓之理。凡天下一事一物，必推其情至于无憾而后安，是之谓天理，是之谓善治。此引申之义也。"《荀子·儒效》："井井兮其有理"，杨倞注："理，条理也。"《广雅·释诂三》："理，道也。"《易·系辞上》：

“易简而天下之理得矣。”《韩非子·安危》:“先王寄理于竹帛,其道顺,故后世服。”今之所谓天理、文理、肌理都用此义。

我国古书中最早使用“地理”一词,似出于易传。《易·系辞上》:“仰以观于天文,俯以察于地理,是故知幽明之故。”《系辞下》:“古者包牺氏之王天下也,仰则观象于天,俯则观法于地,观鸟兽之文,与地之宜,近取诸身,远取诸物,于是始作八卦,以通神明之德,以类万物之情。”以二文对证,可知天文即天象,地理即地法。后人对于其中的“地理”一词,历来大约有两种不同的解释。

一种是较为平实的解释。宋·胡瑗《周易口义·系辞上》云:“地理者则谓山川、原隰、高卑、上下,各有条理,繁盛于地,故称理也。”这种意义的地理一词,在先秦两汉文献中亦广为使用。《管子·形势解》:“上逆天道,下绝地理,故天不予时,地不生财。”《淮南子·泰族训》:“俯视地理,以制度量,察陆陵,水泽,肥墽,高下之宜。”《史记·秦始皇本纪》:“始皇初即位,穿治郦山。(中略)以水银为百川江河大海,机相灌输,上具天文,下具地理。”《汉书·郊祀志下》:“地理,山川海泽所生殖也。”《新语·道基》:“故知天者,仰观天文;知地者,俯察地理,跂行喘息蜎飞蠕动之类,水生陆行根著叶长之属,为宁其心而安其性,盖天地相承,气感相应而成者也。于是先圣乃仰观天文,俯察地理,图画乾坤,以定人道。”《意林》卷三引《论衡》:“天有日月辰星谓之文,地有山川陵谷谓之理。地理上向,天文下向。天地合气而万物生焉。天地,夫妇也。天,南方高,北方下。日出高故见,日入下故不见。”有学者根据先秦两汉典籍中关于“地理”的记载,阐明我国早期的“地理”一词,在一定程度上是指地球表面的山川、陵陆、水泽的分布和特点,概指地球表面的自然环境[④],这无疑是正确的。

另一种是附会阴阳五行而较为神秘的解释。《周易集解》(卷十三)引荀爽曰:“阴升之阳则成天之文也,阳降之阴则成地之理也。”是汉人已开以阴阳说地理之先。《朱子语类》(卷七十四)释“仰以观天文,俯以察地理,是故知幽明之故”句说:“凡许多说话,只是说一个阴阳。南便是明，北便是幽，日出地上便是明，日入地下便是幽。仰观俯察，便皆知其故。”又说：“天文是阳，地理是阴。然各有阴阳，天之昼是阳，夜是阴。日是阳，月是阴。地如高属阳，下属阴，平坦属阳，险阻属阴，东南属阳，西北属阴。”按朱子所说，阴阳只是南北高下、日出日入、昼夜变化、平坦险阻，等等，皆为自然之象。而五行也只是五种自然物质（或元素），本无神秘可言。梁启超先生说：“春秋战国以前所谓阴阳，所谓五行，其语甚希见，其义甚平淡，且此二事从未尝并为一谈。”“其始盖起于燕齐方士，”首创者便是邹衍。[5]徐复观先生综考有关文献，则以为抽象的阴阳五行观念，在春秋中后期即已发生。[6]《易传》中的阴阳观念已抽象神秘化似无疑义。且地理一词的神秘解释也有较早的证据。《越绝书》卷十三《外传枕中》载范子曰：“夫阳动于上以成天文，阴动于下以成地理。审察开置之要，可以为富。凡欲先知天门开及地户闭，其术天高五寸，减天寸六分以成地。谨司八谷，初见出于天者，是谓天门开[地户闭][7]，阳气不得下入地户。故气转动而上下，阴阳俱绝，八谷不成，大贵必应其岁而起，此天变见符也。谨司八谷，初见入于地者，是谓地户闭。阴阳俱会，八谷大成，其岁大贱，来年大饥，此地变见瑞也。谨司八谷，初见半于人者，粜平，熟，无灾害，故天倡而见符，地应而见瑞，圣人上知天，下知地，中知人，此之谓天平地平，以此为天图。”这一套用阴阳术数预测年谷收成的方法，与孔家坡汉简《日书》和银雀山汉简中的阴阳术数文献颇能相合。[8]

不过，在传世文献中，地之理更多是指五行而言，诚如《周易通论》（卷三）所云：“天文之大者，三光而已。地理之大者，五行而已。”三光概指日月星，五行即为金木水火土。《左传·昭公二十五年》：“则天之明，因地之性，生其六气，用其五行。”六气指阴阳、风雨、晦明，为天象；五行指金木水火土，即地之性。《昭公三十二年》更明确说：“天有三辰，地有五行。”但《文公七年》却说：“水火金木土谷，谓之六府。”五行与谷合称六府，表明五行确属地宜，同时也说明此时五行还未完全定型。《文子·微明篇》引《中黄子》：“天有五方，地有五行，人有五位。”《艺文类聚》卷七十四引王褒《为象经序》:“一曰天文,以观其象天,日月星是也。二曰地理,以法其形地,水木金火土是也。”凡此皆可证五行本为地之理。

五行观念的抽象神秘化早不过春秋中期,从出土简帛看,战国秦汉时期已相当流行。[9]阴阳五行观念的抽象神秘化,又与宇宙气论相结合,遂生出风水术,因之“地理”一词在古代亦可概指风水。《抱朴子内篇·极言》:“相地理则书青乌说”。相传黄帝画野分州,有青乌子能相地理,帝问之以制经。世传有青乌子著《相冢书》。[10]《云麓漫抄》(卷四):“地理家不知起于何时,自黄帝令大挠定甲子,以支干相配而分五行,今地理家则有大五行之说。”《周礼全经释原》(卷十四):“二曰地理。自公刘相阴阳观流泉,而卫文公作楚邱,望景观卜而地理之术始启。古人作邑作宫,以矩而定,诚有趋吉避凶之法,不敢苟也。自郭氏《葬经》一出,而地理之学始繁。”《读礼通考》(卷八十三):“汉魏以来,言地理者往往溺于形法之末,则既失矣。至其为书,若《宅经》《葬经》之属,又多秘而亡逸不传,则失之愈远矣。”《明会要》(卷九十五):“艺术诸司职掌,一凡天文地理医药卜筮师巫音乐等项,艺术之人,本部务要备知,以凭取用。”凡此均是以“地理”概指风水术。

二、从目录学看我国传统地理学的分类

我国地理书列入目录,以今所见,以《隋书·经籍志》为最早。《隋志》以四部分类,地理书则入史部,计收书一百三十九部,千四百三十二卷;亡书一部二卷。其后小序云:

> 昔者先王之化民也,以五方土地,风气所生,刚柔轻重,饮食衣服,各有其性,不可迁变。是故疆理天下,物其土宜,知其利害,达其志而通其欲,齐其政而修其教。故曰广谷大川异制,人居其间异俗。《书》录禹别九州,定其山川,分其圻界,条其物产,辨其贡赋,斯之谓也。周则夏官司险,掌建九州之图,周知山林川泽之阻,达其道路。地官诵训,掌方志以诏观事,以知地俗。春官保章,以星

土辨九州之地，所封之域，以观祆祥。夏官职方，掌天下之图地，辨四夷八蛮九貉五戎六狄之人，与其财用九谷六畜之数，周知利害，辨九州之国，使同其贯。司徒掌邦之土地之图，与其人民之教，以佐王扰邦国，周知九州之域，广轮之数，辨其山林川泽丘陵坟衍原隰之名物，及土会之法。然则其事分在众职，而冢宰掌建邦之六典，实总其事。太史以典逆冢宰之治，其书盖亦总为史官之职。汉初，萧何得秦图书，故知天下要害。后又得《山海经》，相传以为夏禹所记。武帝时，计书既上太史，郡国地志，固亦在焉。而史迁所记，但述河渠而已。其后刘向略言地域，丞相张禹使属朱贡条记风俗，班固因之作《地理志》。其州国郡县山川夷险时俗之异，经星之分，风气所生，区域之广，户口之数，各有攸叙，与古《禹贡》、《周官》所记相埒。是后载笔之士，管窥末学，不能及远，但记州郡之名而已。晋世，挚虞依《禹贡》、《周官》，作《畿服经》，其州郡及县分野封略事业，国邑山陵水泉，乡亭城郭道里土田，民物风俗，先贤旧好，靡不具悉，凡一百七十卷，今亡。而学者因其经历，并有记载，然不能成一家之体。齐时，陆澄聚一百六十家之说，依其前后远近，编而为部，谓之《地理书》。任昉又增陆澄之书八十四家，谓之《地记》。陈时，顾野王抄撰众家之言，作《舆地志》。隋大业中，普诏天下诸郡，条其风俗物产地图，上于尚书。故隋代有《诸郡物产土俗记》一百五十一卷，《区宇图志》一百二十九卷，《诸州图经集》一百卷。其余记注甚众。今任、陆二家所记之内而又别行者，各录在其书之上，自余次之于下，以备地理之记焉。

《隋志》之列地理类目，实由于地理书日渐增多，《序》称挚虞作《畿服经》，凡170卷，陆澄作《地理书》149卷，任昉为《地记》252卷，顾野王作《舆地志》30卷，又有隋朝官编《诸郡物产土俗记》151卷，《区宇图志》129卷。私家则有郎蔚之撰《诸州图经集》100卷。《隋志》所列139部（数之实138部），除《山海经》、扬雄《蜀王本纪》、东方朔《十洲记》及《神异经》、杨孚《异物志》等廖廖数部外，其余皆为汉以后作品。书中内容，

"其州郡及县分野封略事业，国邑山陵水泉，乡亭城郭道里土田，民物风俗，先贤旧好，靡不具悉"。这虽是说挚虞作《畿服经》，但作为《隋志》地理书的取舍标准，大概也是适用的。从《隋志》中所列书名看，多区域地志，内容偏地方物产，风土人情。

《隋志》为何要将地理书列入史部？按四部图书分类法，起源尚早。我国图书分类法，约始于刘向刘歆父子校书，著《七略》，一曰辑(集)略，二曰六艺略，三曰诸子略，四曰诗赋略，五曰兵书略，六曰术数略，七曰方术略。是为七分，为《汉书·艺文志》所本。三国魏秘书郎郑默始制《中经》，秘书监荀勗又因《中经》更著《新簿》，分为四部，一曰甲部，记六艺及小学等书；二曰乙部，记诸子、近世子家、兵书、兵家、术数；三曰丙部，有史记旧事皇览簿杂事；四曰丁部，有诗赋图赞汲冢书。七分法一变而为四分法。刘宋元嘉八年，秘书监谢灵运造《四部目录》，元徽元年秘书丞王俭又别撰《七志》，又回到七分。齐永明中，秘书丞王亮、秘书监谢朏又造《四部书目》，是四分。梁秘书监任昉、殷钧造《四部目录》，仍为四分。又有《文德殿目录》，其术数之书更为一部，是为五分。普通年间阮孝绪著《七录》，是七分。隋开皇三年，秘书监牛弘表请分遣使人，搜访异本，民间异书往往间出。这是隋朝第一次收集书籍。平陈以后，经籍渐备，但大多纸墨不精，书亦拙恶。于是总集编次，存为古本。召天下工书之士，抄为正副二本，藏于宫中。炀帝即位，重新整理，分藏东都观文殿东西厢，东屋藏甲乙，西屋藏丙丁，可见仍是四分。唐武德五年，克平伪郑，尽收其图书及古迹。命司农少卿宋遵贵用船从东都洛阳运抵长安，途经黄河砥柱，遇风浪，书多被漂没，所存者十不一二。《隋志》即以此为基础，分为四部，合计一万四千四百六十六部，八万九千六百六十六卷。[11]由此可见，《隋志》四部分类，渊源有自，地理书之入史部，恐怕还在《隋志》之前，《中经》、《新簿》，即已如此，亦未可知。据前引小序，地理书之入史部，其理由约有二端：一据《周官》，职掌地理者为史官之职，所谓"其事分在众职，而冢宰掌建邦之六典，实总其事。太史以典逆冢宰之治，其书盖亦总为史官之职。"二据《汉书·地理志》，此为正史《地理志》之始,《汉书》既为史部书,则地理亦当入史部。

《隋志》四部分类和地理书入史部,对后世影响深远,后来图书目录,率皆类此。《四库全书总目》卷六十八《史部·地理类》云:“古之地志,载方域山川、风俗物产而已,其书今不可见。然《禹贡》、《周礼·职方氏》,其大较矣;《元和郡县志》,颇涉古迹,盖用《山海经》例;《太平寰宇记》,增以人物,又偶及艺文,于是为州县志书之滥觞;元明以后,体例相沿,列传侔乎家牒,艺文溢于总集,末大于本,而舆图反若附录,其间假借夸饰以侈风土者,抑又甚焉。”地理类又分为10个门类:①宫殿,②总志,③都会郡县,④河渠,⑤边防,⑥山水,⑦古迹,⑧杂记,⑨游记,⑩外记。

《隋志》将《山海经》列入地理类,这是仅存的地理类书中出于先秦的单本著作,在《汉书·艺文志》中则列入术数略形法类,同类书还有《国朝》七卷,《宫宅地形》二十卷。其后小序云:“形法者,大举九州之势,以立城郭室舍形,及六畜骨法之度数,器物之形容以求其声气贵贱吉凶。”这类书籍,流传下来的极少。在《隋志》中,子部五行类有《地形志》八十卷,《宅吉凶论》三卷,《相宅图》八卷,《五姓墓图》一卷,及《冢书》、《黄帝葬山图》、《五音图墓书》、《五姓图山龙》、《杂相墓书》等。

“地理”书入子部术数类的传统,在后世目录学著作中得以继承,如《通志·艺文略·五行类》,收宅经37部61卷,葬书149部498卷,其中多冠以“地理”之名,如《大唐地理经》十卷,《地理新书》三十卷,《地理指南》三卷,等等。《四库全书·子部·术数类》亦收有类似的“地理”书,但数量已大为减少。[12]但据《增补四库未收术数类古籍大全》所收,这一类书籍为数甚巨,并不在史部地理类书籍之下。[13]

上述两类地理学知识,当有着共同的源头,都是来自对中国大地的实际地理现象的认识和总结。史部地理之学,上自《禹贡》,《汉书·地理志》集大成,下至历代正史地理志及唐宋以来的地理总志,或可称之为“王朝地理学”。[14]“王朝地理学”虽以国家文明的起源为出发点,以国家的管理为目的,但其地理知识的来源仍可追溯到史前时期,它仍有一个大地域的地理背景。[15]当国家文明诞生后，社会人群的组织由血缘的联系向地域的联系过渡，面临大地域的国家形态，出于管理的需要，必须分区治理，于是有了九州的产生。又由于我国古代国家文明是一个多民族的集合体，在大地域文明的空间范围内，文化程度高低不同，这种文化的差异既有地域分布的不同，又有血缘种族上的分别，于是畿服的观念得以产生。“九州”和“畿服”（五服）共同构成了《禹贡》的核心内容。在此必须指出，九州和畿服虽然出现较早，但形成《禹贡》那样成系统的完整的知识体系，则不能早过西周，或在春秋战国之际。[16]“王朝地理学”产生之后，由于得到官方的提倡，遂成为中国古代地理学的主流，而原来那些形成“王朝地理学”的地理背景知识则遭到扬弃，成为民间地理知识的主体。

子部地理之学，以前的学者注意不多，但从近年出土的战国简帛术数文献看，其实渊源甚早：从新石器时代居民点的选择，到商代殷墟卜辞中的“卜宅”记录；从《诗》、《书》所载周人的相宅，到春秋战国时人的卜居，其史迹均斑斑可考。[17]其来源亦为周围居住环境的实用地理知识。这一类地理知识，约在春秋战国时代逐渐与阴阳五行相结合，形成一个庞杂的体系，在民间广为流传。

三、结论

综上所述，从“地理”一词的语意内涵看，我国古代的地理之学大约有两个不同的系统：一为山川城邑，南北向背等，大约与今天地理学的意义相同；二为风水术。在我国传统学术体系中，前一类地理知识属史部，后一类地理知识则属子部。前者为经世之学，政治之用，为形上之学；后者以阴阳五行为纲，以相宅卜葬为用，为形下之学。前者为官方所提倡，后者风行于民间。这种二分法，与现代地理学中的自然地理与人文地理的区分，有着相当的不同。而这种不同，与我国传统学术中的“天人不分”、“天地合一”思想是密不可分的。

注　释：

①[美]普雷斯顿·詹姆斯著、李旭旦译：《地理学思想史》，商务印书馆，1982年，第2页。

②"薄"从陈伟读，意为迫近、交接。参看陈伟：《郭店竹书别释》，湖北教育出版社，2002年，第26页。

③传统说法以为《易传》"十翼"为孔子所作，近代疑古思潮兴，怀疑孔子作《易传》，但从马王堆汉墓帛书《周易》看，传统说法是可取的。

④曹婉如、唐锡仁：《"地理"一词在中国的最早出现及其含义》，《地理》1961年第5期。

⑤梁启超：《阴阳五行之来历》，《古史辨》第五册，上海古籍出版社，1982年，第353页。

⑥徐复观：《阴阳五行及其有关文献的研究》，载徐氏著《中国人性论史（先秦篇）》，上海三联书店，2001年，第451—516页。

⑦"地户闭"三字当是衍文，参看李步嘉：《越绝书校释》，武汉大学出版社，1992年，第314页。

⑧Robin D. S. Yates, The Yin-Yang Texts from Yinqueshan: An Introduction and Partial Recontruction, With Notes on Their Significance in Relation to Huang-Lao Daoism, Early China 19(1994) pp. 75—144. 中译本见《简帛研究译丛》第二辑，湖南人民出版社，1998年，第82—128页。

⑨李零：《从占卜方法的数字化看阴阳五行说的起源》，原刊《北京大学古文献研究所集刊》(一)，北京燕山出版社，1999年，第42—56页，收入李氏著：《中国方术续考》，东方出版社，2000年，第83—96页。

⑩王明：《抱朴子内篇校释》，中华书局，1985年，第248页。

⑪参看《隋书·经籍志·总序》。

⑫计《宅经》二卷，《葬书》一卷，《撼龙经》一卷，《疑龙经》一卷，《葬法倒杖》一卷，《青囊序》一卷，《青囊奥语》一卷，《天玉经》三卷，《灵城精义》二卷，《催官篇》二卷，《发微论》一卷。

⑬见刘永明主编《增补四库未收术数类古籍大全》，江苏广陵古籍刻印社，1997年。

⑭唐晓峰先生于2003年9月间在武汉大学所作"中国早期国家法统地域的形成"学术讲演已有此称，另请参看唐晓峰：《中国早期国家地域的形成问题》，《九州》第二辑，商务印书馆，1999年，第1—9页。

⑮参看唐晓峰：《中国古代文明是大地域文明》，《九州》第一辑，中国环境科学出版社，1997年，第1—4页。梅莉、晏昌贵：《略论早期中国地理观念的起源》，《中国历史地理论丛》2001年第4期。

⑯《禹贡》的成书年代虽多有争论，但经中外学人研究，大体上可确定在两周时期。参看华林甫:《近年来〈禹贡〉研究述评》,《中国史研究动态》1989 年第 10 期;刘起釪:《〈禹贡〉写成年代与九州来源诸问题探研》,《九州》第三辑，商务印书馆,2004 年，第 2—13 页。又，据近年上海博物馆收藏战国楚竹书《容成氏》,其中的九州与《禹贡》不同，为夹州、涂州、竞州、莒州、藕州、荆州、阳州、叙州、虘州。从竹书所反映的地理背景考察，其形成的时代当在两周之际或春秋前期，详参拙作《〈上海博物馆藏战国楚竹书(二)〉中〈容成氏〉"九州"柬释》,《武汉大学学报》2004 年第 4 期。

⑰参看刘乐贤:《睡虎地秦简日书研究》,台北:文津出版社,1984 年，第 222—224 页;于希贤主编《中国传统地理学》,云南教育出版社,2002 年;晏昌贵、钟炜《九店楚简〈日书·相宅篇〉研究》,《武汉大学学报》2002 年第 4 期。

古代中国人的天下观念

葛兆光

今天我们要讲的，是古代中国人的“天下观念”，换个大家都熟悉的词，就是“世界观”。不过，我担心用“世界观”这个词会引起误会：一方面是怕把“世界观”误解成哲学观念、价值观念一类的东西，另一方面是觉得古代中国的“天下”意识，似乎很特别，可“世界观”这个词好像很现代，还是用“天下”这个词更容易表达古代的东西。

现在每一个稍稍读过书的人都知道，地球是圆的，中国只是在亚洲；东半球与西半球相对，大海对岸有另一些国家，到另一些国家去，要办理护照和签证。可是，这都是现代的事，是哥伦布、麦哲伦以后的事情了。近代的“国家”观念的形成与“世界”图像的确立，是很晚的事情。在14、15世纪之前，至少中国人并不这么理解国家、世界或者说中国和他国。说起来，欧洲人哥伦布发现新大陆、麦哲伦环绕地球航行，有人说是殖民主义，有人说是文明推进，有人说是地理大发现，还有人说那地球本来就在那里，又有人住，怎么叫发现，充其量就是欧洲人到达那里，这当然是后殖民理论的说法。可是，无论现在看上去有多少争论，在过去几百年里，它都被认为是历史上最值得骄傲的大事件。因为，这件事情象征着人类终于完整地认识了自己居住的这个地球、这个“世界”。而且，特别是从西方人中心的眼睛里看去，也看到了世界上原来还有各种各样的文化和传统、有各种各样不同的民族和地域。

这对于西方人来说很重要。因为：第一，他们关于世界的知识系统中终于有了一个完整的球形的世界图像，对自己所生活的这个地球的完整认知，对于人来说是很重要的；第二，他们在与异地民族文化传统的比较中，确立了自己的处于中心的或较高的地位，在他们的知识系谱中，特别是在当时普遍的追求富庶、文明的价值观中，由于有了“未开化民族”、“东方人”、“蛮族”等等“他者”(the others)，于是确立了西方人自己的世界中心与巅峰地位；第三，由于对自己的地理与文化位置的确认，使西方充满了把握世界的自信心。我们知道，人不能单独地观察自己，就像人要照镜子一样，要确立自己的位置和形象，就要借助其他的东西，就要照镜子；而就连镜子，也要靠那层不透明的膜来反射，才能映照物体。西方人在扩张的时候发现的异文明，对他们来说，就像是找到了一个镜子：看看其他民族和文明，然后再看看自己，这时就发现自己长得如何，是丑还是美；而在没有认识其他人之前，是不会知道得那么清楚的。西方为什么会发展起人类学来，大半就是这个原因。所以，这三点在近代西方知识史上、在确立自身价值的意义上是很重要的。

反回来看我们自己，也很有意思。古代中国人很早也有过一种曾经让中国人很自豪的世界观。大约是在两三千年前，虽然那时古代中国人还没有完整地到达世界各个角落，但是古代中国人也在自己的经验与想象中建构了一个“天下”，他们想象：第一，自己所在的地方是世界的中心，也是文明的中心；第二，大地仿佛一个棋盘一样，或者像一个回字形，四边由中心向外不断延伸；第三，地理空间越靠外缘，就越荒芜，住在那里的民族也就越野蛮，文明的等级也越低。

那么，这个“天下”是怎样的呢？

一、天圆与地方：天下、中国与四夷

我们来看看古代文献是怎么记载的。

在大概战国时候写出来的《尚书·禹贡》中，有“九州”、“五服”的记载。“九州”就是冀州、兖州、青州、徐州、扬州、荆州、豫州、梁州、雍州，大体上，如果上北下南来看的话，是顺时针方向从北向东、向南、向西，划出了一块地区，大约包括的只是今河北、山东、江苏、湖北、湖南、河南、四川、陕西、山西这一圈，这就是古代中国人的“天下”，大体上是现在纯粹的汉族区域，据说，这是大禹治水所关怀的一个空间。“五服”是说东周那个时候，除了“王”所在的洛阳一带为“中心”以外，环绕着中心“王畿”的，由内向外依次是：五百里甸服，甸是郊外之郊外，古都城外百里为“郊”，“郊”外为“甸”；五百里侯服，就是封侯管辖的地方，像封商的后代在商丘建宋国，封姬姓在河南为郑侯，封姜姓在山东为齐侯等等；五百里绥服，“绥”本指车上用以拉扶的绳子，这里指安抚，如“绥靖”，好像车边的绳子，可以扶着，但不可以依靠；五百里要服，“要”是约定，只是由双边条约来管辖，实际上王对他们有些睁一只眼闭一只眼；以及五百里荒服，这里是荒蛮之地，好像可以让它们自由自在，反正也离得远了。这样，五个五百里出去，就有五千里方圆的地方，这就是古代中国人想象的一个类似于“回”字形的大地。**（图：《五服图》、《禹贡九州图》）**[①]

《禹贡》大约成书于战国，那么，这个想法大约到战国时代已经很普遍，于是，这时开始有了一个早期汉民族的共同空间。那个时候的古书《国语·周语》上记载了“五服”（甸、侯、宾、要、荒），稍晚一点的《周礼·夏官·职方氏》更添油加醋地想象，有一个机构专门管理国土，而且把这个“五服”扩大成了“九服”（王畿、侯、甸、采、卫、蛮、夷、镇、藩）。不过，这并没有改变这种由中心向边缘延伸的空间结构，也没有改变这种从中心到边缘，文明等级逐渐降低的观念，请看后面的几个名称：“蛮”、“夷”、“镇”、“藩”，就越来越有瞧不起的意思，蛮夷就不消说了，后面的“镇”是“压服”、“威服”的意思，“藩”就是扎的藩篱，引申为“屏障”，意思是边界要扎篱笆，因为外面就不是人住的“世界”了。

大概很多人听说过古代有《楚辞》、《庄子》、《穆天子传》、《山海经》这些书。这些古代的书里常常会想象中国周围的世界，像什么西面的昆仑、东面的蓬莱，周穆王去西面昆仑山见了西王母，有人到东面的蓬莱仙岛就得到了长生不死药等等。这里面最有意思的是大概很多人都看过或听说过的《山海经》。《山海经》记载的就是一个古代人想象的世界，各地有许多各种各样古怪的事物，什么奇肱国的飞车、騩山的飞鱼、东海流波山的一足之夔等等。这种想象一直到清代人李汝珍写的小说《镜花缘》里还有，什么君子国、大人国、毛民国、深目国等等。再仔细一看，原来这个想象的空间世界，还是一个中心与四方构成的大地。据说，《山海经》原来是有图的，陶渊明有首诗就说“泛览周王传，流观山海图”，现在的《山海经》传说是图的解说文字。这部书的文字记载的，分别是山（南山、西山、北山、东山、中山）、海内（海内南、海内西、海内北、海内东）、海外（海外南、海外西、海外北、海外东）、大荒（大荒东、西、南、北），也就是说，如果现在还能看到原来的图像的话，它还是一个以中山为中心，四周山，再外是海内、海外，边缘是“大荒”的方形的宇宙。边缘的民族，是北狄、西戎、东夷、南蛮，反正都是野蛮人。

那个时代的中国人没有到过四方更远的地方，至少在文献记载里没有，可是他们怎么知道大地就是这样的呢？我们猜想，这个观念可能来自古代中国人关于空间的想法。古代中国人相信“天圆地方”，在他们的想象中，天是圆的像一个斗笠一样，覆盖在大地上，中心是北极和北斗星的位置；大地是方的，就像棋盘，中心是洛阳一带，《周髀算经》里就这么说的，《吕氏春秋》也这么说的，“大圜在上，大矩在下”嘛。**（图：汉画像石《斗为帝车》）**当然，那时也有人质疑说，如果是这样的话，那么大地的四只角，不就露在外面了？或者全部盖住的话，岂不是有的地方又有天无遮盖么？可是，尽管如此，人们一致相信这种观念，因为这和他们的关于“天”的视觉经验，关于“地”的想象推测有关。你看，白天看太阳，晚上看月亮、星星，都在从东向西，或者说从右向左，环绕一个北方的“轴”在转，可不是天如“盖笠”？所以，很多古代关于天地的最重要的东西都是模仿这种空间的，举一些例子：古代用来占卜并且模拟天地的“式盘”，是天盘圆、地盘方这种形状；古代的棋盘、博局也是这种形状，现在围棋的中心还叫“天元”；祭祀天地的明堂、圜丘，是这种形状；古代王宫是这种中心向四边扩展的形状，古代都城也是这种由都城中心向四廓延伸的形状。因此，古代中国人的观念上，也认为自己所处的中央，在文明的位置上高于四夷，而四边无论是在文明上还是在财富上，都远远低于中央，应该受到中央的制约与管辖。古代中国人相信，什么是天下？这就是"天下"；什么叫"中国"？就是"中央之国"，"中国"就是应该傲视"四夷"；什么叫"华夏"？"夏"就是"雅"，中华文明就是应当远远地辐射和教育四边的戎夷狄蛮。**（图：河南濮阳西水坡蚌壳龙虎图、安徽含山凌家滩四号墓出土玉片、湖北随县曾侯乙墓漆箱二十八宿图、古代的博局）**

这并不奇怪。西人说，There are not background and not center in world，大凡人都是从自己的眼里看外界的，自己站的那一点，就是观察的出发点，也是确定东南西北前后左右的中心；离自己远的，在自己聚焦关注的那一点后面的，就是背景。我是你的视点，你也可能是我的焦点，但是可能你也是另一个东西的背景，我也可能是他的背景。古代中国人站在中原江河之间，他们当然可能要以这一点为中心，把天下想象成一个以我为中心的大空间，更何况那个时代中国文明确实优越于他们周围的各族。

二、古代中国对"天下"的怀疑与幻想

不过话说回来，古代中国也有人对这种世界图像有怀疑，也曾经大胆想象过，外面是不是有一个更广袤的世界。像战国时代一个被称为"谈天衍"的邹衍，他是齐国人，他就有"大九州"之说。他想象中国的"九州"只是天下八十一分之一，叫"赤县神州"，它的外面还有八个州，这才是一个大九州，外面有海环绕；而在这个九州之外，还有八个"大九州"，各有海环抱，这才是整个天下。到底这种想法有没有根据，是邹衍的想象，还是一些传闻，我们不清楚。也许古代中国早就与世界有了各种各样的交往，《逸周书》里就有《王会》一篇，描写四方异族的聚会；又有《穆天子传》，这是西晋时代出自汲郡魏襄王墓的竹简，约战国中期，

记载过周穆王到西域与西王母会面。这里面是不是有真实的交通背景？很难说。不过，这种想象的世界并没有改变中国人的世界观，长期以来，中国人还是自居天下之中，好像居高临下地俯视着四边的蛮夷。

这种情况到汉代，出现了一个转变的机会，这是一个很重要的机会。公元前 138 年至公元前 126 年，也就是汉武帝建元三年到元朔三年，张骞奉命出使西域。他经历千辛万苦，回到汉帝国，把大宛（今塔什干附近）、康居（今塔吉克斯坦、阿塞拜疆、乌兹别克斯坦及哈萨克斯坦南部）、大月氏（今帕米尔高原以西，阿富汗境内）、大夏（今印度西北、巴基斯坦、克什米尔附近），以及他听说的乌孙、安息（伊朗境内）、条枝（叙利亚一带）、身毒（印度）的情况，介绍回来。应该说，这件事儿是很重要很重要的。第一，它把中国人对于周边世界的实际知识，从东亚扩大到了东至日本、朝鲜，北到蒙古及西伯利亚，南到南海、东南亚，西到巴基斯坦、阿富汗、叙利亚、印度、伊朗一带的范围，也就是说，大体上已经了解到了今天的整个亚洲甚至更广的一个区域，过去了解的可能只是现在的东亚，比如日本和朝鲜。日本九州出土过汉代赐给倭国王的金印，说明很早中日就有过交往。第二，它刺激了中国人与外部世界交流与探索的欲望，在张骞出使西域以后，还有张骞通西南、班超班勇父子开拓西域交通、甘英到达波斯湾等等举动。第三，观察不同经济与文化的背景与舞台，开始由中原的汉帝国变成了整个亚洲甚至欧、亚之间，丝绸之路的开拓和后来佛教的传入，更是在这个背景下进行的，从此以后，中国的历史就是一个世界的历史了。

不过，可惜的是，不知道为什么，这并没有真正改变古代中国人心灵深处的“天下观”，也没有推进古代的“全球化”，中国人想象的“天下”还是以“中国”为中心的、加上日益扩大的“四夷”，中心明确，四边可以扩展，这是中国人的常识观念。虽然印度、阿富汗、伊朗、巴基斯坦等中亚与西亚加在一起，再算上日本、东南亚、朝鲜，北边的广袤土地，远远比中国要大得多，但从汉到唐，中国人仍然觉得他们仿佛在文化上无声无息，所以没有觉得外面有个另外的“世界”。

很长时间以来，中国人一直对这一点很固执，固执的原因是，除了佛教以外，中国从来没有受到过真正的文明挑战，中国人始终相信自己是世界中心，汉文明是世界文明的顶峰，周边的民族是野蛮的、不开化的民族，不遵循汉族伦理的人是需要拯救的，拯救不了就只能把他们隔离开来。中国人不大用战争方式来一统天下，常常觉得文化上可以"威服异邦"。在西晋的时候，有个叫江统的人，曾经写过一篇《徙戎论》，想把汉族和其他民族在居住空间上分开，可是影响并不大。我们要知道，古代中国人的"中国"常常是一个文明的空间观念，而不是一个有明确国界的地理观念。所以，凡是周围的国家，中国人就相信他们文明等级比我们低，应当向我们学习、进贡、朝拜。像古代很爱画的《职贡图》，画的是各边缘民族的代表向中央王朝进贡，总是把中国人的皇帝画得特别大，而外族人的使节就很矮小。而古代的《华夷图》、《禹贡图》、《地理图》，像宋代留下来的那几幅图，有的叫"华夷图"，就是华夏加上四夷，有的叫"舆地图"，就是说车可以通的地方都算上，但是还是以中国为中心的一圈，虽然有时也把周边国家画上，但也很小，小得好像他们真的是依附在大国身上的"寄生物"一样，只要轻轻一抖，这些附属物就会掉到海里去。**(图：宋代所绘制的《华夷图》、《舆地图》、《地理图》等)**

这和中国人对于世界的实际知识的多少没有关系。我们知道，汉代张骞以后，已经打通了欧亚大陆交往的丝绸之路；唐代中国与外界交往更多，连首都长安都住了十万"胡人"，像"昆仑奴"即黑人奴隶、"胡旋舞"即外国的舞蹈音乐、"胡服"就是外国时装，都很流行了；至于元代帝国的疆域，几乎无远弗届，当时从阿拉伯来的札马鲁丁也制造过"地球仪"，并且画了经纬线，说明了地球是"三地七水"；到了明代初期，郑和下西洋，已经到过了非洲的东岸，实际经历的空间也远远超过了中国本土无数倍，人们知道的各种文明的情况已经很多，但是古代中国关于"天下"、"中国"、"四夷"的思想与想象却始终没有变化。直到已经充分世界化了的十六世纪，西洋人来到中国，这种情况才有了改变：利玛窦的《山海舆地图》(万历十二年，1584)在广东问世，中国人突然看到了

"世界"。

三、关于"世界"的想象与心情

关于利玛窦的事情,我们下面再说。这里先说一个插曲,就是中国人这种世界观被打破以后,中国人的特别的反应。我们知道,15世纪以后,哥伦布、麦哲伦成了西方的骄傲,也成了西方人在"世界"上的地位的象征,因为,这世界是我发现的,当然我就是它的主人。但一贯自居"天下"中心的中国人对此是相当不愉快的,特别是十九世纪后半期,处于受欺侮地位的中国一方面对西方羡慕不已,力图在科学技术上与西人平起平坐,一方面对西方变成了中心很不满。在最危急、最软弱、最没落的时候,反而激起了一种极端的文化上的民族主义——其特别的表现之一,就是说西学在中国古已有之——这种民族主义情绪常常表现在学术上,所以,有人在那时就提出来:谁说是西人发现了新大陆?

1865年,传说秘鲁人Corde de Gugui在秘鲁北部Truillo的山洞里发现了武当山神像,这件事情影响很大;1887年,天津的一份早期报纸又报道说,墨西哥索诺拉地发现中国石碑。从此,开启了持续100多年的一个话题,很多人因此追溯历史。有人发现,可能《山海经·大荒东经》里的"扶桑",大概就是美洲墨西哥。又有人发现,《法显传》记载5世纪时法显从印度、锡兰回中国时,遇见大风,迷失航向,曾从师子国到了耶婆提国,所以可能就是到了美洲,因为根据美洲的传说,在1400年前,有一只中国船到过墨西哥的亚卡布哥港,而且又有人认为"耶婆提国"与"亚卡布哥(Acapulco阿加普尔科)"的音很近,所以是中国人先发现美洲的。但是,我们知道,Acapulco是西班牙人来到这里之后才有的名字,古代人怎么能预知这个名字呢?研究这一问题的专家,像日本的足立喜六、中国的章巽、中西交通史的大专家方豪等人的看法大体相同,通常怀疑这是苏门答腊,没有人说它是美洲。

这种没有根据的猜测只是一种想象。我并不是说不可以想象,可是这以后想象越来越丰富。七十年代，卫聚贤写了一本《中国人发现美洲》(说文书局，1982)，他本来是清华研究院出身的学者，是很有水平的，可是他这次有些走火入魔。他搜罗了所有的资料，提出了很多想法，像扶桑是加州红木，李白到过美洲，向日葵来自美洲南部，而孔子已有“葵”等等，古怪的说法很多。到了九十年代，一些奇奇怪怪的说法就更多了，是否有根据？我不知道，我关心的只是他们说这些话背后的心情。比如有的学者提出，印加王国就是“殷家王国”：正是殷商被打败的时候，美洲出现了具有殷商文明特色的奥尔梅克文明，一定是殷人从日本东面向北，经阿留申群岛到加州，再南下墨西哥。很多人一想，很有道理。又因为印第安人、爱斯基摩人都和中国人相像，于是有人又想象出，为什么叫“印第安人”呢？是因为被迫流亡的殷商人时时思念故乡，见面总是问“殷地安否”。本来，这并不特别有说服力，也没有多少人相信，但最近若干年，这种想象再度热闹起来。另一个曾经研究古文字的人应邀到美国，参观被说成是大发现的东西：1955年墨西哥发现的玉圭。他看玉圭上竖着排列的四个刻画符号，他认为这四个符号并说是“统治者们和首领们建立起了王国的基础”，于是似乎证据更清楚了。但是，这毕竟是猜想或想象，而且这种想象至今无法证实。

1958年，胡适收到一个叫杨力行的晚辈寄来的论文《评历代高僧传》，看到其中论述1400年以前法显发现墨西哥的事情，就直截了当地回信表示“使我很失望”。他说，“我终身注意治学方法，一生最恨人用不严谨的态度和不严谨的方法来轻谈考据”，他劝杨力行认真读一读足立喜六的《法显传考证》，不要轻易地发布所谓的发现，因为“那是可以贻笑于世界的”。这让我很有感触。我想，至少学术研究要有规范，也要拿出证据，证据要经得起检验。在上面谈到的问题上，首先，是否同一人种要靠DNA基因分析。其次，“武当”碑、玉圭刻画符、石锚之类的图像并不可靠，“武当”至今拿不出实物，而且“武当”之名在中国也起源很晚，大概在六朝以后？从那个模糊的照片上看，那些字也不像古代字体，刻画符和石锚的雷同，究竟是偶然还是真有联系，需要大量证据才行。再次，中国人到过美洲与否，还需要天文学，因为需要星辰测定方位；还需要航海技术，比如船舶大小、海流风向、淡水问题，毕竟这并不是小说家的想象可以解决的，《倚天屠龙记》之金毛狮王谢逊与张翠山、殷素素之北海之行，那只是小说家言。最后，“扶桑”的位置还需要历史地理学的考证和测定。因此，一切都还在疑团中。而想象中的中国与世界的关系，想象中古代中国人认识的“天下”的放大，很可能只是民族情绪支持下的“关于世界的想象”，这表现了中国人希望成为世界文明中心的一种很痛苦的心情。

当然，我们应当承认一点，秦汉以后，中国所知道的、所联络的“天下”确实已经比较大了。实际上，“天下”，也就是只有一个文明“中心”的中国观与世界观，其实在汉代张骞以后，还有一次机会有可能被打破，而打破这种封闭的、自我中心的一个最好机会，就是佛教传入中国。

四、佛教传入中国与中国的“世界”观

在地图上，我们可以看到历史上的“中国”，它的疆域变化虽然很大，但是大体上是以“九州”为中心的，东临大海，南为丛林，西为高原与雪山，北为冰天雪地，加上有匈奴、突厥、契丹、女真以及后来的满族，很容易形成封闭的“天下”观。第一次真正使“天下”观念可能彻底动摇的，就是佛教的传来。

我们知道，有国际认可的明确的疆界，有国家的主权观念，也就有了“民族—国家”，这还是近现代的事情。古代中国也有“国家”这个词，汉代铜镜背面铭文有很多“多贺国家人民息，胡虏殄灭天下服”这样的铭文。不过，就像我们前面提到的，大体上说来，古代中国的“国家”是中心明确、边界模糊的一个“文化概念”。“凡我族类，其心必同”，就是说凡是和我一个文化的，都可以是一个国家，而且国家和天下也不是一个特别清楚的东西；“非我族类，其心必异”，凡是和我文化有差异的，就是四夷，不属一个国家，甚至不是一个天下，叫作“不共戴天”。它的认

同标准是“心同”，陆九渊说“四海之内，心同理同”，这是天下一家的普世主义，它的认同标准是文化，所以边界的法律划定是不关紧要的，《礼记·王制》里说：“中国、戎夷、五方之民，皆有性也，不可推移”，凡是文化上臣服、认同的，都可以划进来作为“华夏之藩属”，都是一个“天下”，因为“普天之下，莫非王土，率土之滨，莫非王臣”。凡是文化上不服从、不认同的，“异邦异俗”，也就算了，就当你不在“天下”之内。所以在古代中国，国家/文明/真理是重叠的，于是，“天下一家”、“海内存知己”、“四海之内皆兄弟”，这背后，一方面是中国中心主义的特殊主义，一方面是普遍主义的世界观，既是只有一个文明中心的世界观，又是文明普遍适用、真理放之四海皆准的世界观。

可是，尽管从汉代以来，就有汗血马、葡萄、玻璃、苜蓿的输入，尽管一直有深目隆鼻的异域人的进入，但它们并未对中国固有文明产生冲击。通常，在像中国这样文明史很悠久的国家，只有出现另一种高度发达、可以与华夏相对抗的“文明”，才可能对中国的传统发生根本的影响。而从天竺来的佛教，就给中国带来了一个根本性的震撼，就是世上还有两个以上的文明中心。按照佛教的说法与理论，有三条是中国文明根本不能兼容和接受的：①宗教权力是可以与世俗皇权并立的，并占有社会等级与价值的优先位置，宗教徒可以不尊敬皇帝，不尊敬父母，但不能不尊重佛、法、僧三宝；②天下之中心是在印度，“立竿见影”，日中无影，天之中也；③最高的真理，最优秀的人物与最正确的生活方式不在儒学而在佛教，因此，佛教是更高的“文明”，至少也是另一种自我体系、自给自足的“文明”。

尽管后来佛教中国化了，变成了三教合一，甚至屈服于中国主流意识形态与儒家学说，但是它曾经使中国文明天下唯一的观念受到冲击，在佛教传来的时候，一些中国人不能不承认“华夏文明不是唯一”，“天下不是中国正中”，这本是一个重新认识世界的机会。在古代中国，我们目前看到的，唯一不以中国为天下正中的地图，就是《佛祖统纪》中的三幅图，在宋代以前，这是极罕见的多元世界观，它的《东震旦地理图》、

《汉西域诸国图》、《西土五印之图》就构造了三个中心的世界，而佛教关于须弥山以及四大部洲的说法(**图:《佛祖统纪》中的震旦、西域、五印等地图三幅**)，也曾经给中国人提供了改变世界观的资源。

不过，就像我们前面所说的，这种冲击并没有从根本上动摇中国人的世界观，而是要再过几百年，到了十六世纪后半期，西洋传教士大批进入中国，这种情况才根本发生改变，出现了"天崩地裂"的预兆。

五、利玛窦《山海舆地全图》之后:中国世界观的转变

1584年也就是明代万历十二年，来自意大利的传教士利玛窦(Matteo Ricci)到达广州肇庆不久，得到知府王泮支持，刻印了《山海舆地全图》，这是第一次在中国刻印的西洋式的世界地图(**图:《山海舆地全图》、西洋绘制的各种《中国地图》、西洋地球仪等**)。

从16世纪下半叶起到17世纪，根据这一地图绘制的各种地图不断出现，现在可以看到的就有12种。当时，连利玛窦都担心，皇帝要是看到这样的地图，把中国画得这么小，会不会怪罪我们藐视中国人，而很多守旧的大臣也确实攻击过这一世界观，说它是有意地夸大外夷而丑化中国，并且把它与《山海经》的想象世界、邹衍的"大九州"联在一起，说这只不过是抄袭了中国古书编造出来的谎话，"以中国数万里之地为一洲，妄谬不攻自破"。可是，不仅李贽、方以智、谢肇淛、李之藻、徐光启等知识分子接受了这种世界观，而且，万历皇帝也很高兴，这个死后葬在定陵、有残疾、只懂吃喝玩乐的皇帝，并不懂得这个"世界"变化的意味，倒很乐意地让太监根据这一地图，绘制大幅的《坤舆万国全图》屏风。这样一来，这幅地图就有了合法性，也就是得到官方认可;有了合理性，也就是得到知识阶层的认可。

其实，利玛窦地图是有观念上的目的的，他想使中国抛弃大中华文化优越，而接受天主教文明，他说"当他们看到自己的国家比起许多别的国家来是那么小，骄横可能会打掉一些，会乐于与其他国家发生关

系”。的确，古代中国在与其他国家打交道的时候，总是把关系定位在“朝觐”、“朝贡”、“觐见”，或者是“和蕃”、“绥远”、“抚夷”、“理蕃”等等上，很少有平等、多元的观念。日本的国王在隋代时曾经用“日出国王致日落国王”的称呼，其实就引起了中国人的不快，就连后来的英国使节马嘎尔尼朝觐乾隆，也为了礼节问题闹得不可开交。但是，从思想史上来看，这一次地图却引起了一个深刻的变化，因为它开始告诉中国人——

①人生活的世界不再是平面的(天圆地方的古老观念)，而是一个圆形的。

②世界非常大，而中国只居亚细亚十分之一，亚细亚又只居世界五分之一，中国并不是浩大无边的唯一大国，反而很小。

③古代中国的“天下”、“中国”、“四夷”的说法是不成立的，中国不一定是世界中心，四夷则有可能是另一些文明国度，在他们看来，中国可能是“四夷”。

④应该接受“东海西海，心同理同”的想法，承认世界各种文明是平等的、共通的，而且真的有一些超越民族/国家/疆域的普遍主义真理。

正是在这个时候，传统中华帝国作为天下中心、中国优于四夷的预设，就被彻底打破了。可是，这些文化上的“预设”，在过去人的观念中是天经地义的，毋庸置疑的，在传统思想世界中，也是中华文明的基石之一，当这个基石被推翻，中国就将“天崩地裂”了。

当然，这个“天崩地裂”的过程是很漫长的，不过，它确实使古代中国世界观发生了裂痕，本来大家无需去思考而接受的观念基础被打破了，连《图书编》、《方舆胜略》、《月令广义》、《格致草》、《地纬》之类的综合类书，都接受了它，说明这种地图连同它的“世界观”，已经开始在瓦解着这个古老中国的知识思想与信仰，虽然，真正变化要在晚清才真正凸显，于是中国人就将被迫接受一个痛苦的事实：中国不再是世界的中心。

注 释:

①这是我给清华大学全校的本科生讲人文选修课时的讲义,由学生录音后录入电脑,我作了一些修订。备课的时候参考了一些学者的著作和论文,但是,它仍然只是一个通俗性的讲义,也许里面还有不少错误,在2002年清华大学出版社新出版的《古代中国社会与文化十讲》中,有这一讲的提纲和资料。唐晓峰教授在香港见到我,说可以在《九州》上发表,我就遵从他的意思,把讲稿就这样拿出来了。本来,在讲的时候要放一些图片,所以里面还有一些和图像配合的话语,也没有特意去删除它,目的就是说明这只是一个讲稿的录音而已。

晚商的方舆及其地理观念[①]

吉德炜［美］
马保春翻译，整理

一、晚商的方舆结构——中心及四围

商人有一种朴素的地域观念，认为自己居于天下之中，这个所谓的天下之中是他们比较固定的活动范围。但是经常会受到外来部族的猛烈突袭，这种突袭有其特点，那就是入侵者从四方进攻这个天下之中，进行一番抢劫之后，便扬长而去，消失在荒远的四围之地。

以前，跟随商王外出田猎、游猎的只有贴身卫侍，后来，在他的随行人员中，逐渐增加了汇报消息者、进贡者、来访者和有联姻关系的他国首领，这些人通常是以商王助手、官员、盟国的身份加入行游行列的。这一变化说明商王朝的地理视野已经大大地拓展了。甲骨文中约有500余个商代地名（宋镇豪1991:101），这无疑暗示了商人的势力范围在扩大，对外围异族的影响也在加深。但是，作为商王朝核心区的商人来说，仍然对那些分布于四围的众多异族——不管他们是友好的盟国还是敌对的国族——保持有高度的警惕。

1. 商都（祭祀中心）

晚商的开始可以作为一个王朝的开端，这个王朝的主角便是商王和他忠实的支持者。其政治组织和社会组织是密不可分的。

> 我们不大可能画出整个商王国的疆域范围，当然其核心区例外……商王国的政治组织似乎就是由个人集权（统治者）和血缘关

系网(每个国族成员相对于商王的关系)构成的……不能把商王国理解为整个商朝的疆域,而应当理解为众多外围国族与商王国核心区之间的臣服、隶属和结盟等不同关系的组合体。[②]

在商王朝的有效统治区域——今天的华北大平原上,有关行政的、宗教的和政治的各种权利被逐级分配。[③]周围众多的小国族,它们通常以松散的血缘纽带、共同的宗教信仰或个人意志臣服于商王朝,他们的首领可以在其统辖范围内拥有商王授予的政治权利,但在商王朝的核心区,商王则直接行使所有的统治权。这说明晚商的国家体制已经可以被看作人类学上所谓的"非完整政体(segmentary state)"。按照索萨尔(Southall)对这一概念的定义,商王朝具有其特征中的以下几个方面:

①商王朝基本上对其有效疆域拥有主权,但是受到极大的限制,其本质上还是一种由臣服、隶属或同盟等关系维系的一个松散统一体。这个疆域的统一体是由一系列圈层组成的,对各圈层领土的所有权来讲,有一个逐渐向商王集中的趋势,通常这种趋势会不自觉地导致商王的个人集权。

②虽然存在一个中央集权的政府,但是在商王朝核心区以外的疆域范围内(外服?)仍然有众多的管理者(部族、方国之首领),在这种情况下,商王对这些地区的统治权力就会受到大大限制。

③商王的集权虽然只能在很有限的内服之内有效推行,但是在所有的外服地区,各部族、方国的首领也只能在更加严格的限制下实施其合法的政治权利。[④]

在晚商时代,对外服地区众多的部族、方国首领来说,由于商王会不定期地到他们统治的区域举行巡游(或田猎——译者),这无疑是一种武力的威慑与挑战,当然有时也会给他们以赏赐。商王这样做的目的就是强烈要求他们承认其王朝的权威。当商王外出田猎、出征、巡视、调节部族之间矛盾以及为自己的同盟国、支持者举行祭祀、祈祷等宗教仪式的时候,他更希望这种合法的最高权威能够得到充分的体现和验证。[⑤]

2. 土:四土

对于商文化核心区外围之地,商人用含有政治和宗教双重意义的一些概念来表述它。因此,在这样的思想指导下,用来表述外围之地的措辞其最主要的含义是要涵盖“土地本身”、“土地上的出产物”以及“对它的保护权”。商人将自己的国土按几个主要的地理方位分成四个部分,叫作“四土”(the Four Lands)或“土”(the Land)。事实上,“四土”一词很少使用,它只在两种情况下出现:

[1]奏四土于[illegible][宗]⑥

然而,这种四土的宇宙观却被普遍接受,因为从一些缀合的晚期甲骨上的刻辞中可以清晰地得到验证:

[2A][今]岁商受[年],王固曰:吉

这条卜辞下面又分别有四条关于贞问东土、南土、西土和北土农业收成的卜辞:

[2B]东土受年

[2C]南土受年,吉

[2D]西土受年,吉⑦

[2E]北土受年,吉

在这种情况下,商人不是占卜“中商”(Central Shang⑧)或者叫作“大邑商”的农业收成,而是整个商王国,因此,四土的概念就是指东、南、西、北四个方位(参看本文注释26)上那些可以耕种的、有农业收成的土地。⑨

晚商的贞人集团是一个特殊的群体,从他们那里得到的信息似乎能够反映出商王朝的政治行政体系。对于四土或周围的部族、小国来说,商王有保护这些地区的责任,而这种责任反过来会滋生出贞人集团对其农业贞卜的权利。助王占卜的贞人有时会歧视四土或周围的部族、小国,进行恶意的占卜。例如:

[3AB]西土受年/西土不其受年

[3CD]𦪞受年/不其受

[3EF]娟受年/娟妙不其受年[10]

[3GH]ℤ受年/ℤ不其受年

然而“四土”的土地不只是一个收获农业的地方，它还是神圣的土地神的所在。这类神大概就是后来“社”的原型——土地之神[11]，可能主管天气的变化，商人会献上各种动物作为牺牲对其进行虔诚的祭祀，其目的在于祈求风调雨顺、趋利避害(雷焕章 1997:47)。下面的卜辞就能很好地说明这个问题：

[4]燎于土三小宰刘一牛沈十牛

[5]燎雨于土

[6B]丙辰卜：于土宁风

大约七天前，同样大的一块牛肩胛骨也被用来占卜，其内容是祭祀一位山神——岳[12]

[6A]庚戌卜：叀王自祷于岳

在那版大的牛肩胛骨上，商王祖先如大乙、大甲和祖乙等被当作祖先神得到祭祀，这些不同类的祭祀对象出现在同一版甲骨上，在一定程度上说明商人没有将诸如土、岳等自然神和祖先神所分别主管的职务区别开来[13]。然而有一点是清楚的，在商人的宗教观念中，土神不像河神(黄河之河神，参看吉德炜《古代社会研究——晚商的历日、方舆和社会》[下简称《吉著》]所引卜辞[12B])等别的自然神，它不会排斥司掌雨水的天候之神，更希望天候之神赐予好的农业收成，看来它是一位微弱的、很少怀恶意的神灵(岛邦男[Shima]1958:231；伊藤道治Itō1996:1:72)。我们还可以从以上卜辞的联系中知道，尽管提到了四土(2[71B—E]和《吉著》注释 17)，但并没有用祭品来祭祀四土中的那一方土神(雷焕章 1997:47)，这个现象说明得到牺牲的四方之神才是商人信任的、感觉亲近的神，它从总体上掌管土地及其出产物。

3. 方和方神

用来表示商人核心区以外疆土的“方”这个词，最好是译为“边界、边疆、方国或区域”[14]。商人以“方”作为后缀来命名那些非商的或敌对的势力，如人方、土方、舌方等（例如伊藤道治[6B]1961:273；吉德炜1979—1980:28）。[15]判断非商国族或方国的一个标准是商王绝不会占卜、贞问这些地区的农业收成。除了商人自己，有关农事的占卜被严格限定在臣服于商的方国和商的盟国范围之内（陈梦家1956:639）（参看例[2A－E]、《吉著》[72]、[3A－H]、《吉著》[78C－H]）。方国大概在商王朝的疆域内外都存在，但他们的实际区域是不固定的（本文第1页），因此，商王国和它盟国的疆域有时会离开其核心区向外扩展，甚至会以殖民的方式占据边地敌对方国的领地。[16]然而，在商人眼里，就像土有土神一样，方国也有方神。

一些方国联合成商人的敌对阵营，经常会跟商或商的盟国展开战斗（参看本文第1页）：

[7]沚戫告曰土方征于我东鄙𢦏二邑舌方亦侵我西鄙田[17]

商王和他的盟国也承担着无数的反击敌对方国侵扰的任务：[18]

[8]今者王比沚戫伐土方受㞢又[19]

[9]登人三千呼代舌方受㞢又

大量的卜辞是占卜与战争有关的问题，这暗示我们思考当时商王投入了多少精力来部署战争以及实施有效的防御[20]。足见其合适的"外交政策"对整个商王国的稳定来说是多么的重要。

在商王国外围分布着一个由众多部族、方国组成的圈层地带，它既是一个政治意义的划分，同时也是一个商人宇宙观的反映。通过这些圈层，我们可以了解商王国军事政治影响的范围所及。卜辞"亡来嬉自方"可能是贞问是否有不好的消息来自方，[21]那么这个方就是受到商王国管制和庇护的一个方国。地方上的众方之长可以称之为方伯（Elder, Lineage Head?），他时常会出师远征[22]。商王则会考虑派遣自己的军队和祭祀人员前往这些部族、方国实行监视和管制。

然而，"方"这个字还反映了商人的宇宙观，同时含有宗教的意义。和"四土"一样，"四方"[23]这个集合名词在卜辞中也不常出现。但是下面的卜辞中有"四方"：

[10]其宁疾于四方三羌又九犬[24]

四方被看作是有影响的地方之神,像土神一样,他们同样需要提供祭品加以祭祀。当只言“方”而不具体确指哪一方的时候,“方”可能是作为一个整体代表“四方”的(连劭名 1988:40),例如:

[11]其祷年于方受年

“四方”也会被冠以东、南、西、北四个表示方向的前缀而分别对待,如在《吉著》[90C－F]和[93AB][25]中就是这样。另外,至少有一组卜辞说明,商代从事占卜的贞人没有将作为区域概念的“方”和表示土地的“土”区分开来(连劭名 1988:43)。例如,我们可以将[2B－E]同下面的卜辞作一比较:

[12A]东受禾[26]

[12B]北方受禾

[12C]西方受禾

在几个相同的句式中,大概也就是“方”这个字,被用在政治、农业和宗教观念等方面的占卜中,这说明商人用一种毫无差别的、但又是模糊的思维方式将四围的“方”看成是自己潜在的或先天的敌人,但是也把它看成是其获取农业收成的地区、也可以是由他们来命名并可祭祀祈祷的某位神灵的归所[27]。由此我们会联想到那版非常著名的有关四方风的卜辞(图 1)。

综上所述,“方”及“四方”的概念是反映晚商宗教、政治、宇宙观深层结构体系的重要概念,它对后世产生了极其深远的影响。[28]

4. 巡游和入商

商王走出自己的核心区,到四土和周围的方国那里去,这显然是非常重大的事件。一条含有禁止意味的卜辞云:

[13]王勿入于东

上述卜辞似乎可以看出有一条通向东方的道路,但是在这条道路上,有可能会遇到预想不到的危险。在第一、二期卜辞中大约有 175 条是占卜商王自商都出行,或入于它方的卜辞(Y295.1—297.1,S67.3—

68.3)，如：

[14]今辛亥王□出若

[15]翌庚午王出

[16AB]王今丁巳出/勿隹今丁巳出

在这种情况下，商王离开某方之后，紧接着是要去下一个地方的，因此，前面的占卜经常会连续到下一个环节。

[16CD]王出于敦/王勿出于敦[29]

事实上，从二期卜辞开始，卜辞的格式已经趋于固定，但这时的卜辞有的只有表示日期的前辞和表示贞问的命辞，如“王出亡祸”就是命辞（又例如《合集》23731以及Y296.2—297.1，S68.1）。[30]这些卜辞没有确切交待占卜时商王的所在或出发地；推想商王的宫殿居于中心位置，但可以确定商王已出行，不在宫殿区，这是最关键的。

占卜的人也很关心商王自四围之地回到商都去的情况：

[17AB]王入于商亡作祸/王入于商其㞢作祸

在武丁时期及其稍后一个阶段，有大量卜辞证实了商王对“入商”这一行动是非常重视的。并且这种活动通常是在一个特定的日子或特定的月相下占卜的，例如：

[18A]己丑卜㱿贞：来乙巳王入于商[31]

[18B]庚寅卜㱿贞：来乙巳王入于[商]

[18C]辛卯卜㱿贞：来辛丑王入于商

[19A]戊寅卜㱿贞：生七月王入于商

[19B]辛巳卜㱿贞：王于生七月入[于商]

[19C]甲申卜㱿贞：王于八月入于商

这样的贞问会重复许多天，于是将会出现很多的可供选择的入商日期，如在[18C]中（如包括首尾日期）将有11天的跨度、[18A]中有17天的跨度，大概这11天和17天当中的每一天都被贞问过，这说明商王对入商日期的选择是非常重视的。对商王何时出行、何时入商的贞问也许在商王出行之前就进行过了。商人是非常反对将四土或四方的不祥之兆和恶毒的诽谤带到商人的核心区的，因为商人在其都对祖先进行祭祀时需要保持安宁和虔诚。其实，商王的随从知道商王何时入商也是相当重要的。如果把商王的入商和突破异族的围攻联系在一起，则入商时间的选择是有战略意义的。

最后，四围的方国部族对商王朝时叛时服，为此，商王经常出外远行，给它们以威慑。除此之外，商王还发动一些重大的战争。比如武丁十年对人方的战争，历时 275 天，这期间武丁一直在商都之外。商王武丁最远可能到达“攸”地，郑杰祥赞同陈梦家的观点，认为“攸”在今河南永城县南靠近安徽省的地方，北距安阳约 325 公里。卜辞云：

[20]癸酉卜在攸泳贞：王旬亡祸，王来征人方

以上卜辞说明，武丁在攸的时间约为一月。在十二月的时候，武丁甚至冒险向南突入到淮河流域，卜辞云：

[21]王步于淮亡灾

同时，值得注意的一个问题是，甚至在商王回到商都之后或在商王实际统治范围内巡游时，也要占卜敌情，如下面的两条卜辞：

[22A]己酉卜在商贞：今日王步乐王灾

[22B]己酉卜在乐贞：今日王步于丧亡灾

商王武丁回到商核心区后，同样少不了外出巡游。目的在告诉他的拥护者他已经入商了，对他们的威慑作用又出现了。在征人方以来的第四个月还有七天就要结束的时候，商王来到了商都祭祀区。卜辞云：

[23]癸未▨其入▨邑商▨在祸[32]

二、疆域——宇宙观及地理方位(晚商的地理观念)

在政治上，商和其盟国的领地内零星地分布着非商的、敌对的势力。但是在商人的宇宙观中，商处在一个四方的大地，其中心地区是所谓的中商[33]（见一期自组卜辞），环绕中商的四方又分布着其他国族。

商人宇宙观念中的“四方”概念，可以从以下事实中得到体现：商人的周围是四等分的，这四分的各部分通常是用东、南、西、北四个方向来表示的，关于这一点，还可以从考古发现的郑州商城、盘龙城四方形的城墙得到验证。此外，甲骨文的“邑”字作[34]，其上部的笔画是个四方形，邑和城一样是商人的居所，能以口作为其构件，反映了商人对大地的四方观念。中国北部相当广阔的大平原似乎可以解释商人的四方观念，因为在平原上缺少特别明显的地理标志，所以将其周围四等分而加以祭祀。这个四等分的地理划分需要如城、邑等建筑物作为几何构图，也许商王和他的贞人集团曾经设计过这样的表示一定含义的构图。有了四方的概念，商周围的“土”、“方”就可以按地理方位以及其他辅助条件定其归属了。卜辞云：

[24]令师般涉于河东

“河东”很明显是以商人及其祖先所居之地为中心，给黄河以东之地起的一个地理名称。这就类似于后来出现的“河内”、“河外”和“河南”。[35]

1. 方位

在中国，早在新石器时代，四分方位的空间概念已经出现了。埋葬死者的时候，死者头的朝向已经被当时的人们所注意，大约六千年前，同一区域内埋葬死者时其头向已经趋于一致。整个新石器时代，中国东部地区的墓穴里，死者头的朝向一般在正北和正东之间来回摆动。而中国西北地区核心地带的墓葬，六千年以来，死者的头向一般是朝正西或西北。这种倾向性表现出非常强的稳定性，所以即使是二次葬的墓葬，也要保持相同的头骨朝向。如果人体的骨架因年代久远散开了，也会将其拼合起来或者将其堆成一堆，而将头骨朝西放置或让其面部向着西方。[36]

到晚商时期，西北岗的王陵区是非常特别的，其中的大墓墓道都保持很一致的东北—西南走向[37]。而一般的商墓或典型的商式墓都是南北向布置墓坑的，这是通过大量考古发现总结出来的，例如：大司空村墓地、小屯北地、湖北盘龙城、河南罗山和山东苏埠屯等晚商遗址，这些遗址墓葬的头向都是南北向，而且墓区的围墙（如果有）或地基一类建筑[38]的走向也是南北向。在殷墟西区的墓葬基本上也是这种最常见的南北向[39]，只不过有一个向右（即向东——译者按）约10度的偏离。[40]这样的偏离在别的商墓中有时也可以见到。这个方向感从大量殉人的头向也可以得到体现。[41]

总之，在如何对待亡灵这个问题上，新石器时代的先民和商人都会按照一定的宗教观念选择一个固定的方向安置死者[42]。死者头的朝向很少会指向当地比较特殊的地理实物。这个观念可能是从那些早期的宇宙哲学家对天、地的思考中得来的。[43]

中心区域的重要性，可以从“中商”这个名称中得到体现，逐字英译就是“Central Shang”，这个词有时被理解为商的中心城市[44]。然而它在卜辞中只出现过四次，且都是武丁时期的卜辞（Y1123.1，S280.3），这四条卜辞中商王都是贞卜人，足以说明“中商”的重要性，其中一条还涉及到王在“中商”召唤某人的内容，监视敌对方国的活动也可能与“中商”相联系[45]。另外有一条卜辞：

[25]受中商年

将安阳小屯作为“中商”之所在，几乎没有人提出异议，因为在这里发现了商王宗庙及其祭祀遗址，还有王陵区等。商王认为自己处于血缘纽带的、精神的、地理的中心。他的权威将根植于这个无可争辩的中心区位。

从一些卜辞反映的情况看，商王有一种叫作“立中”（Y89.1，S31.4）的很特别的祭祀礼仪。甲骨文即“中”字，在它的顶部和底部各有一些短绳一样的东西，但是这个字在当时的含义是表示将一杆旗子插在某地以标明其为中心位置呢（雷焕章1976—1978），还是表示用来指示太阳影子的日晷的指针（连劭名1996：168）？抑或是表示让某人处于中心位置的一种宗教礼仪，或者是一无所知的别的行为？但无论怎样解释，其重要性是显而易见的，因为在一些涉及到的卜辞里，将会在未来长达20—30天的时间里连续贞问“立中”的活动。[46]例如：

[26A]癸卯卜争贞:翌乙亥[王立中亡风]

[26B]癸卯卜争贞:翌丙子[王立中亡风]

[26C]癸卯卜争贞:翌[乙亥王立]中亡风,丙子[立]中允亡[风][47]

对商王来说,处于中心位置是合乎常理的,但是设计一种标准的日晷以度时日也不是没有可能。[48]

2. 四方的土地

相对来讲,"四方"和"四土"出现于同一版卜骨的情况并不多见,有时东、南、西、北四者之中可能缺少一二,或者其排列的次序很不固定[49]。所有这些反映了宗教观念的不稳定性,包括对"方"、"四方之神"的属性及其权限的理解,也是不固定的。但是可以肯定的是,当东、南、西、北四个方向中有两个或两个以上被提到的时候,东方一定位于首位,如:

[27]燎东西南刘黄牛

这说明在商代晚期,商人的地理空间观念中,东西轴向是非常重要的,而东方则是一个尤其重要的方位,于是商人面朝东。准此,代表寒冷和死亡的北方就会位于他们的左手边,是凶恶之所出;而代表温暖和生机的南方就位于其右手方,是个吉祥的化身。如果商人心中有这样的空间方位概念,我们就可以想象,当生活在小屯的占卜者露天占卜时,他们就会背靠太行山这个华北大平原上唯一的可见物,而洹河则位于其左手方,以阻挡北方不祥之神物的侵袭,并能将位于洹河之北的西北岗王陵区这个代表亡灵出没的地区与商人的生活区隔离开来,以表达其对死亡的远离;而他们的脸就会朝向太阳升起的东方,这里有许多作为商文化源头的新石器考古遗址。商王和他的贞人集团及其随从人员似乎将东方作为一天的开始(吉德炜 1978:2,注释 1),这为下列推论提供了更加坚实的依据:为了获得太阳光的照射,商人在上午举行祭祀仪式时,通常是在门窗都朝向东方(太阳升起的地方)的屋子里进行的,太阳在商人眼里是代表用天干字取名的祖先神,所以祭祀祖先的宗庙也是用天干字命名的。

事实上，商人对东北方非常崇敬，或者至少可以说给予优先的重视，[50]这是有原因的。这也许是与商人对太阳、月亮、星宿的崇拜有关，或是因为东北方是商人故土的缘故，但无论是什么原因，我们又不得不再次讨论有关地理方位的问题了。

根据甲骨文和晚商的铜器铭文，在农业地区的劳作单元组织——“单”（或者如有些学者称之为“公社”）的分布与位置关系上[51]，同样体现了一定的方向性。这些“单”是围绕着小屯分布的，但在四个主要方位上有所不同，卜辞云：

[28]庚辰贞：翌癸未𡰥西单田受㞢年，十三月[52]

商人对某个方位的亲和或偏爱，还可以从甲骨文中一些表示特定建筑的名称及其分布情况得到体现，如“宗北”、“北宗”、“北示”、“西宗”、“西示”[53]、“东室”、“南室”、“东寝”、“西寝”、“南门”。[54]这些建筑的确切用途还不甚清楚，但是其中的绝大多数可能与宗教活动有关。[55]

宗教仪式也有其方向性，在多数情况下，被崇敬的方位一般也是某位被崇拜的神灵所在的方位。卜辞云：

[29AB]戠于南/勿戠于南[56]

[30]禘于西[57]

[31]燎于西牛

在一片腹甲上，商人正反贞问要不要向南方、西北方、东方提供断头的牺牲。[58]在举行别的典礼活动时，也会体现出方位的特征。一些卜辞中提到的“北饗”、“东饗”、“南饗”、“西饗”，[59]就像《吉著》[93AB]中所反映的那样，一些方位神被认为是天气变化的控制者，又如：

[32]祷雨于南

从卜辞看，很多政治活动，特别是商王的出行，也与空间方位有着密切的关系。我认为，这不仅是一个简单的记录，而是因为方向本身具有象征意义。[60]例如，占卜者强调的某一个方向，不只是表明商王朝这一方向出行的路线（如[13]），实际上也指商王根本无法到达的观念中的某一个方位。此外，像下面的卜辞：

[33]王往田于东擒[61]

[34]亩王自往西

则更进一步表明在商王和其贞人集团的活动空间里，各个位置和方向都是含有象征意义的。

后来的历代统治者面南传统的出现一定和这时的空间方位观念有关，而国王始于明堂的季节性行幸之旅体现了很强的方位感，其同样也受到此前商人宇宙空间观念的影响。其实，从一些细小的甲骨片上，我们似乎可以知道商人已经在经历着由朝东到面南的这个转变。如下列卜辞所云：

[35]亩今二月宅东寝[62]

最后，还得交待一下，在一些确切无误地记载有关商王武丁对坏消息及各种灾祸（如在[7]中）悲观预见的卜辞中，其验辞部分不只记载了坏消息的降临，而且还很清晰地记载了坏消息之所从来的方位，如"自西"、"自东"等[63]。

[36]其㞢嬉自南[64]

同样类型的四条卜辞说明商人有时对一些方位将要出现的各种灾祸表现出恐惧。我们讨论方位问题时，也不能忽略商的同盟国和敌对势力，因为他们也是将当时的方位空间观念用到自己的地区，如[7]"沚䤈告曰土方征于我东鄙[illegible]二邑𢀛方亦侵我西鄙田"。

3. 方位与天气变化

商王对"大地"的特别关注是和他对位于其上的、主宰天气变化的"上天"的格外关注密切联系到一起的。卜辞云：

[37A]癸卯卜：今日雨

其下有四条贞问：

[37B]其自西来雨

[37C]其自东来雨

[37D]其自北来雨

[37E]其自南来雨

以上的贞问是希望得到降雨将来自哪个方位的信息，因此是相当重要的[65]。而对于不同天气的变化事实上将出现在何方，这样很细节的问题也是很重视的，卜辞云：

[38]㞢各云自东……昃亦㞢出虹自北饮于河[66]

[39]⧄东云自南雨

[40]……庚寅雨自南……

[41]⧄有凿虹于西⧄

在武丁统治时期，一些非常详细的一连串天气变化情况也被甲骨刻辞记录了下来，比如下面一条卜辞：

[42]昃雨自东九日辛未大采各云自北雷延大风自西㓹云率雨毋日⧄[67]

在同时包括方位和天气变化信息的卜辞中，我们曾经看到商人把更大的关怀给了天气变化所发生的某个方位，而不是天气的变化本身（通常是在“帝”的要求之下才涉及）。这大概是因为空间方位与风、雨、云、雷电等自然现象有着某种内在的联系。在商人给各个方位赋予了神力的前提下，出现在某个方位的这些自然现象就会被看作是神力发挥作用的表现，如此一来，方位神（或方神）就成了商人敬重的对象[68]。因此，商人对空间方位的高度重视和他们对时日和时间的关注是相匹配的，正如 Geertz（见《吉著》第 3 章，注释 55）所认为的：商人对日月运行所表现出来的时日有较多的观感和认识，而对天气的变化也不例外。他们关注的不仅仅是某一种天气状况，更关心这种天气变化来自何方、受何种力量的支配等问题。

4. 作为世界地图的卜骨

在讨论了诸多商代地理空间问题之后，我有一个想法：商人有可能是将他们的卜骨当成是一幅世界地图。而后来中国卜筮之术的发展和民族地理观念的世代传承情况印证了这种可能性。[69]例如艾兰就认为“海龟的形状就是商人宇宙观的一个缩影，在东北、东南、西北和西南四个方向上有四足代表四极”。这虽然提出了一种思路，但是就像她本人所讲的一样，这个观点就目前来说，推测的成分很大(1991:101)。需要说明的是，她也引用了那版著名的有关“四方风”的刻辞(图 1;《吉著》[90A—F])作为商人宇宙空间格局的例子。

首先，在腹甲甲首左右(以纵贯上下的中脊线为界——译者)两边各有一条卜辞，左边是反面贞问的“帝勿令雨”(实为“〔帝〕不其令雨”——译者)；右边是正面贞问的“帝令雨”。接着，在这两条卜辞的下面，又安排了四条向四方分别举行“禘”礼的卜辞。但上述六条卜辞都分布在整个腹甲靠近甲首的那一半，所以，从卜辞在腹甲表面的分布位置来看，并没有按照整个腹甲幅面的特定形状布置四方(如将四方确定在四条龟腿所对应的腹甲部位，腹甲的中心部位便是四方之中——译者)。在占卜中，于四方中任何一方都要进行一次相同的“帝令雨”和“帝勿令雨”的正反对贞，这样一来，甲首正反对贞的两条卜辞，将要被连续贞问四次(东、南、西、北各一次——译者)，而下面的四条于四方各举行“禘”礼的卜辞似乎只代表四个方位而已(艾兰：123)。

但是，经过多次试验，我发现艾兰所述表示四方的卜辞在龟甲面上的连接关系无法实现。例如，在腹甲甲面上根本没有办法安排四个方位的贞问位置，也就是，在甲面的右边，贞人置北方在东方之上；在甲面的左边，他们把南放在了西的上面，如下排列(参考图 1)。

腹甲左边	腹甲右边
南[90D]	北[90C]
西[90F]	东[90E][70]

如果要在骨面上更确切地反映四方的位置关系，“南”和“西”应当调换一下。

事实上，我还不能很好地在腹甲上演示各条贞问卜辞的位置及其与四方的分布关系。例如，在涉及“东土”或“东方”的 15 版甲骨中(Y1145.2)，有 8 版是刻在牛肩胛骨上的，只有 4 版是腹甲刻辞。[71] 由于腹甲有中轴线，且整体又类似“亞”字形，所以看起来似乎更适合安排四方的位置，尽管如此，但没有足够的证据以证明商人每当进行这类占卜时更偏好用腹甲。商人显然缺乏“宇宙学”的知识，例如在《屯南》1126那版记载四方的肩胛骨刻辞中，未免过于简单：

[43A]南方

[43B]西方

[43C]北方

[43D]东方

[43E]商

以上卜辞具体的意思不甚明了，[72]至于四方是指代什么也不清楚。[73]因此，只能把它理解为“地图”的一种表达方式，在这里，似乎贞人只想标明当时商人宗教观中的方位，而没有将四方神也标注其旁的意图。

就像[90A—F](《吉著》第5章)中已经讨论过的那样，即使是商人利用腹甲进行有关方位的占卜时，其方位及其相关内容(四方在骨面的分布及各方卜辞的分布，译者按)之间前后协调一致的关系也很难体现出来。又如在[3AB](图2)“西土受年/西土不其受年”中，首先，正面的贞问被刻在龟甲表面的“东南”部四分之一处(推想腹甲甲首被定为北方)，好像没有联系到对西土的贞问；然而，作为对应的反面贞问的句式却被刻在了“西南”。如果设想腹甲的甲首被指为南方，那么[3A]将被置于甲面的“西北”部，这里非常合适刻写贞问西土的卜辞，但是作为反面贞问的[3B]将要被放在并不适合的“东北”部，刻写在腹甲南部甲尾上的[3EF]“㛸受年”，就将会位于北部的顶端，这和认为㛸在安阳以南或以西的观点相抵牾(本文第3页注释1)。如果将甲首认为是东方，会遇到类似的矛盾。

当然，没有任何反对意见可完全否定晚商贞人在钻凿占卜时，会适当旋转龟甲或兽骨以配合他们重新所赋予甲骨表面的四方、四土的方位；但是这种任意在甲骨表面标注四方、四土的具体做法还没有从甲骨材料中完全得到证实，既然没有别的方法揭示实际情况，那么上述假设还有待于将来的验证。[74]

图 1 有关四方及其四方风的卜骨：

[90A]辛亥内贞：今一月帝令雨，四月甲寅夕[雨]

[90B]辛亥卜内贞：今一月[帝]不其令雨

[90C]辛亥卜内贞：禘于北方曰伏风曰役(?)祷[年]

[90D]辛亥卜内贞：禘于南方曰长风曰𩍐祷年，一月

[90E]贞：禘于东方曰析风曰劦祷年

[90F]贞：禘于西方曰彝风曰𩍐祷年　　《合集》12495

图 2 有关大版甲骨贞问西土受年的内容。卜辞云：

[76AB]“西土受年/西土不其受年”　　本文序号为[3AB]

[76CD]“箙受年/不其受”　　[3CD]

[76EF]“娟受年/娟不其受年”　　[3EF]

[76GH]“Ƶ受年/Ƶ不其受年”　　[3GH]　　《丙编》332

部分注释细目

陈久金、张敬国：《含山出土玉片图形试考》，《文物》，1989 年第 4 期，第 14—17 页。

陈梦家：《殷虚卜辞综述》，北京：科学出版社，1956 年。

董作宾：①《殷历谱》，国立中央研究院历史语言研究所专刊，四川南溪，1945 年。

②《殷历谱后记》，《中央研究院历史语言研究所集刊》第 13 辑，1948 年，第 183—208 页（董作宾于 1967 年重印，第 807—832 页）。

冯　时：《殷墟“易卦”卜甲探索》，《周易研究》1989 年第 2 期，第 13—21 页。

胡厚宣：①《甲骨文四方风名考证》，《甲骨学商史论丛初集》，齐鲁大学国学研究所专刊，1944 年，第 6 页。

②《释殷代求年于四方和四方风的祭祀》，《复旦学报》，1956 年第 1 期，第 49—86 页。

③《殷卜辞中所见四方受年与五方受年考》，深圳大学国学研究所编《中国文化与中国哲学》，北京：东方出版社，1986年，第54—61页。

连劭名：①《商代的四方风名与八卦》，《文物》，1988年第11期，第40—44页。

②《甲骨刻辞丛考》，《古文字研究》第18辑，1992年，第62—93页。

③《殷墟卜辞所见商代的王畿》，《考古与文物》，1995年第5期，第38—43、66页。

④《商代的秋冬祀典》，《人文中国学报》，1996年第3期，第165—178页。

李学勤：①《周易经传溯源——从考古学、文献学看"周易"》，长春出版社，1992年。

②"A Neolithic Jade Plaque and Ancient Chinese Cosmology."《故宫通讯英文双月刊》，1992—1993年，第27卷5—6合期，第1—8页，

林　沄：《商式青铜器同北方青铜器的再研究》，ed. D. C. Chang. New Haven, Conn.: Yale University Press. 1986, pp. 237—273.

卢连成：《中国古代都城发展的早期阶段——商代、西周都城形态的考察》，中国社会科学院考古研究所编《中国考古学论丛——中国社会科学院考古研究所建所40年纪念文集》，北京：科学出版社，1993年，第231—242页。

庞　朴（Pang Pu）：《阴阳五行探原》，《中国社会科学》，1984年第3期，第97—98页。

彭邦炯：《商代"众人"的历史考察——关于"众人"的新探索》，《先秦秦汉史》，1990年第6期，第35—43页。原载《天府新论》1990年第3期，第77—85页。

裘锡圭：①《甲骨卜辞中所见的"田"、"牧"、"卫"等职官的研究——兼

论“侯”、“甸”、“男”、“卫”等几种诸侯的起源》,《文史》第19辑,1983年,第1—13页。

② “An Observation on the State Functionaries *Tian*, *Mu*, and *Wei* in the Oracle-Bone Inscriptions and Origins of the Princes *Hou*, *Dian*, *Nan*, *Wei*.” In *International Conference on Shang Civilization: Abstracts of the Papers Presented and a Summary of the Discussions, East-West Center, Honolulu, Hawaii, 7—11 September 1982*, ed. Lothar von Falkenharsen. *Early China*, Supplement 1. 1986, pp. 1—4.

《甲骨卜辞中所见的“田”、“牧”、“卫”等职官的研究——兼论“侯”、“甸”、“男”、“卫”等几种诸侯的起源》,《1986年夏威夷商文明国际学术讨论会——论文摘要及学术讨论纪要》,1982年9月,第7—11页, ed. Lothar von Falkenharsen. *Early China*, 增刊1,第1—4页。

③《释殷墟卜辞中的“卒”和“褘”》,《中原文物》,1990年第3期,第8—17页。

饶宗颐:①《殷代易卦及有关占卜诸问题》,《文史》第20辑,1983年,第1—13页。

②《甲骨文地名通检》前言,《甲骨文通检》第二册:“地名”,饶宗颐主编、沈建华编辑,香港:香港中文大学出版社,1994年,第7—9页。

③《殷卜辞所见星象与参、商、龙、虎二十八宿诸问题》,《甲骨文通检》第三册:“天文气象”,饶宗颐主编、沈建华编辑,香港:香港中文大学出版社,1995年,第17—36页。

陕甘宁边区政府办公厅:《展开反对巫神的斗争》,延安,1944年,第38页(作者吉德炜先生于1980年参观了陕甘宁边区政府公共办公室)。

陕西省考古研究所:《龙岗寺——新石器时代遗址发掘报告》,北京:文物出版社,1990 年,第 59—95、第 183—215 页。

孙诒让:《墨子閒诂》第二卷,北京:中华书局,1986 年,第 410 页。

宋镇豪:《夏商人口初探》,《历史研究》,1991 年第 4 期,第 92—106 页。

温少峰、袁庭栋:《殷墟卜辞研究——科学技术篇》,四川社会科学出版社,1983 年,第 122—156 页。

信阳地区文管会、罗山县文化馆:《河南罗山县蟒张商代墓地第一次发掘简报》,《考古》,1981 年第 2 期,第 111—118 页。

肖 楠、曹定云、郭振禄、刘一曼、温明荣等:《安阳殷墟发现"易卦"卜甲》,《考古》,1989 年第 1 期,第 66—70 页。

辛 夷:《说半坡"人面网纹"彩陶盆》,《史学月刊》,1987 年第 4 期,第 99—100 页。

杨锡璋:《殷人尊东北方位》,见《庆祝苏秉琦考古五十五年论文集》,北京:文物出版社,1989 年,第 305—314 页。

姚孝遂、肖 丁:①《小屯南地甲骨考释》,北京:中华书局,1985 年。

②《殷墟甲骨刻辞摹释总集》第 2 册,北京:中华书局,1988 年。

俞伟超:《中国古代公社组织的考察——论先秦两汉的"单—僤—弹"》,北京:文物出版社,1988 年,第 21—42 页。

赵 诚:《甲骨文简明词典》:"卜辞分类读本",北京:中华书局,1988 年。

张明华、王惠菊:《太湖地区新石器时代的陶文》,《考古》,1990 年第 10 期,第 903—904 页。

张亚初、刘 雨:《从商周八卦数字符号谈筮法的几个问题》,《考古》,1981 年第 2 期,第 155—163、154 页。

郑杰祥:《商代地理概论》,郑州:中州古籍出版社,1994 年。

中国社会科学院考古研究所安阳工作队:《1969—1977 年殷墟西区墓葬发掘报告》,《考古学报》,1979 年第 1 期,第 27—147 页。

中国社会科学院考古研究所安阳工作队:《安阳小屯村北的两座殷代

墓》,《考古学报》,1981 年第 4 期,第 491—518 页。
朱炳海:《天气谚语》,北京:开明书局,1952 年。
朱凤翰:《商周家族形态研究》,天津:天津古籍出版社,1990 年。

Akatsuka Kiyoshi (赤塚忠)

1977 *Chūgoku kodai no shūkyō to bunka: In ōchō no saishi* 中国古代の宗教と文化:殷王朝の祭祀。Tokyo: Kadokawa.

Allan, Sarah (艾兰)

1991 *The Shape of the Turtle: Myth, Art, and Cosmos in Early China*. Albany: State University of New York Press.

Anderson, Benedict (安德森)

1991 *Imagined Communities: Reflections on the Origin and Spread of Nationalism*. Revised ed. London, Verso.

Andrée, Richard (安德蕾)

1906 "Scapulimantia." In *Boas Anniversary Volume*: Anthropological Papers in Honor of Franz Boas, ed. Berthold Laufer. New York: Stechert. pp. 143—165.

Bagley, Robert W. (巴格利)

1999 "Shang Archaeology." In *The Cambridge History of Ancient China*, ed. Michael Loewe and Edward L. Shaughnessy. New York: Cambridge University Press. pp. 124—231.

Biot, Édouard, tr. (毕瓯)

1851 *Le Tcheou-li ou rites des Tcheou*, 3vols, Paris: Imprimerie nationale, 1851, Reprint, Taibei: Chengwen，1969.

Boltz，William G.（鲍则岳）

1994 *The Origin and Early Development of the Chinese Writing System*. American Oriental Series，vol. 78. New Haven，Conn.：American Oriental Society.

Carrasco，David（卡拉斯科）

1989 "The King，the Capital and the Stars：The Symbolism of Authority in Aztec Religion." In *World Archaeoastronomy*，ed. Anthony F. Aveni. New York：Cambridge. pp. 45—54.

Blakeley，Barry Burden（浦百瑞）

1970 "Regional Aspects of Chinese Socio-Political Development in the Spring and Autumnperiod（722—464B. C.）：Clan Power in a Segmentary State." Ph. d. diss.，University of Michigan.

Chang，Kwang-chih（orK. C.）（张光直）

1980 *Shang Civilization*.（《商代文明》）New Haven，Conn.：Yale University Press.

Cheng Te-K'un（郑德坤）

1960 *Archaeology in China*. Volume：*Shang China*. Cambridge：Heffer.

Cong，Y. Z. and Q. Y. Wei

1989 "Study of Secular Variation（2000 B. C.—1900 A. D.）Based on Comparison of Contemporaneous Records in Marine Sediments and Baked Clays." *Physics of the Earth and Planetary Interiors* 56：69—75.

Debaine-Francfort，Corinne（戴寇琳）

1995 *Du Néolithique à l'age du bronze en Chine du nord-*

ouest: *La culture de Qijia et ses connexions*. Paris: Editions Recherches sur les Civilisations.

Harper, Donald (夏德安)

1997　"Warring States, Qin, and Han Manuscripts Related to Natural Philosophy and the Occult." In *New Sources of Early Chinese History*: *An Introduction to the Reading of Inscriptions and Manuscripts*. ed. Edward L. Shaughnessy. Early Shina Special Monograph Series, no. 3. Berkeley: Society for the Study of Early China and Institute of East Asian Studies, University of California. pp. 223—252.

Bogoras, W. (博格拉斯)

1907　*The Chukchee Religion*. Memorirs of the American Museum of Natural History 11. 2. Leiden and Now York.

Buchsbaum, Dessa Paulson (巴克斯鲍姆)

1978　"A Study of the Word Fang 𠃍 (方) in the OBI." 《甲骨文𠃍字研究》Ms. 23 December.

Itō Michiharu (伊藤道治)

1961　"Shūkyōmen kara mita Indai no ni-san no mondai_In ōchō no kōzō sono ichi"《宗教面から见た殷代のの二三问题——殷王朝の構造，その一》, *Tōyōshi kenkyū*《东洋史研究》20. 3:268-90.

1990　《殷代史的研究》，通口隆康主编《日本考古学研究者——中国考古学研究论文集》，香港：东方(文化出版公司)，第205—260页。

1996　"Part One: Religion and Society." In It ō Michiharu and Kenichi Takashima, *Studies in Early Chinese*

Civilization: Religion, Society, Language, and Palaeography, Volume 1: *Text*. Volume2: *Tables and Notes*. Hirakata: Kansai Gaidai University Press. Vol. 1, pp. 1—178.

Karlgren, Bernhard (高本汉)

1957 Grammata Serica Recensa. Stockholm: Museum of Far Eastern Antiquities.

Keightley, David N. (吉德炜)

1973 "Religion and the Rise of Urbanism." *Journal of the American Oriental Society* 93: 527-38

1978 *Sources of Shang History: The Oracle-Bone Inscriptions of Bronze Age China*. Berkeley: University of California Press. (2d printing, with minor revisions, 1985.)

1979—1980 "The Shang State as Seen in the Oracle-Bong Inscriptions." *Early China* 5:25-34.

1983 "The late Shang State: When, Where, and What?" In *The Origins of Chinese Civilization*, ed. Keightley. Berkeley: University of California Press. pp. 523—264.

1985 "Dead But Not Gone: The Role of Mortuary Practices in the Formation of Neolithic and Early Brone Age Chinese Culture, ca. 8000—1000 B. C." Paper prepared for the conference "Ritual and the Social Significance of Death in Chinese Society." Oracle, Az. 2-7 January.

1989 "The Origins of Writing in China: Scripts and Cultural Contexts." In *The Origins of Writing*, ed. Wayne

M. Senner, Lincoln: University of Chicago, 19 April.

1991 "Divination and Kingship in Late Shang China." Book ms. , in preparation.

1998 "Shamamism, Death, and the Ancestors: Religious Mediation in Neolithic and Shang China (ca. 5000—1000B. C.)" *Asiatische Studien* 52. 3:763—831.

1999b "The Shang: China's First Historical Dynasty." In *The Cambridge History of Ancient China: From the Origins of Civilization to 221B. C.* ed. Michael Loewe and Edward L. Shaughnessy. New York: Cambridge University of History Press. pp. 232—291.

Sun Xiaochun and Jacob Kistemaker (吉斯特梅克)

1997 *The Chinese Sky during the Han: Constellating Stars and Society*. Leiden: Brill.

Lefeuvre, J. A. (雷焕章)

1976—1978 "An Oracle Bone in the Hong Kong Museum of History and the Shang Standard of the Center." *Journal of the Hong Kong Archaeological Society* 7:46—68.

1997 "Grands et Petits Territoires." In *En suivant la Voie Royale: Melanges en hommage à Léon Vamdermeersch*, ed. Jacques Gernet and Marc Kalinowski. Études thématiques 7. paris: Ecole Francaise d'Éxtrême-Orient. pp. 45—49.

Legge, James, tr. (勒格)

1871 *The Chinese Classics. Volume* IV: *The She King or the Book of Poetry*. London: Trubner. (Cited in the revised Taibei: Wenzhe, 1972, edition.)

Mei, Yi—pao tr.

1929 *The Ethical and Political Works of Motse*, London: Arthur Probsthain, 1929. (Reissued, Westport, Conn. : Hyperion Press, 1973.)

Needham, Joseph, with the research assistance of Wang Ling (李约瑟和助手王铃)

1959 *Science and Civilisation in China*. Volume 3: *Mathematics and the Sciences of the Heavens and the Earth*. Cambridge University Press.

Nivison David S. (倪德卫)

1977 "The Promonimal Use of the Verb Yu (giug: 㞢,又,[illegible]) in Early Archaic Chinese." *Early China* 3: 1-17.

1871 *The Chinese Classics*. Volume IV: *The She King or the Book of Poetry*. London: Trübner. (Cited in the revisec Tsibei: Wenzhe, 1972, edition.)

Pankenier, David W. (班大为)

1995 "The Cosmo-Political Background of Heaven's Mandate." *Early China* 20:121-67.

Price, Nancy Thompson (普赖斯)

1995 "The Pivot: Comparative Perspectives from the Four Quarters." *Early China* 20:93-120.

Shaughnessy, Edward L. (夏含夷)

1989 "Historical Geography and the Extent of the Earliest Chinese Kingdoms." *Asia Major*, 3dser., 2: 1—22.

Serruys, Paul L-M. (司利义)

1986 "Notes on the Grammar of the Oracular Inscriptions of Shang." In Contributions to Sino-Tibetan Studies. ed. John Mc COY and Timothy Light. Cornell Linguistic Conributions 5. Leiden: Brill. pp. 203—257.

Shima Kunio (岛邦男)

1953 《祭祀卜辞の研究》*Saishi bokuji no kenkyu*. Kirosaki: Hirosaki daigaku bunrigaku kenkyushitsu.

1958 《殷墟卜辞研究》Hirosaki: Hirosaki daigaku Chūgoku kenkyūkai.

Shirakawa Shizuka (白川静)

1962—1984 *Kimbun tsushaku*《金文通释》. *Hakutsuru bijutsukan*《白鹤美术馆誌》. 56vol. Kobe. 23:101, no. 124; 28:520, no. 169.

Southall, Aidan (索萨尔)

1956 *Alur Society: A Study in Processes and Types of Domination*. Cambridge: Heffer.

Takashima, Ken-ichi (高嶋谦一)

1973 "Negatives in the King Wu-ting bone Inscriptions." Ph. D. diss, University of Washington.

1980a "The Early Archaic Chinese Word Yu in Shang Oracle-Bone Inscriptions: Word-Family, Etymology, Grammar, Semanics and Sacrifice." *Cahiers de linguistique Asie Orientale* 8: 81—112

1990 "A Study of the Copulas in Shang Chinese." *The Memoirs of the Institute of Oriental Culture* (University of Tokyo), 112:1-92.

Thorp, Robert L. (索普)

1988 "The Archaeology of Style at Anyang: Tomb 5 in Context." *Archives of Asian Art* 41:47-69.

Watson, William (沃森)

1971 *Cultural Frontiers in Ancient East Asia*. Edinburgh: Edinburgh University Press.

Wei Q. Y., T. C. Li, G. Y. Chao, W. S. Chang, and S. P. Wang
1981 "Secular Variation of the Direction of the Ancient Geomagnetic Field for Loyang Region, China." *Physics of the Earth and Planetary Interiors* 25:107-112.

Wei Q. Y., T. C. Li, G. Y. Chao, W. S. Chang, S. P. Wang, and S. F. Barton (巴顿)
1983 "Results from China." In *Geomagnetism of Baked Clays and Recent Sediments*, ed. K. M. Creer, P. Tucholka, and C. E. Barton Amsterdam: Elsevier. pp. 138—150.

Yagimoto Minoru (柳本实)
1966 "Kiboku zakkō: shu to shite Shunjū jidai ni okeru 龟卜杂考——主として春秋时代における." *Niigata daigaku kyoiku gakubu kiyō* 新泻大学教育部纪要 10: 31—40.

本文所引用甲骨文出处:

[1] 《合集》21091 (Y453.1) =《拾掇》2.405 (S172.3)

[2] 《合集》36975 (Y462.2) =《粹编》907 (S195.3)

[3A—H]《合集》9741 (Y389.2, 996.1, 190.1, 851.2) =《乙编》7009 =《丙编》332 (S434.4。372.1, 142.3, 315.2)

[4] 《合集》780 (Y463.1) =《前编》1.24.3 (S172.4)

[5] 《合集》34088 (Y464.1) =《后编》1.19.7 (S173.1)

[6] 《合集》32301 (Y464.1) =《摭续》3 (S73.1)

[7] 《合集》6057f (Y1076. 1—2) =《菁华》2 (S401.4)

[8] 《英藏》581 (S462.1) =《库方》1599 (S171.4) =《合集》39887

[9] 《合集》6168 (Y270.1) =《续编》1. 10.3 (S1.2)

[10]　《屯南》1059（S12.4.2）

[11]　《合集》28244（Y530.2）＝《南北》"Ming" 425（S195.1）

[12A－C]《合集》33244（Y525.1）＝《佚存》956（S192.4）

[13]　《合集》643Cf（Y1147.2）＝《缀合》95（S433.4）

[14]　《合集》9668f＝《乙编》7811＝《丙编》169.15（S67.3）

[15]　《合集》5063（Y295.2）＝《续编》3.34.4（S67.3）

[16A－D]《合集》7942（S296.1）＝《乙编》7576.（S68.1）

[17AB]　《合集》7772f（Y776.2 部分）＝《丙编》165.16—17（S297.3）

[18A－C]《合集》7795（Y777.1,部分）＝《前编》2.1.3（S279.4）

[19A－C]《合集》7780f（Y776.2）＝《续编》3.13.1（S279.4）

[20]　《合集》36494（Y72.1）＝《前编》2.16.6（S26.1）

[21]　《英藏》2564（Y938.1）＝《合集》41762＝《金璋》574（S232.2）

[22AB]　《合集》36501（Y285.1）＝《续编》3.28.5（S62.3）

[23]　《合集》36546（Y778.1）＝《遗珠》418（S217.4）

[24]　《合集》5566（Y289.1）＝《缀合》23＋（误以为《合编》23 而置于 S440.3）＝《甲编》1769＋

[25]　《合集》20650（Y1123.1）＝《前编》8.10.3（S2803）

[26ABC]《合集》13357（Y662.1）

[27]　《合集》14315f（Y978.2）＝《缀合》278（S364.4）＝《丙编》221.3

[28]　《合集》9572（Y1172.1）＝《续存》2.166（S445.2）

[29AB]　《合集》14395f（Y1108.2）＝《乙编》4733（S413.3）

[30]　《合集》14328f（Y390.1）＝《乙编》2282（S435.2）

[31]　《合集》14329f（Y390.1）＝《乙编》7061（S345.1）

[32]　《合集》30459（Y175.2）＝《甲编》753（S413.3）

[33]　《合集》33422（Y1148.1）＝《南北》"Ming" 732（S434.1）

[34]　　《合集》6928f (Y390.2) =《丙编》307.5 (S435.2)

[35]　　《合集》13570 (Y765.2) =《前编》4.15.4 (S271.4)

[36]　　《合集》7092 (Y1108.1) =《粹编》1179 (S413.3)

[37A-E]《合集》12870AB (Y65.1, 391.2, 1108.1, 1147.1)

[38]　　《合集》10405B

[39]　　《铁云》172.3

[40]　　《合集》6798

[41]　　《合集》13444

[42]　　《合集》21021

[43A-E]《屯南》1126

[90A-F]《合集》12495

本文所引用甲骨文著录书目及其简称:

刘鹗:《铁云藏龟》,抱残守缺斋石印出版,1903 年。　　《铁云》

罗振玉:《殷虚书契》,《国学丛刊》石印本三期二卷,1911 年。又 1913 年影印本四册。1932 年重印本四册。　　《前编》

罗振玉:《殷虚书契菁华》,1914 年 10 月。又重印本一册。　　《菁》

罗振玉:《殷虚书契后编》,影印本一册,1916 年 3 月。又《艺术丛编》第一集本。又重印本。　　《后编》

商承祚:《殷契佚存》,金陵大学中国文化研究所影印本,1933 年 10 月。　　《佚存》

方法敛、白端华:《库方二氏藏甲骨卜辞》,商务印书馆,1935 年 12 月。　　《库方》

郭沫若:《殷契粹编》,日本东京文求堂石印本,1937 年 5 月。又科学出版社,1965 年 5 月。　　《粹编》

金祖同:《殷契遗珠》,上海中发出版委员会出版,1939 年 5 月。　　《遗珠》

方法敛、白端华:《金璋所藏甲骨卜辞》,美国纽约影印单行本一册,

1939年。《金璋》
董作宾：《殷虚文字甲编》，商务印书馆，1948年4月。《甲编》
董作宾：《殷虚文字乙编》上、中辑，商务印书馆，上辑1948年10月，中辑1949年3月（下辑，台湾中研院史语所出版，1953年12月。又科学出版社，1956年3月）。《乙编》
曾毅公：《甲骨缀合编》，修文堂书店，1950年。《合编》
李旦求：《殷契摭佚续编》，中国科学院，1950年9月。《摭续》
胡厚宣：《战后所见甲骨录》，北京来薰阁书店，1951年11月。《南北》
郭若愚、曾毅公、李学勤：《殷虚文字缀合》，科学出版社，1955年4月。《缀合》
胡厚宣：《甲骨续存》，群联出版社，1955年12月。《续存》
董作宾：《殷虚文字丙编》上辑一，台湾中研院史语所出版，1958年8月。上辑二，1959年10月；中辑一，1962年；中辑二，1965年；下辑一，1967年；下辑二，1972年。《丙编》
李学勤等：《英国所藏甲骨集》，中华书局，1986年。《英藏》
郭沫若主编：《甲骨文合集》，中华书局，1978—1982年。《合集》
中国社会科学院考古研究所编：《小屯南地甲骨》，中华书局，1980—1983年。《屯南》

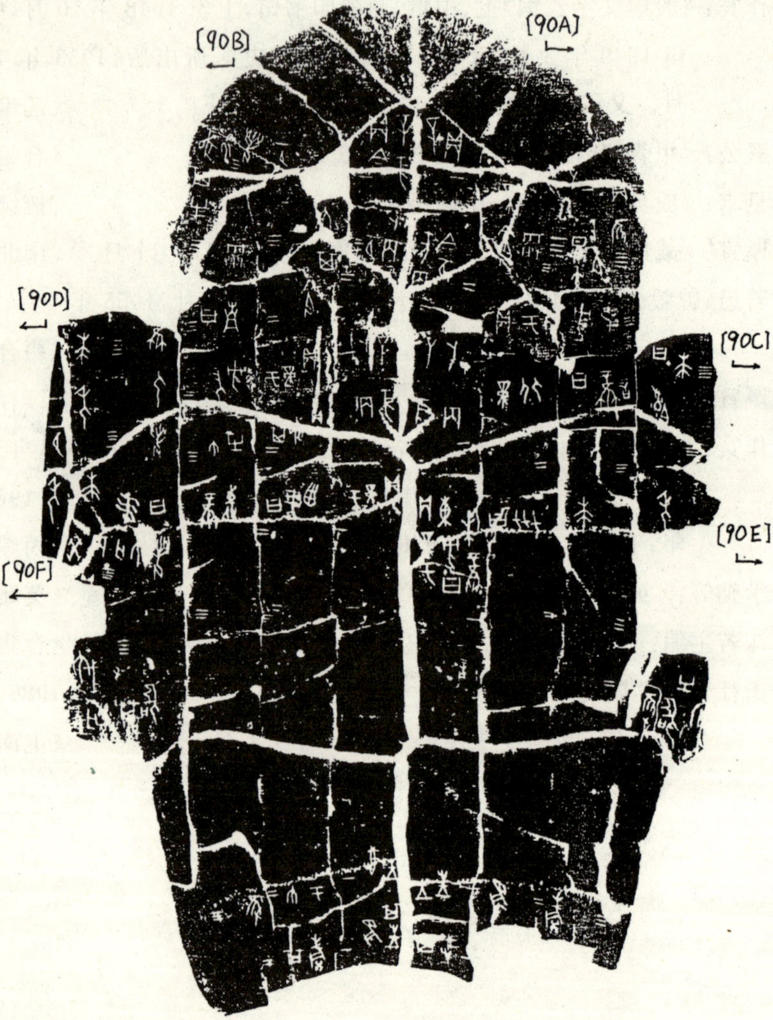

《合集》12495

图 1

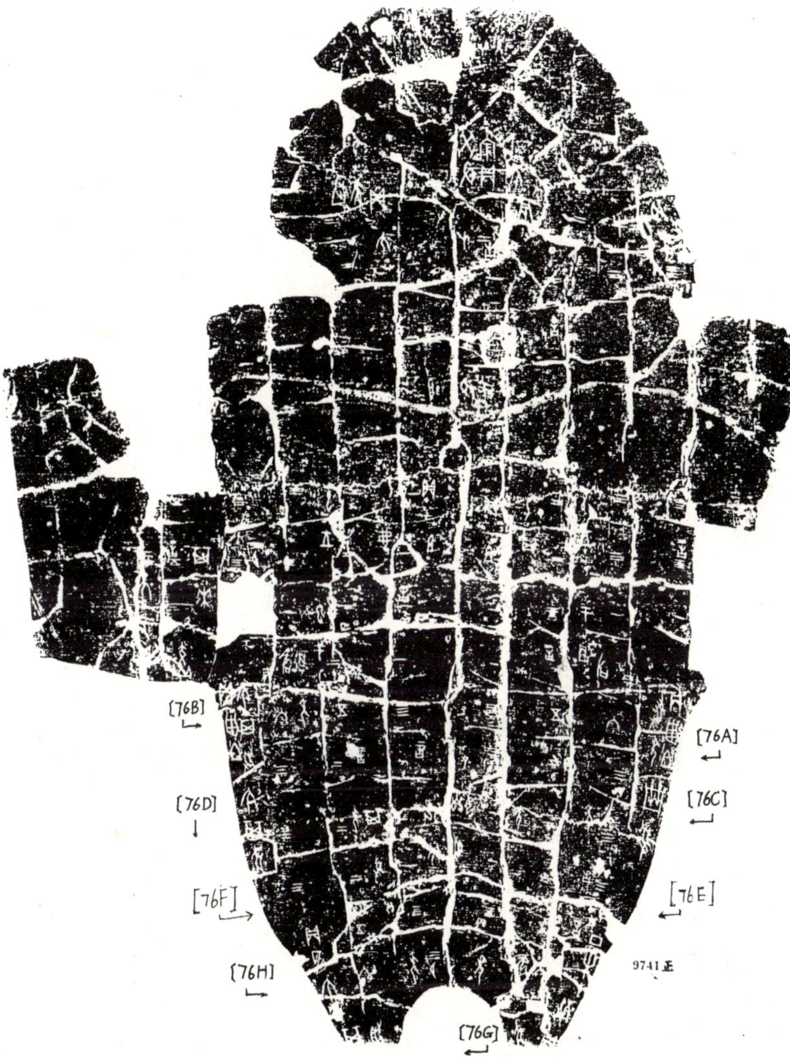

《丙编》332

图 2

注　释:

①本文节选自吉德炜(Keightley)《古代社会研究——晚商的历日、方舆和社会》(加州大学伯克利分校东亚研究所中国研究中心,加州大学出版,2000 年)之第 5、6 章有关地理者。所选内容经由吉德炜先生本人圈定。

②吉德炜 1979—1980:26。关于商代的边疆及其领土的性质,还可以参考吉德炜 1983:527,对比安德森(Anderson)1991:9:"中央与地方的归属关系靠血缘关系来维持……如果拿中央和边疆来衡量那里的众多小国族,则它们的边疆多是不完整的、不清晰的,国家政权会以一种察觉不到的方式在各个小国之间转移。"

③仅凭已知的有关商王朝的材料,还不足以得出这样的结论:在其疆域范围内,统一的政治和法律体系是否能够得到彻底的推行。但是可以肯定的是血缘组织在商王国各种政治组织关系的建立中发挥了重要的作用。商代晚期,血缘关系作为一种构建商王朝和周围国族关系的有效途径,仍然没有被等级政治体制所取代。

④索萨尔(Southall)1956:248,布莱克利(Blakeley)1970:60-61 已经很好地将"非完整政体"的概念运用到东周政体问题的讨论之中了;我相信,这一模式也适用于晚商时代。

⑤吉德炜:1979—1980,1983。有关更详细的讨论将涉及到王族世系、王子、非王族世系和地方官员、酋长和统治者等错综复杂的关系,参看吉德炜 1999b:269—288。关于商王及其所属官员关系的问题,裘锡圭(1983)有一个详细的论述,作为商王的代表并被商王派往各地的官员,将会逐渐转化为独立的一方之主(也可以参考裘锡圭 1986 年的讨论)。

⑥甲文"宗"字在《甲骨文合集》(下称《合集》)33272 (Y463.1)和《战后南北所见甲骨录》(下称《南北》)423 (S172.3)均可见。一般认为是商人某个祖先或自然神的名字(参考《甲骨文字字释综览》4418)。连劭名(1992:62—69)认为可能是其他的被崇拜的自然神,其应当读作"叢",是东周和西汉文献中记载的一种蔬菜之神;蔡哲茂的观点是,应当读作稷,是谷物之神,参看雷焕章(Lefeuvre)1997:47。

⑦译者按,原文此条卜辞的序号为[71C],依照前后次序应改为[71D],在我们的译稿中即[2D]。

⑧中商的农业收成有时也是占卜的主要对象,比如在本文的[25]条。

⑨庞朴和胡厚宣都认为[2A]中的"商"是作为商王朝核心的"中商"或"大邑商",但是我认为这个"商"还包括东土、南土、西土、北土在内,它是加上"中商"共五个部分组成的商王国(可以参看本文注释 44)。一个完全的、有普遍意义的关于农业收成的占卜应当是包括全部国土的,所以[1A]可以理解为"商(也就是整个商王国)将会有好的[收成]",当然其中有许多对次级地区的贞问,但是对这些次级

地区贞问的权利仍然归属商王。相同的情况我们可以在[37A—E]中见到，其所引《合集》14395f (Y463.2)，也就是《乙编》4733 (S172.4)；《合集》12870 (Y452.1)，也就是《后编》1.32.6。

⑩有关姐的卜辞，亦见 Y189.2—191.1；S142.3；比较赤塚忠(Akatsuka)1977：496，一种观点认为姐可能位于商西，在商王朝的统治范围之内(张秉权《殷墟文字丙编》第 122，第 182 页。并引用《乙编》7236[即《合集》900f，即《丙编》381])；郑杰祥以为姐在今河南郾城附近，在安阳以南约 450 公里(1994：236)。

⑪例如参看《甲骨文字字释综览》1589，雷焕章(1997：49)提到的《诗经》中的两篇《小雅·甫田》和《大雅·云汉》(勒格 Legge, tr. 1871：377，532[Mao nos. 211，258])，在那里，可以看出周人同时祭祀"社"神和"方"神。译者按：《大雅·云汉》"祈年孔夙，方社不莫"，郑笺云："我祈丰年甚早，祭四方与社又不晚……"则原文的"方"是四方之神。

⑫有关𠂤，参考《吉著》[10AB]及其指《吉著》第 104 页有关讨论。

⑬将祭品同时献给土神和祖先神的例子不仅在同一版甲骨上出现，就是同一条卜辞里，也会有同样的情况存在，参看《合集》34185 (Y463·2)；类似的卜辞还可能包括方神和山神，参看《吉著》第 5 章注释 47 中[93C]的讨论。主张分等级讨论商人祭祀的岛邦男 1953，伊藤道治(1990：205；1996：1：2)等人认为商人有两个祭祀系统：一个是主外的诸自然神祭祀系统；另一个是主内的祖先神祭祀系统，对祖先神的祭祀分成五个不同的类别。我自己对这个问题的意见是：这种分别祭祀诸神的系统在商代末期确实出现过(但是这个系统很不稳定，因为在五期卜辞中通常是看不到对诸自然神的祭祀)。然而，在武丁时期，对诸自然神和祖先神同时祭祀的情况是常有的，看来，商王朝还是在极力推行一种统一连贯的祭祀系统。

⑭Karlgren (1957，no. 740a-f) 将甲文方解释为方，但持不肯定的态度。《说文》(A. D. 100)"方，并舟也，象两舟省总头形"，则"旁边"、"边"是其基本的含义，可以引申为"一方"、"地区"、"区域"(也就是区域或位于中心区周围的地区)。从政治意义上讲，翻译成"方国"似乎比较合适(我赞同威廉·鲍则岳[William Boltz]总结的解释，参看吉德炜 1979—1980：28；雷焕章 1997：45)。因此，𢀛方(参看[84])这个商西北方最强大的敌人，可以理解为𢀛国，它是位于商王国边界或边疆一带的，其名称包含"𢀛边国"或"𢀛区域"的含义。

⑮一个让人迷惑不解的问题是，《合集》27982[Y90·2] (即《粹编》144、《京津》4380[S32·2])却有"商方"的刻辞(雷焕章 1997：46)，这无疑可以证明商人曾将自己看作一个方国(也许是在此之前的夏王朝周边的一个方国?)。然而卜辞中再没有任何地方将其作为一个非方国后缀使用过，唯独郭沫若在其《殷契粹编》144 中把"方"这个词看成是借用牺牲的动词"祊"。

⑯有关方国及其与商的关系问题可参看陈梦家 1956：249—312；岛邦男 1958：384-424；巴克斯鲍姆(Buchsbaum)1978；姚孝遂、肖丁 1985：91—106；夏含夷

(Shaughnessy)1989:3-13;饶宗颐 1994:15—24。

⑰沚,就是沚馘所在的方国(即沚之馘),它也是商西北的一个方国;土方位于沚之东(郑杰祥 1994:284—286),郑杰祥将古方置于今陕西山西交界的石楼附近。考古工作在石楼及其附近地区发现了许多晚商时期的遗址,据此,巴格利(Bagley)(1999:226)认为:"在如此小的区域内发现如此多的不同文化特征的考古遗址,这不大好解释……很有可能就如林沄[1986:272—273]所指出的,商人的北方地区可能共存着从事不同生业的人们,至少分布有不同的人群或部族。"可以作为旁证的是,在同一片肩胛骨的刻辞中,记录了异族侵犯商王国领土的事实,参看《吉著》第2章注释21。

⑱郑杰祥 (1994a:158—160)认为"方"除了可以表示方向和某方的简称外,它还是"方"族的专称,这个"方"族位于今山东省鱼台县西南(伊藤道治[1996:1:67,76]则将这个殷人的敌人放在了山西省的中南部)。这也许有可能,但是我觉得在没有得到充分证据前,把"方"作为一个方国的专名还为时尚早,也许它正如我在下文讨论的那样,就是一个表示"方国"的很普通的集合名词。在有些情况下(参看下文注释33,35),"方"最没有可能是某个方国的专名。

⑲起初,我对"受㞢又"和"受㞢年"中"㞢"(后期刻辞作"又"吉德炜 1978:216,注释4.3)的理解是:以为它是一个表示归属的代名词,其含义类似"这"或"在这情况下"(吉德炜 1978:78,注释85);这也是倪德卫(Nivison)1977年的观点。现在我更倾向于另外一种观点,即认为㞢是表示"富足"之义或当是一种敬语。参看高嶋谦一(Takashima)1980a:91,94,104;司利义(Serruys)1986:232-237;吉德炜 1991:464-465。

⑳例如 Y304.1-305.2,309.2,11.1 中的"征方"和"方征"所反映的事实。

㉑例如《合集》6668f(Y1205.2),即《后编》4.33.2 (S458.4)与《合集》24149(Y1205.2)的缀合版,也见《南北》"cheng"77 (S458.4)

㉒《合集》8656f(Y1205.2),即《缀合》124 (S458.3)和 Y1207.2—1208.1,S459.1—2上的卜辞都是以方伯的身份占卜的,参看吉德炜 1979—1980:28。

㉓艾兰(Allan)(1991:75)认为"四方"按照惯例可译成"四个方向",是观念中的环绕中心区域的四方土地;她把它看作四个矩形的实体。既然"方"在周代文献中(如《诗经·殷武》)有"四方形"的含义,那么在商代也应当有这一含义;或者也许是在商代宇宙观中天圆地方之"方"早已存在的情况下,到周代引申为"四方形"的意义。

㉔商人也安抚雨神和风神([5],[6B]),这说明正像叶山(Robin Yates,吉德炜与之有私人来往)所指出的,商人有把风和疾病同等对待的现象。

㉕也参考《吉著》第七章注释59所引《合集》13532。伊藤道治(1996:1:69)认为,四方之神的产生过程是,商人把位于其四围之地的诸神先总括起来,然后再将其抽象化,最后按方位分成东、南、西、北四方之神。

㉖12[89A]中省略的“方”，而[12BC]中都出现了“方”，这说明神职人员注意到了“东”和“东方”之间的细微差别，就像“北”和“北土”之间存在着差别一样（前文注释 17）。

㉗参看艾兰(1991:75-79)的讨论，她（于第 84 页）总结说：“然而，‘土’是指位于商之北、南、东和西四周实实在在的土地，是商人获取农业收成的所在，‘方’是十分重要的精神载体，即主管降水和农业的风神的息身之处”（例如《吉著》[93AB]）。雷焕章(1997:45—48)赞同赵诚(1988:3)的部分观点，认为卜辞中的“方”是一种用来翻地的铁锹一类的农具，存在着一种小方国，他们是相当独立的族群，在自己的方国内从事生产劳动；“方”和“土”是不一样的，因为“土”只代表可以出产农作物的土地，但是不包括付诸其上的生产劳动；上述四个小“方”实际上就是四个方向的大范围的四方。

㉘下面是上世纪 40 年代报道的关于撒满教驱魔招魂的祷词：“东方请的东方送，北方请的北方送……”意思就是东方召唤它自己的神，北方召唤它自己的神（陕甘宁边区政府办公厅 1944:38)。

㉙关于“敦”的地理位置，参看《吉著》第三章注释 43。

㉚关于卜辞格式及其语速，已经被睡虎地秦简的记载所证实，“如果离开城墙保护的安全地带，灾祸就会降临”，或者在另一种情况，“会远离灾难”（Harper1997:241 和注释 62)。

㉛我还可以举出一个表示否定含义的有关“入商”卜辞，这种否定的含义通常是由“勿”字来完成的。例如：“癸巳卜巧贞：今来乙巳王勿入于商”[103B&D](《合集》7786[Y777.1])，即《续存》2·36[S279.4]。

㉜“祸”，我通常译为“灾难”，起初它是骨版上的裂纹所代表的不祥之兆。在五期卜辞中，“亡害在祸”和“亡害自祸”这样的固定格式经常出现，其意思是“There will be no harm in (or from) the omen-cracks”，关于这一点，可以参考裘锡圭在 1990:14 中的讨论。

㉝例如《合集》20650 即《前编》8·10·3；《合集》20453 即《佚存》348（均见于 Y778.2，S280.3；也可参考 S279.3)。考古学上对商王朝核心区也给予了讨论，比如张光直(1980:69—73)、卢连成(1993:236)，其中卢连成列举了距商王宗庙和宫殿区所在地——安阳小屯方圆 20—30 平方公里内发掘的商代遗址后，认为居住在这些遗址区的商人是通过血缘纽带组织在一起的。彭邦炯(1990:42)通过对中商和周围臣服于商的地区的生产劳动的研究，得出了与卢连成相似的结论。

㉞吉德炜：1973:531-15。甲骨文字（Y740.1；S265.4)，读作郭或墉，其构形也反映了四方的概念，意即居邑的城墙。有关郑州商朝和盘龙城的情况，可以参考张光直 1980:263—288，297—306；Bagley1999:165—171

㉟屈万里(1959:151—153)在讨论古代地名时曾涉及到“河”，他认为[24]中

的“河东”也许指的是战国时期赵国的“河东”之地，其地位于山东西北、河北西南一带（参考屈万里《殷墟文字甲编考释》1769）。

㊱例如参考沃森（Watson）1971：18-19，图10；吉德炜1998：778-79。

㊲这个方向是我从正式出版的考古报告上有关的线图测量的。既然在已发掘的墓道里没有找到商王的遗骨，那么他们真实的朝向（我这里是指头骨位于躯骨的什么方位）当然不能肯定。每座墓的南边一条墓道总比别的墓道长，这一现象并不能说明商人是以南方为该墓方向，而不是北方。在殷墟西区，不仅是公墓区的普通墓将北方作为死者的头向，而且公墓区大概处于最高位置的那五座单墓道墓，虽然其墓道朝南，但其中的四座也是以北方为头朝向的（另外一座即M93的人骨朝南）。因此，最有可能的情况是，就王陵来说，死去的商王是从朝南的墓道被入葬到墓室的，其头朝北，面朝南，以接受他的哀悼者。这一结论被小屯北地很典型的两座贵族墓M17和M18的情况所证实（中国社会科学院考古研究所安阳工作队1981：492[图1]，493，509[图12]）。

㊳郑德坤（Cheng Te-Kun）1960：70；张光直1980：87，94，95，112，299，311；信阳地区文管会、罗山县文化馆1981。

㊴索普（Thorp）（1988：62）认为这些公墓区的墓葬应当称之为“小型典型墓”而不称“普通墓”，它通常被用在考古报告中。

㊵在殷墟西区，399座墓葬的头向大体上是朝北的（大多数为10°），328座朝南（大多数为190°），104座朝东（大多数为95°、100°），107座朝西（大多数为280°），以上数据是我从中国社会科学院考古研究所安阳工作队获得的（1979：35，121—146）。通过分析，我认为这些比较明显的方向一致性表明商墓、至少是商代公墓肯定有一个统一的、计划好的放置死者的方向。班大为（David Pankenier）（还有人译为班大卫、班大维等，译者）（在1997年8月31日的电子邮件里）指出：“值得注意的是，商代墓葬头向在正南北方向上大约10°的偏离与二里头早期富丽堂皇的宫殿在正西方向上不足10°的偏离是个有意思的对比，我怀疑这种现象只表明古人在大地上有规律地布置物体时所用的技术和方法有所不同而已，同时也是不同文化的反映（也就是‘夏’）”。他还指出黄河中游较低处“古地磁的走向在大约公元前2500年至今曾有过偏移，这就不难解释商代墓葬在东西方向上显著的摆动”（1999年1月29日电子邮件；他引用Wei Q. Y. et al. 1981，1983；以及Y. Z. Cong和Q. Y. Wei1989）；但引入古地心磁场偏移的因素后，无疑就为解释安阳小屯商代墓葬的方向性增加了难度。

㊶以上几段引自吉德炜1985：16—18，后来的材料证实了我初步的判断，例如龙岗寺仰韶文化遗址发掘的423座墓葬，其死者头的朝向都是西北向（陕西省考古研究所1990：59—95，183—215）。有关商代的例子，可以看杨锡璋1989。然而，最近的资料说明墓葬的方向性在不同的地区之间有变化，在公墓区内也有变化，有时会随着墓葬位置而变化；西北新石器时代的墓葬也有类似情况，参考法国科

学研究中心中亚考古所戴寇琳(Debaine-Francfort)1995:197-203。

㊷中国新石器时代考古揭示了许多反映当时宇宙哲学的材料,如陈久金、张敬国 1989,李学勤 1992—1993 以及班大为 1995:139-30,都提到了中国古代司南的雏形,那便是安徽含山凌家滩约公元前 2500 年的墓葬中出土的一个指示方位的装置,它有四个主要方向、每两个主要方向之间又有一个间隔方向,所有表示方向的符号是刻写在一个玉版上的。星野图也在太湖地区新石器遗址中发现过(张明华、王惠菊 1990:903-904)。就像辛夷《说半坡"人面网纹"彩陶盆》(《史学月刊》1987.4:100)描述的半坡期陶盆的口沿上的箭头线一样,星野图也有类似指针的箭头线将其四等分。

㊸新石器时代"东"和"西"的概念可能是先民在观察日出和日落的自然现象中得来的。参考班大为 1995:121,注释 2。

㊹雷焕章 1976—1978:51;吉德炜 1983:533;郑杰祥 1994:19 认为"中商"的具体位置是不确定的,但大体上在安阳地区范围之内。和雷焕章的观点一样,陈梦家也主张"中商"是指商的疆土之中,也就是考古发现的安阳小屯。胡厚宣(1944,1956:75,1986:61)依据甲骨文和传世文献认为商可以看作由五个部分组成,周围有(东、南、西、北)四个部分,中心区域为一个部分,但是我感觉甲骨文中找不到证据证明这一观点(参考本文注释 9)。庞朴(1985:97—98)却认为[2A]中的"商"应当理解为"中商",当有些卜辞中的"商"是包括周围四个部分的"商"时,自然就暗含第五部分——中商,因此,他将"早期四方与中心组成五方的地理结构"与商代五个方向(东、南、西、北、中)的概念联系了起来。艾兰(1991:101)考虑到龟骨及西北岗王陵平面图所揭示的"亞"字形,也提出商为五部的观点。

㊺《合集》20453[Y1123.1]即《佚存》348[S280.3]:"于中商呼[禦?]方"(商承祚在《殷契佚存》348 及岛邦男的摹本都增补了"禦"字),可将这版卜骨与提到"见方"的 Y1206.1—2;S107.1.作个比较分析。

㊻因为占卜者的愿望是希望没有风(如在[26ABC])、而不是希望有太阳出来,因此,我觉得日晷说可以排除在外。雷焕章认为"立中"是占卜平息大风的一种礼仪,他搜集了卜辞中有关这一礼仪的资料(1976—1978:60—62),指出西周时期有一个表示政治身份等级的术语与其相似,例如《蔡簋》"立中廷"(白川静[Shirakawa]1962—1984:23:101,注释 124);《伊簋》"如右伊立中廷北向"(白川静1962—1984:28:520,注释 169),比较夏含夷翻译的《此鼎》"立中廷"。

㊼就在这版牛肩胛骨上,还有另外两条有关"亡风"的卜辞,我如上的罗列[26ABC]可能会出现一些问题,但是依天干、地支所表示的时日看,是没有问题的。

㊽有关各种国家政体中"中心"位置的重要意义可以参考普赖斯(Price)1995:94-95。有一种世界观认为,世界上任何一件东西如果给它以适当的位置,它都会实现自己的价值,即使是祭品也不例外。参考卡拉斯科(Carrasco)1989:49 以及班

大为 1995:145,注释 44 有关的学术讨论。

㊾在两种情况下,四方是按顺时针排列的(或者如胡厚宣所言 1986,是按太阳所到各方的先后次序排列的),即东、南、西、北(《吉著》[91A—D];《合集》36975[Y534.2]即《粹编》907[S195.3]);有时[12A－C],是按逆时针方向排列为东、北、西,但偶尔我们会发现既不是顺时针也不是逆时针,而是遵循轴向的,如从北到南、从东到西,就像《吉著》[90C－F]反映的情况一样。另外还有(1)东－北(2)西－东－北 (《合集》28789[Y66.2]即《粹编》957＋980[S433.4]即《甲骨缀合编》176[S23.4])这样的次序。我觉得以上各种情况是普遍存在的,但决不是说商人在观察兆纹、记录卜辞时所依赖的空间方位模式仅此而已,可能还有变化。

㊿杨锡璋举出下列证据:(1)卜辞中有很多的"东北"、"西南"表示方位的词(也许这是读卜辞的人所在的方位);(2)无论是安阳小屯、郑州商朝还是盘龙城,其宗庙建筑都位于整个遗址的东北部;(3)在小屯,很早就建立的甲组 15 座宗庙建筑,也位于东北部;(4)西北岗最早的大墓 M1001 的走向是朝东北的;(5)殷墟所有商墓的方向绝大多数是朝东、朝西或在二者之间,而朝西和朝南的非常少见;(6)32 座有墓道的大墓中有 30 座的方向为北偏东,这和辉县琉璃阁两个墓道的大墓的方向一致;(7)大墓一般朝东、东北东方向,或者位于陪葬车马坑的东北方;(8)小屯宫殿乙组 7 的建筑基址位于祭祀坑的北偏东方向。张秉权认为,甲骨文中有一个读作宧的字,根据《说文》,它的意思是表示房子的东北角,商人有在宧这个地方——房子的东北角举行祭祀仪式的习惯。这个观点就像他本人所说的一样,是个探索性意见。

(51)有关"单"(Y1172.1—2S 来 45.2—3)的性质问题,可参考俞伟超 1988:21—42;朱凤翰 1990:41;连劭名 1995:39。

(52)甲骨 (Y13.1;S6.1;是个侧身人形的简化?)或隶定为𡰥,许多学者读为"屎",如《甲骨文字字释综览》1011。俞伟超(1988:11—17)等。其实读𡰥可信,于"徙"相通,意义即"徙田",一种间歇耕作或轮作的耕田系统。

(53)(1)《合集》22072(Y67.1)即《乙编》766(S24.1);(2)《合集》38231(Y67.1)即《前编》4.21.7(S24.1,271.4);(3)《续存》2.233(S24.1),也见《合集》19534(Y66.2);(4)《合集》36482(Y757.1)即《前编》4.18.1(S271.4);(5)《合集》102(Y479.1)即《前编》7.32.4(S435.4)。

(54)关于"南门"可参考《吉著》第 5 章的注释 57,也见于《合集》32.36(Y792.1)即《南北》"Ming"730(S285.3),其余几个均见于 Y757.2(S271.4)和 Y792.1(S285.3)。有关甲骨文"寢"字,可参考本文注释 62。

(55)据饶宗颐(1995a:26)推测,甲骨文中曾出现过两次的"南门"可能是《夏小正》所述历法中一个星座的名字(也可参考李约瑟[Needham]1959:425;孙小淳和吉斯特梅克[Kistemaker]1997:72,154)。然而他所引用的卜辞(《合集》34071

[Y1107.2]即《佚存》468[S413.1]和《屯南》3187[Y1107.2])所提供的信息实在太简单,所以以上推测显得证据不足。

㊻有关“断头”的牺牲,可参看《吉著》第3章的注释33。

㊼关于“禘”的祭祀礼仪问题,可参考《吉著》第5章的注释43。

㊽《合集》14395f(Y1108.8)即《乙编》4733(S349.2)。《合集》721f(Y390.1)即《丙编》pl.44 即 47.27—28(S413.3)等卜辞中都有一些关于向西南方向提供“断头”牺牲(?)的材料。至于为什么将卜辞中的“西南”理解为西南方而不是西方和南方,可以参考杨锡璋 1989:305,亦见本文注释62所引《合集》20652。

㊾《合集》33241(y66.2)即《甲骨缀合编》106(S24.1);《怀特氏等收藏甲骨文集》1379(Y140.1);《合集》28190 (Y140.1)即《粹编》1252 (S51.1)。

㊿在周代,国王出行的方向(东、南、西、北)和日期(用天干字甲、乙、丙等来命名的)仍然是占卜者很关心的事,这可以从《墨子·贵义》的记载得到证明:“子墨子北之齐,遇日者,日者曰:‘帝以今日杀黑龙于北方,而先生之色黑,不可以北。’”(孙诒让 1986:410;Yi—pao Mei, tr. 1929: 228, tr. adj.)。亦见注释30。

(61)郑杰祥(1994:171—173)认为在有些情况下,“东”不是表示东方,而是一个对商人来说特别重要的地名,在今濮阳附近。这个可能性不能排除,因为我也注意到,在卜辞中,大约有三次提到“东”的时候,并不是指东方,而是指“南”方(Y1109.2—10.2)、“西”方(Y392.1—93.1)、或者“北”方(Y66.2—67.1);这个差异性的确说明将上述卜辞中的“东”理解为一个地名是有可能的,除非商人对东方有个特别的偏爱,对它的占卜次数是对别的方向(南、西、北)占卜次数的三倍。

(62)一些学者(《甲骨文字字释综览》0908 讲述最全面)将甲骨文(即“寝”字;Y757.2;S271.4)当作寝室一类的地方。赤塚忠(1977:390)把它当作奉侍神灵的厅堂。另外,有好多甲骨文提到商王“比”某个方位,如“王□比西眔南比□北眔东不受年”(《合集》20652[Y390.2]即《外编》[S23.2];《合集》和《外编》的拓本不一致,我觉得这条卜辞不好解释)。不管“寝”是指某个方位可见的建筑物还是商王在都畿内举行宗教仪式的一种“比”或依次摆放祖先牌位的行为,或者是类似后来明堂性质的建筑,总之,上述涉及方位的甲骨文反映了商人对空间方向的敬重。

(63)也见《合集》1075f(Y1147.1)即《前编》7.40.2 (S433.4)以及 Y390.2—391.2,S435.2—4 中的相关刻辞。

(64)也见《合集》7093 即《铁云藏龟》178.1;《合集》24147 即《铁云藏龟》115.3;和《屯南》2446(Y1108.1—2、S413.3)。

(65)我认为“其自西来雨”(37[125B])的含义是“也许会有雨来自西边”,但是可能还有别的理解,如“也许(某位神)从西边带来雨。”(比较我对“亡来嬉”的理解,“将没有[某人]带来坏消息,”参考《吉著》[28]和本文注释21)。

(66)我们可以对这条卜辞作一个气象学的验证,安阳小屯的下午,太阳是位于其南的，雨后彩虹将位于北方，而在东边的确能看到弯曲彩虹的一端指向大地，那里正好是黄河的下游的一段（见《吉著》第 7 章注释 29）。

㊼有关[42]的摹本，可参考董作宾 1945:II:9:44a—b；比较董作宾 1948:186。有关读作雷的问题，可参考高嶋谦一（Takashima）1990:79—80，注释 20；也可参考吉德炜 1991:493。甲骨文（与 Y217.1；S106.3 有所不同）出现在勿/毋之后，可能是个加强语气的助词，参考高嶋谦一 1973:389—392，1990:44，81，注释 29；吉德炜 1991:470—472。

㊽涉及各种天气现象（如云、雨、雹、雷电、彩虹和风）的别的卜辞，可以参考陈梦家 1956:240—248；温少峰、袁庭栋 1983:122—156。20 世纪中叶搜集的农谚在一定程度上反映了商代占卜气象活动的发展程度，其中一些农谚经过检验是很有价值的。例如，一条农谚（是河北井陉地区的，在安阳之北约 225 公里）就把彩虹、雨和云联系到了一起："云彩吃虹，下得没限量；虹吃了云，下得没成色。"（可参考[38]理解此农谚），又一条农谚（是临汾地区的，西距安阳约 245 公里）还交待了彩虹的方位（就像[38]一样）："东虹蘿蔔，西虹彩（疑为菜——译者按）"，我认为，它暗指人们希望雨量的多少变化。另外一条农谚（井陉地区）还交待了彩虹在一天之中出现的时间（就如[38]一样）："早虹雨滴滴，晚虹晒破脸"，朱炳海 1952:42，43 中记载了更多另外的农谚；吉德炜 1989:199，注释 8 也提到了农谚。

㊾根据刘迎（刘歆？）（d. A. D）对《周礼》中"卜师"的注释（引自 Biot，tr.，1851:2:75，注释 5），自龟的腹甲中脊线将其分为左右两半，分别代表阴、阳两面；腹甲上的五个自然分区（甲首、甲桥二、甲尾二之所在，译者按）将黄道带内的十二个位置分作五部分，代表五个星相相位和五大行星。有关春秋时期占卜的过程，见 Yagimoto1966:32—33。Bogoras 描述了西伯利亚的楚克其族人（Chukchee）如何把卜骨作为一种世界地图来释读："[肩胛骨]中部隆起的脊叫作山脉，通常让它来代表陆地……其余部分代表海洋……任何来自海洋的东西都被认为是好的……而来自山脉上的事物要么是和蔼、友善的、要么是邪恶的"；亦见安德蕾（Andrée）1906:153。

㊿《吉著》第五章[90C－F]。

(71)肩胛骨（肩板）：《合集》7084（《吉著》[75]），9734，28190，30173，《屯南》1126，2170，《英藏》1288；腹甲：《合集》7308，14295（?），30188（?），《屯南》423。其余的碎片实在太小，我没有办法辨认是肩板还是腹甲。

(72)其主题可能是向同版另外一条卜辞（"丁丑贞：以伐？"）所提供牺牲的安排布置情况。

(73)关于[43A－F]中四方的排列次序，我在作抄本的时候依照了《小屯南地甲骨释文》所给出的顺序，那是姚孝遂和肖丁在 1988 年作的释文，如果按照习惯自下而上（虽然没有固定的读卜辞的方向，见吉德炜 1978:40）读，而不是按刻写的顺序从上到下读，那么四方的顺序就是东、北、西、南。另外，又如在《屯南》2170 这版牛肩胛骨刻辞中，在贞问完到东方田猎后再贞问到北方田猎，是先东后北的次序，但是就是在这片卜骨上，也没有体现出各条贞问卜辞与骨面方位之间的合理联系。

⑭已有迹象表明，商人占卜所用的龟甲类似于后来的占验用具——式盘。假设将式盘所用的像六角形的术数符号置于龟甲相应的方位，例如，如果商人刻写在骨面西南部的符号代表“坤”的话，则正好和《周易》对“坤”的注解“利西南得朋”是相对应的。这是有可能的，例如参考肖楠 1989 提到有关连劭名 1988:43—44；冯时 1989 等对这一问题的讨论。但我认为这种解释不够合理(吉德炜 1991:379—389[1998 年修订])。进一步思考，鉴于小屯出土的龟甲上几乎再找不到式盘所用的那种术数符号，所以这只是一个孤证或巧合就很难说(有关资料可见张亚初、刘雨 1981；饶宗颐 1983)。最后，有理由认为那些龟甲虽然发现于小屯，但它们有可能是先周的贞人占卜的，(见李学勤 1992:148—151)。由于某种原因，在这里我不深究这一问题了。

利玛窦等入华耶稣会士对“地球”等地理术语的厘定

冯天瑜

信奉普世主义的基督教曾数度入华，其第一次（发生于唐代）、第二次（发生于元代）的影响力有限；而展开于明末清初的基督教第三次入华，则有力地推助了西学东渐与中学西传，仅就西方近代早期地理术语渗入汉字文化圈而论，即可谓遗泽广远。

一

基督教的第三次入华，始于16世纪末叶，迄于18世纪中叶。近两百年间，欧洲10余国700余名传教士入华，包括国际性教团方济各会（意大利人方济各于1209年建立）、多明我会（西班牙人多明我于1215年建立）及耶稣会的成员，其中后起的耶稣会是入华主力。耶稣会是罗马公教（天主教）的重要修会，1534年，西班牙贵族、前军官罗耀拉（Ignatius Loyola，1491—1556）受《圣经》“你们往普天下去，传福音给万民听”[①]的启示，与沙勿略（Francisco de Xavier，1506—1552）等7人创会于巴黎，又到罗马觐见教皇，立誓“以护教为心，崇敬为念，苟奉谕旨，地不分遐迩，人不论文蛮，万里长征片时无缓，此心此志，睿鉴及之。”该会以维护教皇及经院哲学权威为职志，自命“天主教会复兴者”，通过布道、办学、担任王侯“神师”等方法渗入各国社会及宫廷。该会仿效军队体制，号称“耶稣连队”，组织严密，提倡道德自律，又广兴学校，让会士入学，苦修神学、科学、哲学及文学艺术，通晓古代及近代知识。入华耶稣会士多具有较前沿的地理学素养，这是时代条件所赐。耶稣会率先进入中国大陆的，是博学而执着的意大利人罗明坚与利玛窦。

罗明坚（Ruggieri，Michel 1543—1607），意大利斯品纳佐拉人，1572年加入耶稣会，1578年赴印度果阿传教。**利玛窦**（Ricci，Matthieu 1552—1610），意大利马切那塔人，贵族家庭出身，1571年加入耶稣会，在罗马学院就读期间，得著名数学家克拉维乌斯指教，广泛涉猎数学、地理等学科，1577年参加耶稣会派往印度果阿的传教团，于葡萄牙候船期间，在耶稣会训练赴东方传教团的学术中心科因布拉大学学习。后来利玛窦等耶稣会士携入中国的一些地理书和地图，多获自该大学。而科因布拉大学的地理学水平，反映了近代早期欧洲地理学成就，因为葡萄牙是当时欧洲的海上强国、历次世界性远航的资助者和出发基地，乃近代地理学之渊薮。

罗明坚与利玛窦受耶稣会东印度巡察使范礼安派遣，于1579年、1582年先后从果阿出发，来到澳门，学习汉语和中国文化。1582年，罗明坚首次进入广东肇庆；1583年（明万历十一年）秋，罗明坚携利玛窦自澳门抵达两广总督驻地肇庆。罗明坚1588年离华，利玛窦则终其后半生于中国，先后在韶州、南昌、南京、杭州、山东等地传教，1597年担任刚成立的中国耶稣会独立教省区第一任会长，1601年（万历二十八年）偕庞迪我“儒服入京”，获万历帝批准，居留北京，直至1610年去世。他是第一个在中国立足、居留达20余年，并产生重大影响的耶稣会士。

利玛窦等耶稣会士来华，是在南欧人完成世界性远航之后，其时欧洲的地理学获得长足进展，荷兰地理学家麦卡托（1512—1594）与奥代理（1527—1594）多次用投影法绘制标示经纬线的世界地图。利玛窦掌握了这种地理学前沿知识，他编绘的《坤舆万国全图》大体反映了欧洲16世纪地理学及地图学水平。通过《全图》，利氏向中国人介绍了以下观念：五大洲组成世界、世界呈球形、世界划分为五个气候带，并创译一批地理学术语。继利玛窦之后的入华耶稣会士，如艾儒略、南怀仁、蒋友仁等，也在厘定汉字地理术语方面作出贡献。

利玛窦等入华耶稣会士用汉字厘定的地理术语，简列如次。

利玛窦《坤舆万国全图》(1602)：

天球　地球　半球

赤道　昼夜平圈　昼夜平线　中线

北极　北极圈　地北极界

南极　南极圈　地南极界

北道　昼长圈　昼长线(北回归线)

南道　昼短圈　昼短线(南回归线)

地平　地平线　子午线　子午环

五带　正带(温带)

经线　纬线　经纬线

纬度　横度(经度)　直度(纬度)

五大洲　海滨　海岛　峡

地中海　(西)红海　(小)西洋　大西洋

艾儒略(1582—1649)《职方外纪》(1623)：

地球　赤道　昼夜平线

北极　南极

夏至规　夏至线·昼长线　北道　夏至线(北回归线)

冬至规　冬至线·昼短线　南道　冬至线(南回归线)

北极规(北极圈)

南极规　南极界线(南极圈)

经度　纬度　子午规

五带　热带　温带　冷带(寒带)　五大洲

地中海　太平海　太平大海

大西洋　大狼山　喜望峰

暗礁　岛　诸岛　海岛

航海　峡　海峡　水山

海面　大洋

气候　天气　地震　温泉

火山　喷火　金矿　牧场　平地

平原　山谷　山冈　方向

南怀仁(1623—1688)《坤舆图说》(1674)：

赤道　昼夜平圈　昼夜平线　中线

南极　南极圈　北极　北极圈

北道　昼长圈·昼长线(北回归线)

南道　昼短圈·昼短线(南回归线)

经线　纬线　经纬线　经度　经纬度

五带　正带(温带)

大狼山　大西洋　地中海　五大州

地球　半球　地平　地平线

时差　吸铁石之力

地震　喷火之山

航海　海岛　岛

潮汐　潮水　潮长　潮退　海潮

海滨　海底　海面　大洋

海峡

大洲　州　地中海　诸岛

气候　天气　方向

牧场　温泉　火山　喷火

平地　山冈　山谷

太平大海　太平海　大西洋

蒋友仁(1715—1774)《地球图说》：

半球　经纬度　南北两极　赤道　北极　南极

赤道圈/昼夜平规　夏至圈/昼长规　冬至圈/昼短规

经纬线　经线　经度　纬线　纬度　子午线/子午圈

初经度(本初子午线)

时差　昼夜长短

地平　地平线/地平圈

四大州　东半球　西半球

红海　地中海　黑海　大西洋

航海　峡　平地　天气　气候　喷火

望远镜　远镜[②]

在这些地理术语中，最重要的关键词是利玛窦《坤舆万国全图》厘定的“地球”。

二

利玛窦入华之始，即绘制世界地图以吸引中国官民。利玛窦自撰，后由法国入华耶稣会士金尼阁整理出版的《利玛窦中国札记》记述了利氏在广东肇庆时向士民介绍世界地理知识以及中国人反应的情形：

> 在教堂接待室的墙上，挂着一幅用欧洲文字标注的世界全图。有学识的中国人啧啧称羡它；当他们得知它是整个世界的全图和说明时，他们很愿意看到一幅用中文标注的同样的图。……他们跟外国实际上没有任何接触，结果他们对整个世界是什么样子一无所知。他们确乎也有与这幅相类似的地图，据说是表示整个世界，但他们的世界仅限于他们的十五个省，在它四周所绘出的海中，他们放置上几座小岛，取的是他们所曾听说的各个国家的名字。……
>
> ……他们认为天是圆的，但地是平而方的，他们深信他们的国家就在它的中央。……他们不能理解那种证实大地是球形，由陆地和海洋所构成的说法，而且球体的本性就是无头无尾的。[③]

鉴于中国受众的上述状况，利玛窦在其绘制的世界地图及其说明文字中引入了“**地球**”这一核心术语，着力论述“**地圆说**”，以纠正中国流行的“**地方说**”。“地方说”的较早表述，见于先秦典籍《周礼》：“以玉作六器，以礼天地四方”。[④] 长期以来，中国流行着“天圆地平”的观念，也即利玛窦所记述的：“他们认为天是圆的，但地是平而方的，他们深信他们的国家就在它的中央。”

“地方”之说，并非中国独有，古巴比伦人、古埃及人相信天地如箱子，大地如同方形箱底。公元前 6 世纪的希腊哲人克昔满尼思提出“地形如桌子”的“地方”观念；稍后的派忒格拉斯（前 572—？）则以为地是圆形的。而古希腊最博学的人物亚里士多德（前 384—前 322）根据观察月食时发现地球投影和地面位置移动引起恒星位置的变化，断定大地是球形的。后来，希腊天文学家、地理学家托勒密（约 90—168）的《地球学指南》充分论证了“地圆说”，此说成为欧洲地理观念的主流。至 15 世纪，意大利地理学家托斯卡内利进一步论证地是圆形的，提出“地球说”。哥伦布是托氏“地球说”的信奉者，曾多次致信托氏求教，托氏寄给哥伦布有经纬网的球形世界地图，鼓励哥伦布向西航行定可到达东方。哥伦布就是以托斯卡内利的“地球说”为指导，认定大地是圆球形，径往西航，必然可以抵达印度与东方——马可·波罗在《东方见闻录》里描述的富庶无比的契丹（中国）与日本。15 世纪末 16 世纪初南欧航海家——哥伦布、达·迦马、麦哲伦以及耶稣会士们都是在亚里士多德—托勒密—托斯卡内利的“大地球形说”诱导下进行远航的，利玛窦也是此说的信奉者和传播者。利氏来到中国后，用汉字厘定“地球”这一术语，介绍“地圆说”。利玛窦记述入华初期在广东肇庆的情形，“长官跟利玛窦神父商量，表示要请他在译员的帮助下，把他的地图写为中文，并向他保证这件工作会使他得到很大的声望和大家的赞许。”[⑤]

利玛窦在渡海来华途中，曾一路测量经纬度，入华后，又实测北京、南京、大同、广州、杭州、西安、太原、济南诸城的经纬度，为中国制图学提供了全新方法。在制作世界地图时，则运用比利时地图学派圆锥投影方法，以赤道为中心，平分并标示南北两半球，标示南北回归线、南北二极圈线，划分热带、南北温带、南北寒带。其绘制的世界地图，后屡经修改，先后以下列名目刻印：《山海舆地图》(1584 年王泮刻版于肇庆)、《世界图志》(1595 年利氏于南昌绘赠建安王)、《山海舆地图》(赵可怀 1595、1598 年两次按王泮刻本勒石于苏州)、《世界图记》(1596 年刻版于南昌)等。万历二十九年(1601)利氏入京，进呈万历帝木板手绘地图《万国图志》，次年由李之藻印制，名《坤舆万国全图》，1602、1606、1608 年又有人多次复刻李之藻版。利玛窦为此图写了总论及各部分说明文字，共 850 个地名，附 95 条注释，反映了南欧人完成世界性远航后形成的较先进的世界观念和地理知识水平，其间厘定一批地理学术语，如“地球、南北二极、北极圈、南极圈、(气候)五带、五大洲、欧逻巴、利未亚(即非洲)、亚细亚、南北亚墨利加(即南北美洲)、墨瓦蜡泥加(南极洲)、大西洋、地中海、红海、古巴、加拿大”等等。利玛窦把太平洋译作“宁海”。此洋得名于麦哲伦(1480—1521)环球航行时从大西洋绕南美火地岛进入新的洋面，其时风平浪静，故名 Pacific Ocean，意谓平静的海。利氏译作“宁海”，比较准确，与今译“太平洋”含义接近。另一耶稣会士艾儒略在《职方外纪》中译作“太平海”，清人徐继畬的《瀛环志略》亦用“太平海”；新教传教士裨治文的《联邦志略》(咸丰十一年，1861 年)首次译作“太平洋”。

利玛窦在《坤舆万国全图》的说明文字中，对“地球”这一关键词作了专门诠释，并对“地方”说作了温和的批评和明确的纠正：

> 地与海本是圆形，而合为一球，居天球之中，诚如鸡子，黄在青内。有谓地为方者，乃语其定而不移之性，非语其形体也。天既包地，则彼此相应，故天有南北二极，地亦有之。[6]

利氏 1607 年所著《乾坤体义》一书，叙述“亚里士多德—托勒密”体系，“言地与海合为一球，居天球之中。”[7]

天启二年(1623)，李之藻为艾儒略(1582—1649)的《职方外纪》作序，追忆李初遇利玛窦时，利对李说，地为圆形，有两极之分；太阳远较地球为大；“地以小圆处大圆之中，度数相应，俱作三百六十度。”而艾儒略的《职方外纪》则进一步申述“地球说”，纠正“中国为天下之中”的观念：“地既圆形，则无处非中。所谓东西南北之分，不过就人所居立名，初无定准。”[8]后来的南怀仁所著《坤舆图说》则指出地圆说是“大地之真理”，“地与海本是圆形而合为一球，居天球之中，诚如鸡子黄在青内。”利氏、艾氏、南氏的“地球说”，是对中国传统的“天圆地方说”的纠正。

中国早在战国时期有“浑天说”，认为天是球体，地也是球体。《周髀算经》“昼夜易处”之论，《晋书·天文志》所载《浑天仪注》“天如鸡子，地如鸡中黄”之喻，宋人张载《正蒙·参两篇》称地为“圆转之物”，都是精彩的“地圆说”见解。然而，此说在中国鲜有流传，对庶众和士人影响深广的是“天圆地方”、“规天矩地”（规为圆，矩为方）的“盖天说”，其典型表述如《淮南子·天文训》：“天圆地方，道在中央。”《晋书·天文志上》：“天员如张盖，地方如棋局。”这种“天圆地方”观念秦汉以后被政治化、伦理化，所谓“五服”“九服”之说、“井田”之制都是方形的，京师祭天的天坛设计是天圆地方，货币是外圆内方，道德上品是外圆内方等等。此类政治、伦理的论说，也大大强化了“天圆地方说”的影响力。当然，由于“天圆地方说”不符实际，古人也不免产生怀疑。《大戴礼》记有一段故事，说曾子在回答单居离关于是否有“天圆地方”之说时，反问道：如果天是圆的，地是方的，不是有四个角露出来遮掩不住吗？这种睿智的想法，是从日常经验出发提出的猜测性质疑，不足以动摇颇具权威性的“天圆地方”陈说。而利玛窦等以“地球”这一术语为核心构筑的“地圆说”，则是经过实测论证的，尤其是被麦哲伦环球航行等远航实践所雄辩地证明了的。

利玛窦在《坤舆万国全图》的说明文字中，以自己从大西洋航海，绕非洲南端入印度洋的观察，证实地为圆形，南半球与北半球相对应：

> 予自大西浮海入中国，至昼夜平线已见南北二极皆在平地，略无高地。道转而南，过大浪山，已见南极出地三十六度，则大浪山

与中国上下相为对待矣。而吾彼时只仰天在上,未视之在下也。故谓地形圆而周围皆生齿者,信然矣。[9]

利氏又从"地为圆形"这一基本理念出发,论述地球的气候"五带",引出"北极圈"、"南极圈"、"赤道"、"经线"、"纬线"等一系列地理学关键术语,并通过观测,推算地球与土星、木星、火星、日轮(太阳)、月轮(月亮)的体积之比,虽然不够准确,但毕竟是把地球与诸星球作并列比较。[10]

有趣的是,利氏还突发奇想,假设从别的星体观察地球,对地球上的人们争权夺利油然而生嘲讽之情:

使有人在第四重天已上视地,必不能见,则地之微比天不啻如点焉耳,而我辈乃于一微点中分采域为公侯、为帝王,于是篡夺称大业,窃脱隔邻疆碑而侵他畴,日夜营求,广辟□地,殖已封境,于是竭心剧神,立功传名,肆彼无限之贪欲,殆哉殆哉![11]

这一议论显然是从宗教家的超越意识发出的,而其将地球视作宇宙中一尘埃的观念,颇具科学宇宙观意味。

三

利玛窦用汉文著译西书,厘定"地球"等新术语,除得益于他本人入华以来孜孜不倦研习汉字、汉文外,更仰赖中国士子的协作和帮助。法国汉学家谢和耐洞察到中国士人在明清之际中西文化交往中的重要性,他指出:

"传入"一词并不能很好地反映现实:如果欧洲科学从16世纪末起就传入了中国,那主要并不归功于传教士们的积极性,而是由于中国人自己的要求。中国人自动地对西学表现了好奇和兴趣,他们是需求者并卓有成效地协助改写与翻译在罗马和科英布拉耶稣会士学院中行用的教科书这项事业。[12]

梁启超《中国近三百年学术史》罗列的明末"治利、徐派之学"的士人有:徐光启、李之藻、杨廷筠、冯应京、李天经、王徵、韩霖、段衮、周子愚、瞿式耜、周炳谟、王家植、曹于汴、郑以伟、熊明遇、陈亮渠、许胥臣、熊士旗等,他们都不同程度地参与同利玛窦等耶稣会士合译西书、厘定术语的工作,其中最得力的是徐光启(1562—1633)与李之藻(1569—1730)。

徐光启、李之藻皆为明末重臣,又是第一流学者,不仅博通经史,而且于天文、历算、农学、地理等实际学问多有创识。二人皆由自然理性进入宗教信仰,悉心研习并译介西学,是他们富于特色的学术实践。徐光启论及取法西学的步骤时说:

欲求超胜,必须会通;会通之前,先须翻译。⑬

将"翻译"列为"以会通求超胜"的第一步。李之藻则倡言"借异己以激发本来之真性,始虽若戾,终则相生。"认为来自西方的异文化是推进民族文化的强劲助力,他还指出,耶稣会士携来的"遐方文献",特别是其中"有资实学,有裨世用"的科技知识,更应为我所用。李氏指出:

何嫌并蓄兼收,以昭九译同文之盛?⑭

把翻译西书看作文明昌盛的一大法门。这都是视野宏阔的卓异思想。

因徐、李等明末士人尚不通西文,需要借助耶稣会士的西文和西学知识;而耶稣会士又于汉文不甚精熟,作文难以雅驯,二者正好互相取长补短,共赴翻译大业。正如徐光启在论及《崇祯历书》编译工作的奏折中所说:

臣等藉(西洋)诸臣之理与数,(西洋)诸臣又藉臣等之言与笔,功力相倚,不可相无。⑮

如果说,利玛窦在数学领域的主要合译者是徐光启,那么在地理学领域的主要合译者便是李之藻。李氏曾刻印利玛窦的世界地图,命名《坤舆万国全图》,又与利氏合译说明文字,在以汉字表述西方地理概念方面多有贡献。

对于利玛窦厘定的"地球"这一术语,以及由这一术语展开的"地圆说",李之藻充分意识到其重要性,他在《请译西洋历法等书疏》中,列举西洋学术可采处十四条,其第一条便是"地圆说":

其言天文历数，有我中国昔贤谈所未及者凡十四事。一曰天包地外，地在天中，其体皆圆，皆以三百六十度算之。[16]

这里李氏把“地圆说”视作“中国昔贤谈所未及者”之一事，不甚确切，因为中国古来已有“地圆说”。李氏在为《坤舆万国全图》作序时有较完备的论说：“所言地是圆形，盖蔡邕释《周髀》已有天、地各中高外下之说；《浑天仪注》亦言地如鸡子中黄孤居天内；其言各处昼夜长短不同，则元人测景二十七所亦已明载。”[17] 指出“地圆”之论，中国古已有之。李之藻进而阐明，利氏之说不同于古人的猜测之议，而是经过实地观察得出的结论：

西泰子泛海，躬经赤道之下，平望南北二级，又南至大浪山，而见南极之高出地至三十六度。古人测景曾有如是之远者乎？……又其国多好远游，而曾习于象纬之学，梯山航海，到处求测……所携彼国图籍，玩之最为精备，未亦奚得无圣作明述焉者？[18]

肯定利氏的“地球”说得到科学的实证。而以实证代替猜想，正是近代学术区别于中古学术的一大标志。李之藻的评论抓住了要领。

此外，利玛窦授、李之藻译述的《圜容较义》主旨论圆，认为圆形是诸形中面积最大者，宇宙万物多呈圆形。这又为“地圆说”提供了数理根据。李之藻便以“圜(即圆)形论”从理论上批驳“天圆地方”之说：

万物之赋形天地也，其成大成小，亦莫不铸形于圜，即细物可推大物，即物物可推不物之物，天圜地圜，自然必然，何复疑乎！[19]

四

利玛窦、李之藻在明末合作创译汉字术语“地球”，从实测和理论两层面阐述“地圆说”，在中国士林造成一定影响，如清人姚莹(1785—1853)说“西人地体浑圆之说，自幼闻之以为信”[20]，梁廷枏(1796—1861)说“地形如球，其说著之于史册久矣”。[21] 但“天圆地方说”在清代仍占优势，康熙年间，杨光先(1595—1669)曾著文讥讽“地圆说”，认为

"所以球上国土之人脚心与球下国土之人脚心相对,……有识者理推之,不觉喷饭满案矣。"[22] 19世纪70年代,李圭在《环游地球新录》中指出:"地形如球,环日而行,……我中华明此理者固不乏人,而不信是说者十常八九。"直至清末,中国人相信"地方"者仍超过相信"地圆"者,地理学者张继大则对"地方"、"地圆"二说各打五十大板,以为均不足信:"谓地方如棋,固难为定论,谓地圆如球,亦有可议。"[23] 这亦可反证,16世纪末17世纪初利玛窦、李之藻等创译术语"地球"以传播"地圆说"的超前性。

16、17世纪之交入华的耶稣会士与中国士人合作译介的西洋地理术语,不久即传入日本,被日本兰学和洋学所接纳,并普及开来。相形之下,由于西学在明清时期的中国遭到冷遇,地理类新语鲜为人知,导致清末民初被留日学生当作日制新名词传输回中国。但我们只要认真爬梳早期汉文西书和晚期汉文西书,便不难发现,这些被当作"日源词"的地理类汉字术语多产自明清之际或清中后叶的中国。

以"地球"一词为例,先由明末入华耶稣会士利玛窦在《万国坤舆全图》中厘定,艾儒略等沿袭,清末入华新教传教士续用,如慕维廉、艾约瑟、蒋敦复、王利宾合著的《六合丛谈》中专列"地球"一目,论述世界地形、地势概貌。随着早期汉文西书和晚期汉文西书入日,"地球"一词也广为日本人所用。再以"经线、纬线"两语为例。17世纪初,利玛窦在《万国坤舆全图》中已创译"经线、纬线"二词,稍后,艾儒略的《职方外纪》使用"经线、纬线"二词。两个世纪后,入华新教传教士裨治文的《联邦志略》沿用"经线、纬线",祎理哲的《地球说略》亦出现"经线、纬线"。这两本晚期汉文西书都于19世纪50年代在中国刊印,60年代初传入日本,并有和刻本。而日本学者西周于60年代中期的《百学连环》及稍晚翻译的《万国公法》中都使用"经线、纬线"二词,显然是承袭来自中国的早期汉文西书和晚期汉文西书的词语。近代日本洋学书中的"西洋、欧洲、亚细亚、太平洋、北冰洋、大西洋、印度洋、赤道、地中海、红海、合众国"等词,都经历了类似的传播路线。由于早期西书和晚期西书在华传播不广，中国人对上述地理类术语颇为生疏，直至19、20世纪之交，大量汉译日籍入华，方使这些术语在中国得以普及，此为一种词语的“逆输入”现象。这些地理类术语都是“侨词来归”的典型例子，不可以“日源词”视之。

利氏所拟地理术语中，“三大洋”和“五大洲”亦切关宏旨。明朝人对东亚以外的地区只有“西洋琐里国”等模糊概念[24]，而利氏提供了大洋、大洲等一系列新的地理名词，传达了较为广阔的地理观念。他在《坤舆万国全图》的中文说明文字中写道：“以地势分舆地为五大洲，曰欧罗巴，曰利未亚，曰南北亚墨利加，曰墨瓦蜡泥加”。并对每一洲的东、南、西、北“四至”作了明确描述。《明史·意大里亚传》记述利氏所献《万国全图》：

> 言天下有五大洲：第一曰亚细亚洲，中凡百余国，而中国居其一。第二曰欧罗巴洲，中凡七十余国，而意大里亚居其一。第三曰利未亚洲，亦百余国。第四曰亚墨利加洲，地更大，以境土相连，分为南北二洲。最后得墨瓦蜡泥加洲，为第五。而域中大地尽矣。

清代修《明史》的史官虽对利氏的五大洲之说将信将疑，但毕竟由此接触到比较完整、正确的世界地理知识及一系列地理专名（如赤道、大西洋、地中海、红海、南北二极、亚细亚洲、欧罗巴洲等）。这些地理术语在中日两国多沿用至今。

以术语“地球”为核心概念的“地圆说”以及一系列地理术语于明末清初入华，又东传日本，为汉字文化圈提供了研习外域知识、形成正确世界观念的语文条件，其历史性贡献应予肯定。

注　释：

①《新旧约全书·马可福音》第16章第15节。

②参见（日）荒川清秀：《近代日中学术用语の形成と传播——地理学用语を中心に》，白帝社，1997年。

③《利玛窦中国札记》，北京：中华书局，1983年，第179—180页。

④《周礼·大宗伯》。

⑤《利玛窦中国札记》,北京:中华书局,1983年,第180页。

⑥《利玛窦地图说》,转自《海国图志》卷75。

⑦《明史·历志》。

⑧《职方外纪·卷首》。

⑨朱维铮:《利玛窦中文著译集》,上海:复旦大学出版社,2001年,第174页。

⑩同上书,第178页。

⑪同上。

⑫安田朴[法]等:《明清间入华耶稣会士和中西文化交流》,成都:巴蜀书社,1993年,第69页。

⑬《历书总目表》,《徐光启集》下册,北京:中华书局,1963年,第374页。

⑭《同文算指序》,《利玛窦中文著译集》,第650页。

⑮《徐光启集》下册,北京:中华书局,1963年,第344页。

⑯徐宗泽:《明清间耶稣会士译著提要》,北京:中华书局,1949年,第254页。

⑰朱维铮:《利玛窦中文著译集》,上海:复旦大学出版社,2001年,第179页。

⑱同上书,第180页。

⑲阮元:《畴人传》卷32,第403页。

⑳姚莹:《佛经四洲日中夜半》,《康輶纪行》,第353页。

㉑梁廷枏:《合省国说》,《海国四说》。

㉒杨光先:《不得已集》,1929年石印本。

㉓张继大:《周髀家言地方如棋局论》,《沅湘通艺录》卷5。

㉔见《大明会典》。

晚明中国地理学近代化的两个表征

周振鹤

中国地理学有悠久的传统，中国人从战国时代起就有自觉的地理意识，《禹贡》所展示的地理景象，实际上表明当时的中国人已有两种不同的政治地理观点[①]。与《禹贡》差相同时的《五藏山经》则展示了当时中国人对山川物产的观察与记录。而后，《史记·货殖列传》大致可以看作是中国最早的经济地理著作，而《汉书》以下大部分正史都有《地理志》(或郡国志、州郡志)专篇，以政区地理的框架来记录各种自然地理与人文地理特征。唐代以后，除了附在正史中的篇章外，表述全国地理现象的著作还蔚为另外一个专门系列，即地理总志，从《元和郡县图志》一直到《大清一统志》，代代相继。与这条线索并行的还有其他类型的地理著作，如六朝时候出现一部奇书《水经注》，乃是以河流水道为经络，来维系各种地理现象，其地理内容的丰富，到今天还是历史地理资料的重要源泉。但实际上，以水系地的做法并不是从《水经注》开始，水经与山经一样都是中国人表述地理现象的一种形式，只是《水经注》以前的其他水经，我们一种也看不到了[②]。也从这个时代开始，中国的地方志雏形开始以地记的形式出现，将地方一级的地理信息作为单独的记录对象。唐宋以后，地方志的形式越来越程式化，从私人著作演变为官方纂辑，定期上呈图经、志书成为一种制度。至于明清，从省志到府志、县志以至于乡镇志的纂修，已经使中国的地方性的地理记述成为一个大宝库。

但是在上述这些地理著作中，却有两个重要的特点必须提及。一是尽管中国古代的地理著作不可谓不丰富，但在晚明以前却未形成独立的一门地理学学科。二是所有地理著作都只有天下观，而没有世界观。但晚明以后，在这两方面都发生了根本性的变化，以下我们分开来进行论述。

一

中国古代的地理知识尽管有很辉煌的发展，堪与整个中华文明进程史上的其他科学技术分支的进展相匹配，但千百年来，地理学一直处于历史学的附庸状态，了解地理现象是为了服务于理解历史，或简单地说，是为了读史的需要。史学在中国的地位始终很高，地理学也就相应受到了重视，但一直未形成一门单独的地理学科。上述种种类型的地理学著作，无不作为史学这一大类别里头的一小类而已。这种情况直到明代后期才开始有所变化。

晚明在中国是一个天崩地解的时代，甚至是一个文化选择的时代，这一时期商品经济相当发达，社会上的物质文化有比较高度的发展，与此同时，知识分子的思想极其活跃，在儒家的意识形态阵营里出现了不以孔子是非为是非的王阳明学派，在认识论方面有许多创新的发展。更有许多人离开书斋走到气象万千的大自然与现实社会之中，扭转了视旅游为余事的风气，纵情游览，形成一个庞大的旅行家群体[③]，他们从起初单纯的旅行游玩观赏，渐渐发展到对地理现象进行有意识、有目的的观察描写，发表了许多前人未曾有过的旅游观点[④]。

明后期的旅游不但被看成是正经事，而且对少数人来讲，更进一步以自然景观与人文社会为主，而以自己为宾，进行客观的观察与思索。个别杰出者不但是为旅游而旅游，甚至纯粹是为观察描述而出游远行，自然景色之优美与否已不再重要，重要的只是对地理现象的如实描写。同时，对社会风俗之美恶已采用新的价值观来评判，提倡消费甚至提倡奢侈不再骇人听闻，各地人文地理的差异，尤其引起他们的注目，于是对人文景观的描述也同样趋于客观。这些对外部世界，即地理现象的描述，既变成客观的科学的，而不是主观的诗意的，自然就超越目的只在陶冶性情或发抒诗意的唐宋时期的山水小品，从而形成种类众多的地理感知的著作，这些著作的性质已经与上述只记述沿革、风土与物产的地理著作性质有别，而成为近代地理学作品，其作者也已经成为近代意义上的地理学家了。这其中最具代表性的是两个人与两部著作，即徐霞客(1586—1641)的《徐霞客游记》与王士性(1547—1598)的《广志绎》。

《徐霞客游记》的重点在于描写自然地理现象，尤其是中国西南地区的特殊景观，著名的岩溶地貌(喀斯特地貌)在世界上就是徐霞客最先发现并加以描写的。徐霞客从22岁起直到去世时的三十多年时间，几乎年年出游，足迹遍及今中国的十六个省区，有的地方一而再再而三地去过，并且记录下来数十万字的日记，这已经不是以游山玩水为目的，而是以观察描述地理现象为己任了。他在广西与云南旅行的路线最长，观察地点最多，其间的日记也最富地理学价值。我们且来看看他对石灰岩地貌的部分描述："遥望东界遥峰下，峭峰离立，分行競颖，复见粤西面目。盖此丛立之峰，西南始于此，东北尽于道州，磅礴数千里，为西南奇胜，而此又西南之极云。"所谓"峭峰分立，分行競颖"，就是石灰岩峰林地貌的描写，与今天的地理学家的描述本质上没有区别，只是所用文字为文言文，并且富含文学意味而已。对于岩溶现象的描述，更是徐霞客的杰出成就。他指出，在石灰岩山区，因为流水的侵蚀，许多山体都是中空的："石片层层，……如丝瓜之囊，筋缕外贯，而中悉透空。"而他对于湖南茶陵的麻叶洞、广西桂林的七星岩等溶洞景观的描写更可作为洞穴学研究的最早标本。此外，徐霞客对河流的探源，对河流的侵蚀作用，对岩石的特征，甚至对植物地理的记述也都十分精彩，此处就不赘述了。

关于《徐霞客游记》的地理学价值，八十年来已经有深入的研究与定论，徐霞客这个名字渐渐为世界地理学界所熟悉，徐霞客研究在中国也蔚为一门专门的学问。

王士性的《广志绎》则主要记述人文地理面貌的地域差异，这种差异性自古以来就有人注意到，但没有哪一个人能进行全面的深刻的描述与分析，并进而进行理论上的思索，总结出人文地理学的某些规律来。对于《广志绎》的地理学意义，由于我的老师谭其骧教授的提倡[⑤]，近二十年来也开始引起人们的注意与讨论。我个人对王士性的关注较多，曾在中国的《地理学报》上发表过《王士性的地理学思想及其影响》一文[⑥]，对其地理学思想的学术意义与价值进行了分析，同时又编撰《王士性地理书三种》，整理标点了王士性三种重要的地理学著作，即《广志绎》、《广游志》与《五岳游草》，以光大其在中国地理学方面的建树。

在王士性地理著作中最令人瞩目的，是他深刻地认识到地理学的区域性特点，所以不但以全国范围作为区域研究的对象，而且深入地分析各省内部的地域差异现象。尤其对浙江省内风俗区的划分，先以浙东浙西两分，进而将浙东又细分为三区，至今仍有很强的说服力。在经世实用思潮的影响下，王士性还产生了后来被称之为"郡国利病"的思想，就是注意观察与分析各地自然环境与人文环境的长处（利）和短处（病），以确定环境对某种社会需要的适宜或者有利的程度，这实际上已初具现代地理学的评价研究的雏形。例如他在评论杭州西湖作为旅游胜地时就独具慧眼地指出："游观虽非朴俗，然西湖业已为游地，则细民所藉为利，日不止千金，有司时禁之，固以易俗，但渔者、舟者、戏者、市者、酤者咸失其本业，反不便于此辈也。"这活脱是现代人的经济眼光了，虽未公开鼓吹旅游业，却曲折地表达了杭州的旅游地利。

值得注意的是王士性还有动态性的观念，认为地理现象是不断变化发展的，明确指出中国经济文化重心转移的现象。生在明代，他不但注意到经济重心已从北方转移到江南，而且还推测有继续转移到岭南与西南的可能，这是很高明的见识。在人地关系方面，王士性认为自然环境对于人的行为方式有着决定性的影响。他以浙江为例说："杭、嘉、湖平原水乡，是为泽国之民，金、衢、处丘陵险阻，是为山谷之民；宁、绍、台、温连山大海，是为海滨之民。三民各自为俗：泽国之民，舟楫为居，百货所聚，闾阎易于宝贵，俗尚奢侈，缙绅气势大而众庶小；山谷之民，石气所钟，猛烈鸷愎，嘉习俭素，然豪民颇负气，聚党与而傲缙绅；海滨之民，餐风宿水，百死一生，以有海利为生不甚穷，以不通商贩不甚富，闾阎与缙绅相安，官民得贵贱之中，俗尚居奢俭之半。”西方最明显表现出这种地理环境决定论的是黑格尔，不过他所处的年代已比王士性晚了二百多年。

王士性深入细致的观察与缜密独到的思想，给明末清初的学者以巨大的影响，尤其是顾炎武受其影响最大。顾氏的三大著作《天下郡国利病书》、《肇域志》与《日知录》无例外地都打上王士性影响的印记。所谓“利病”，就是王士性对于各地地理背景优劣分析的发展，是经世实用思想在地理方面的实践。顾炎武在《天下郡国利病书》中，将“有关生民之利害者随录之，旁推互证，务质之今日所可行而不为泥古之空言”，就是王士性思想的应用。不但如此，该书第一卷更是全文照录了王士性《五岳游草》里《地脉》、《形胜》、《风土》三节文字，足见顾炎武对王氏地理观的佩服。在全国地理总志性质的《肇域志》里，顾炎武在各省之后都抄录了《广志绎》相关省份的全部内容，这样做显然是因为《广志绎》兼有保存地理资料与启发思维的重要价值。顾炎武的思想对于清代学术的发展起着巨大的影响，因此王士性的地理学观点也就间接地影响了后人，而且由于王士性著作流传不广，后人甚至把他的思想当成顾炎武的思想来引用。

从徐霞客与王士性地理学成就的分析可以看出，他们的著作已经体现中国地理学走上观察与描述，甚至是描述与理解的近代化的特征，虽然对于人文地理学现象的理论思维王氏表现得比较充分，但徐霞客对自然景观的描述却是前无古人，更堪比同时代的东西方地理学者。因此，《徐霞客游记》与《广志绎》的出现完全可以看作是中国地理学史上的一座里程碑，表示地理学已经脱离历史学而独立，也是中国地理学近代化的重要标志。

晚明地理学从历史学附庸下的解放，完全是中国学术发展的一个主动完成的过程，并不假于任何外力，这是社会发展与学术自身发展的理路所致。由于社会风气从空谈性理转入经世务实，从矫情逆性到舒心解放，所以士人开始关怀“造化之变”（即自然环境变迁），“人情物理、悲喜顺逆之遭”（即社会人文现象的变化），并将这种关怀写成文字，发为主张，成就新的学术观点，造就新的学术领域，地理学的独立就是在这种背景下形成的。如果没有晚明旅游风气的盛行，没有一个数量庞大的旅行家群体，没有盈篇累牍的各种类型的游记，就不可能造成金字塔之巅的极少数的地理学家与杰出的地理学著作。但值得沉思的是，在独立之后，地理学并未继续得到顺利的发展，而是在接下来的清代，重新陷入以地理考证为主流的沿革地理学，地理著述重新变成只是对古代文献的研究，而失去了观察描写活生生的地理景观的兴趣，以至于《大清一统志》记述全国各地风俗时，竟然照抄千余年前的《汉书·地理志》，没有一丝一毫新的观察成果出现。尽管在沿革地理方面，清代学者取得了很大的成绩，但以观察和描写为主的地理学却中断了三百年之久。虽然中国地理学直到晚清才又受到西方地理学的影响而走上近代化的道路，[7]但重回地理考察之路却直到民国初年才又重现，真是令人觉得十分遗憾。

二

在地理学独立的同时，中国人的地理认识还发生了一个巨大的变化，那就是开始从天下观向世界观转化，但这是外力影响的结果。晚明的部分知识分子由于受到西学的影响，明白了由中国与四夷所构成的天下观的缺陷，接受了中国只是万国之一的世界观。但这种认识在清代同样又中断了，也是直到晚清新的一波西学的东来，才又将世界观进行逐渐的普及，而这种普及在偏远地区甚至直到民国初年才完成。[8]

中国古代历来只有天下的观念，而没有世界的意识。所谓天下观是指视中国为天下，为海内，为六合，而视天下以外是四夷，四海之外是诸夷，六合之外则圣人存而不论。换句话说，当时中国看不到有一个世界，不知道中国只是这个世界中的一分子而已。天下的概念产生得很早，至迟在西周时候就有"溥天之下，莫非王土，率土之滨，莫非王臣"的话，这时候的天下指的是周天子统治的范围，所以《周礼》讲职方氏掌天下之图。到了春秋战国时代，虽然原来的天下已经分崩离析，但各国仍然保有整个天下之地图。《战国策》载苏秦以合纵说赵王道："臣窃以天下之地图案之，诸侯之地五倍于秦。"可见当时天下的概念是共同的。秦汉王朝一统以后，天下的概念更加明确，指的就是中原王朝的地域范围，这个概念数千年如一日，一直延续到晚清。在中原王朝兴盛强大的时候，在世界地理知识不发达、世界各民族之间接触不频繁的时候，这一天下观足够满足中国人的需要。所以中国人从来没有过世界地图的制作，有的只是天下图。除了上面提到战国时代的天下之地图外，晋代裴秀作方丈图也是以"旧天下大图"裁减而成[9]，据王庸推测，这旧天下大图大概是魏政府所应用的地图。这种地图一直延续下去，唐代也有天下图的记载[10]，宋代也有淳化天下图[11]，直到明代李默也绘有《天下舆地图》[12]，性质应该都是类似的。这种天下图在不同时候也有其他名称，如在唐有十道图，在宋有九域图，在明清有一统图，除了以上这些名称外，中国古代还常将反映天下地理现象的地图称为舆地图或职方图，后一个名称是从《周礼》"职方氏掌天下之图"这一句话而来的。

尽管汉代的时候，中国人已经远航到印度东南海岸与斯里兰卡，唐代更远至波斯湾、上溯巴格达，到明代郑和航海则达到了东非海岸，但以中国为天下的观念并没有因此而发生根本的改变，至多是在天下图之外还有将四夷与天下画在一起的，如唐代贾耽所绘制的《海内华夷图》。而且即使是将海外地理也画进来的地图，也不称之为世界图，如明初洪武年间绘制的《大明一统图》就有远到非洲的内容。当然图面的大部分内容是明朝的版图，边远的地方都变形与压缩了，这样画一方面自然是对外部地理情况不熟悉，另一方面也是以中华为中心而以四夷为偏裨的思想的体现。那么，在中国历史上就没有见到中国以外地区的地图吗？也有。如《玉海》卷16载有李符的《海外诸域图》与凌策的《海外诸蕃地理图》，但海外地图所表现的并不是邻国友邦，而是诸蕃四夷，与天下图是相配套的，而不是平等的。

直到晚明，世界意识才在一部分知识分子中出现，这些人才猛然明白中国不过是世界诸国之一，天下原来是万国林立，而不是中国一国独尊。这种世界意识的产生并非来自自身的冥思苦想，而是缘于他们看到了耶稣会士利玛窦所绘制的世界地图。

晚明是一个天崩地解的时代，各种离经叛道的思想纷纷出现，在这个时候，又突然出现了来自西方的天主教传教士，他们所带来的神学观念可能一时还不能让许多人理解，但他们所带来的实物，如三棱镜，如时钟，如世界地图，却直观地将西方文明引进了有着古老文化的中国。尤其是当一幅挂在墙上的西文地图，将中国画在世界一隅的时候，让中国人感到了深刻的震撼。以至于后来翻刻了利玛窦世界地图的冯应京发出这样的感叹："无远弗届，是耶非耶？"因为他在地图上细数了受中国文化影响的国家，不过只占世界的五分之一而已，则过去常说的中国"声教广被，无远弗届"，岂不是成了一句诳语？因为世界观的改变而对中国文化的独步天下产生了怀疑。因此利玛窦世界地图不但在地理学方面有其重要的价值，而且在思想史方面亦有其不可忽视的意义。

天主教传教士进入中国正在晚明，但能成功站得住脚，并在中国士人中发生影响的，主要是耶稣会士，其中利玛窦(Matteo Ricci，1552－1610)起的作用最大。利氏自1583年来华后，在中国前后待了28年之久，在中西文化交流方面有着突出的贡献。他在中国的第一站是广东肇庆，由于他当时展示的外文世界地图对中国士人影响很大，遂有许多人要求他编绘一幅汉文的世界地图，他考虑到这样做有利于其传教事业，于是就相继画过六幅世界地图，从肇庆到南昌到南京再到北京，每转移到一个新传教地点就画一幅，最后在北京画了三幅之多。

利玛窦所绘六种汉文世界地图，依次是在肇庆画的《山海舆地图》，在南昌画的《舆地山海全图》，在南京画的《山海舆地全图》和在北京画的《坤舆万国全图》、《两仪玄览图》与《东西两半球图》。从这些图名我们可以看出，此时在天下以外的地理概念已经产生，但还没有固定的名称来称呼这个比天下更大的概念。"世界"一词当时还没有用到地图上，因为这原是佛教用语，表示的是时间（世）与空间（界）的综合概念，南宋以后才渐渐有表示天下、江山的意思，所以第一、二、三幅图的名称只好在传统的"舆地图"的名称上加了"山海"二字，大约因为地球表面大部分为海洋所占据，中国古代又有《山海经》这样一部地理书的缘故，这样的表示就比原来的舆地图、天下舆地图的范围要广大了。而且必须注意到第二、三两幅图上的"全"字，表示过去的舆地图只是表现天下而已，现在则表示比天下更宽广的地理现象，所以是"全"图。但这样取名还是不能令人直观地感觉到新概念的产生，所以第四幅图取名"坤舆万国全图"。万国虽然是中国古已有之的概念，但其时这个概念与今天世界的意思是不同的，是中国以外的其他国家的意思，中国是在万国之中央，为万国来朝的中心，而这幅"坤舆万国全图"却是将中国当成万国之一，完全与天下的旧观念脱离了，只是还保留有"坤舆"这个中国传统上用来表示大地的旧词而已。第五幅的名称"两仪玄览图"虽然古色古香，利用了太极生两仪的思路，但这两仪却是隐含两半球的意思，所以最后一幅就干脆以"东西两半球"为名了，这已经完全是现代化的名字了。从利玛窦世界地图名称的变化，我们可以窥见发明一个新词语来表达一个从未有过的新概念是如何地不容易，同时也是地理学观念近代化的一帧小影。

利玛窦世界地图在当时引起的震动非今天所能想象。一些人是在惊奇之后加以热烈的赞扬，并刻意加以模仿，另一些人却是在惊骇之余肆意地批评与攻击。批评人当中有著名文人李维桢，他在看到中国只占利氏地图上不大一点地方时，很不满地说："顷有化外人利西泰为山海图，狭小中国，略与衍同，而冯盱眙（即冯应京）称之，无乃吊诡之过欤!”[13]即使作为地图学家的陈组绶也不愿接受五大洲的说法:“高皇帝之天下,受之三皇五帝三王,历万有三千六百年,未之有改,五大洲之说何居乎?以泰西氏之言而欲驾之皇古之四海九洲也,我不敢知。”[14]至于名气更小的人,还有直接攻击利玛窦“所著《舆地全图》,及洸洋窅渺,直欺人以其目之所不能见,足之所不能至,无可按验耳。真所谓画工之画鬼魅也”[15]。利玛窦引入的地理新知识,不但有新的世界观,还有地圆之说,此说因与中国历来之天圆地方说以及人的直观感受相差太远,相信之人更少,甚至连明清之际的大学者王夫之也指斥道:“地之欹斜不齐,高下广衍,无一定之形,审矣。而利玛窦如目击而掌玩之,规两仪为一丸,何其陋也!……玛窦身处大地之中,目力亦与人同,乃倚一远镜之技,死算大地为九万里,使中国有人焉如子瞻、元泽者,曾不足以当其一笑,而百年以来,无有能窥其狂骇者,可叹也。”[16]

但利玛窦毕竟很幸运,他来中国的时间很合适,正是许多知识分子在思想上求变求新求奇的时候,因此他带来的新世界观与地圆说受到不少人的欢迎,甚至是心悦诚服的接受。明末天主教三大柱石之一的李之藻,原本是一位地理学爱好者,自己也画过明朝的两京十三省图,并以为这就是天下之图,待到他看到利氏的世界地图后,才知道世界范围远比天下概念要大得多,而且明白了中国人制作地图使用记里画方的方法,将大地当成平面而产生偏差:“乃悟唐人画方分里,其术尚疏”,因此将利玛窦地图“译以华文,刻为《万国图》屏风”。不但如此,李之藻还由于对利氏地图的佩服,而悟出了中国人并不比外国人高明的道理,发出“东海西海,心同理同”的心声。上面提到的另一位官员冯应京,更是对利玛窦崇敬备至,不仅在其所著的《月令广义》中保存了《山海舆地全图》的摹本,而且进一步悟出东西方应该进行文化交流的道理:“圣人立极绥猷,代天以仁万国,夫亦顺人心以利导,而吾徒顾瞻寰宇,效法前修,各以心之精神,明道淑世,薪火相传,曷知其尽。即如中国圣人之教,西土固未前闻,而其所传乾方先圣之书,吾亦未之前闻,乃兹交相发明,交相裨益。惟是六合一家,心心相印,故东渐西被不爽耳。”需注意的是，这里的六合已经不是中国过去所说六合之外存而不论的六合了，那个六合指的只是与天下一样的概念，而冯应京的六合在此则已经是世界的意思了。

此外，刻《两仪玄览图》的李应试，将《舆地山海全图》摹本收入所编《图书编》中的著名理学家章潢，请利玛窦修改重绘他以前所绘的世界地图的南京吏部主事吴中明，缩刻南京版《山海舆地全图》的贵州巡抚郭子章，都是利玛窦新地理知识的信服者。除了仿制利玛窦的世界地图外，还有人依照这种新知识编绘了与中国传统观念相左的地图，如万历年间梁辀有《乾坤万国全图古今人物事迹》之作，虽然仍以明朝版图为主，但已在图的上方画出北海，海中散乱地分布着一些夜叉国之类的岛屿，图上还胡乱地标注了一些利玛窦地图上的地名，可见其时即使不理解利玛窦世界地图的真实意义的人，也受到了影响。

不过，利氏地图虽以西方地图为基础，也不能一成不变照搬那些地图的样子，还必须照顾到中国人的感情。首先就得将中国从世界一隅改画到中央，此举当然不难，只要将通过福岛的本初子午线从地图中央移至地图最左边就可以。这样一来，原来以大西洋居中的世界地图，就改为以太平洋居中了，中国自然就在世界地图的中心了（也许一般人都没有想到，这一改成就了一个利玛窦"规矩"，至今我们所绘的世界地图还是这样的布局）。当然，利氏世界地图也参考了中国方面的许多文献，不仅在中国部分采用明代著名地图学家罗洪先的《广舆图》的资料，而且在亚洲部分，由于中国有过不少有关的记述，也必须加以充分利用，例如日本部分就参考了明人胡宗宪的《筹海图编》。利氏本人受过良好的科学训练，所以他在中国也做过许多实地观测，这些观测的结果也反映在他所画的世界地图之中。

然而遗憾的是，利玛窦的世界地图只是中国人从天下观转为世界观的第一步。在踏出这一步以后不久，就停步不前了。清代康熙皇帝对于西方科学十分重视，清代也画了一些世界地图，但始终深宫秘锁，不但是一般人无由得知，即贵为部院大臣也无由得见。以至于鸦片战争前，中国人的世界地理知识依然贫乏得可笑，从皇帝到群臣，大多不知道将要与中国开仗的那个蕞尔小夷嘆咭唎是在地球上的哪一个角落里。只有精明强干的林则徐不满于这个现状，力图想弄清楚世界地理现状，但他当时所能找到的国人写作的最好的世界知识书籍，竟然只是一部各国见闻杂记的《海录》而已。魏源是晚清著名的思想家，但是他著《海国图志》，反映的仍然是天下观的认识，只是把四夷放远了看，包括了远在七万里外的海国——英夷而已。因此《海国图志》一书就不包括中国，而只叙述众多“海国”——即新形势下的四夷——的地理。至于梁启超，要迟到清末从北京会试回粤，途经上海，买到徐继畬的《瀛环志略》，才知道世界有五大洲。嗟乎，由天下观改变之不易，益见利玛窦世界地图以及晚明地理学近代化进程的历史意义。

晚明的中国因为自身学术理路的发展，而有徐霞客《游记》与王士性《广志绎》的出现，标志了中国地理学的独立发展，又有利玛窦世界地图引进的新地理知识的外力影响，而使相当一部分人有打破旧的天下观、建立新的世界观的变化。这两件事合起来可以看出晚明的地理学已经显示了近代化的曙光，在中国地理学史上具有里程碑式的意义。但是关于中国地理学独立的标志，是我个人的想法，合适与否，尚希诸位指教。

注　释：

①周振鹤《中国历史上两种基本政治地理格局的分析》，《历史地理》第 20 辑，上海人民出版社，2004 年。

②周振鹤《被忽视了的秦代水经》，《自然科学史研究》1981 年第 1 期；又《中国古代撰写水经的传统》，《历史地理》第 8 辑，上海人民出版社，1990 年。

③周振鹤《徐霞客与明代后期旅行家群体》，《徐霞客研究》第 1 辑，学苑出版社，1997 年。收入《周振鹤自选集》，广西师范大学出版社，1999 年。

④周振鹤《从明人文集看晚明旅游风气的形成及其与地理学的关系》，《复旦学报》2005 年第 1 期。

⑤谭其骧《与徐霞客关相同时的杰出的地理学家王士性》，原载《纪念徐霞客

论文集》,广西人民出版社,1987 年;收入《长水集续编》,人民出版社,1994 年。

⑥《地理学报》1992 年第 1 期。

⑦参见邹振环《晚清西方地理学在中国》,上海古籍出版社,2000 年。

⑧山西省的阎锡山于 1919 年刊印普及现代知识的《人民须知》,其中还有一章是告诫百姓不要将天下与世界混淆起来:“我国人误认中国是天下,不知天下甚大,国家甚多。……外人笑我中国人民不知世界,如同井底蛤蟆不知天大。故曰国民必有世界知识,万莫认一国是天下。”

⑨《北堂书钞》卷 96:“方丈图引晋诸公赞云:‘司空裴秀以旧天下大图用缣八十匹,省视既难,乃裁减为方丈图。’……”

⑩《新唐书·吐蕃传下》有“宪宗常览天下图”云云。

⑪《玉海》卷 14:“至雍熙中,吴、晋悉平,奉图来献者州郡几四百。淳化四年诏画式集诸州图,用绢一百匹,合而画之,为天下图。”

⑫参见王庸《中国地图史纲》第 22 页,三联书店,1958 年。

⑬李维桢《方舆胜略序》,载《大泌山房集》卷 15,《四库全书存目丛书》本,齐鲁书社。

⑭陈组绶《皇明职方两京十三省地图》卷首序,崇祯九年刻本。

⑮魏浚《利说荒唐惑世》,载《圣朝破邪集》卷 8,日本安政乙卯冬翻刻本。

⑯王夫之《思问录·俟解》中华书局,1965 年,第 911 页。

王都与岳域：一个中国古代王朝边疆都城的正统性问题

唐晓峰

从地理方面，说得准确一点，从人文地理方面，我们可以看到一些重要的有关王朝正统性的确认问题。当然，这里所说的正统性，是指把中原王朝为代表的经济—文化—社会看作主体，而将四周其他民族或集团的经济—文化—社会看作从属的一种传统观念，所谓“正统”只是站在“华夏中国”立场上而言的。

在先秦时代，华夏地域的政治文化性建构就已经发展到相当成熟的地步，一统王朝还没有出现，但一统性的地域观却已然形成，思想先行，是历史发展的一个特点。所谓一统的地域观念，包括“五服”、“九州”、“五岳”等等。这些观念渐渐与后来出现的一统王朝的原则大义相联系，成为经典的王朝地理（dynastic geography）观念，支撑着王朝的地域建设。①

正统都城的王朝地理属性，是王朝的重要政治问题、法统性（legitimacy）问题。正统都城的观念与五服、九州、五岳等王朝地理观念形成连带关系。追求王朝的正统性就要追求都城的正统性，而都城的正统性的条件之一是具备其在五服、九州、五岳中的和谐地位。所谓和谐地位就是：都城应位于五服的核心位置；都城应在九州和岳域之内。②在五服、九州、五岳这三个概念中，五服是抽象的观念，没有现实的地理位置，都城与它的关系，仅仅存在于抽象诠释中。但九州与五岳则包含具体的地理方位，可以在现实中确定其位置与范围，所以都城的地理位置与九州与五岳的关系是一种现实关系，而不仅仅是抽象诠释。

对于一个在中原地区壮大崛起的政治集团来说，在其夺取江山建立新王朝之后，其都城一般会在九州和岳域之内，都城的王朝地理正统性不成问题。但对边疆政治集团、边疆民族来说，当他们入主中原建立王朝之后，例如秦、北魏、清等朝，都城往往滞留在边疆地带，当这些王朝追求正统性的时候，在各种文化政治改革中，其都城的王朝地理性质要重新诠释，在现实地理格局中，甚至要调整都城与九州、岳域的关系。

"九州"，几乎是"中国"的代名词，像"但悲不见九州同"等诗句表述的那样。九州的范围，九州的完整，是中国古代王朝在疆域上正统程度的一项标准。在九州之内建立的王朝，无论是谁，都可以获得几分正统性，在"正史"里面占正位。在九州之外建立政权，则多属于"四夷"范畴，在正史里面居旁位，或完全没有位置。古代一些有政治抱负的北方民族，想南下发展自己的势力，建立自己的王朝，为了获得正统性的承认，大都要解决进入"九州之内"的问题。比如鲜卑政权北魏的孝文帝，要自代地南迁，其理由之一就是"今代在恒山之北，为九州之外，以是之故，迁于中原"[3]。在"九州之外"为什么不行？因为在九州之外只能算是"四夷"，而"夷人"不管做什么事，都低"华夏"一头，没有正统性。孝文帝是要"承累圣之洪基，属千载之昌运"[4]，没有天下人对他的正统性的承认，怎么可以？要获得正统，要做不少事，而在地理上进入九州之内，是很重要的一条。不入九州，则属于"要荒"，就还是蛮夷，谈不上正统，谈不上"洪昌"。

除了"九州"，还有"五岳"这样一个重要的具有法统意义的地理概念，因为谈论得不如九州普遍，本文将主要讨论五岳与都城的地理关系问题。五岳，一般说是东岳泰山、北岳恒山、西岳华山、南岳衡山、中岳嵩山，是先秦时代逐渐形成的地理观念，也是一件确切可指的地理事实，就是说它有观念与事实两层意义。关于五岳的事实，相对简单一些，大家都能讲出它们的名字，指出它们的地点（它们的地点也曾有变化）。而关于五岳的观念意义，今人有所淡忘，所以值得提出来进行讨论。

杜甫《春望》诗中说“国破山河在”，表达了对山河永恒性的寄托，而这种可以补偿“国破”的山河感情，决不是纯粹的自然山水之情，而是在自然山河中感受到了一种可以认同的人文国家品格。应该说，这种依托自然山川的人文国家品格，来自根基甚深的“名山大川”的礼法传统。“名山大川”在古代，决不是因为游人多而“约定俗成”的胜景，而是由王朝正式确认、有严格祭祀制度的特定的高山大河。这些山川以其显赫的景观形象、均衡的地理布局，逐渐成为王朝国家的疆域坐标、国土象征与地理框架。五岳就是其中最具有疆域象征性的名山，它是庄严的“地德”的神圣象征，曾有各类封号，它们大跨度的东、西、南、北、中的布局，在人们的观念中升华为华夏世界整体性的擎天巨柱。五岳的范围（即岳域）是九州、神州、华夏地域的又一表达，讲华夏地域安宁，可以说“五岳之安”[5]，讲华夏地域之乱，可以说“九州波骇，五岳尘飞”[6]。

古代追求王朝正统性的朝代，在地理上，无不认真对待岳的问题。而在考虑岳的问题时，都城与岳的关系最为重要，所谓“岳镇方位，当准皇都”[7]，就是说五岳的分布应当与都城有一个谐调关系，理想的情况是都城在中央，靠近中岳，其它东、西、南、北四岳各如其方。当然，这样的理想局面不是容易做到的，古代常有都城出了岳域的事。但我们看到，在“岳镇方位，当准皇都”这类观念的影响下，不少王朝都尽力向这个理想局面调整，他们或者是改变都城的位置，把原来在岳域外面的都城迁到里边来，或者是重新命名一些名山，给这些名山岳的地位，扩展“岳”的布列范围，使都城归于岳域之内。以下举几个例子。

据汉唐时候的人说，早在西周时期，周公曾经“权立吴岳为西岳”，原因是“以周处镐京，在五岳外，故郑注《康诰》云：‘岐镐处（以华山为西岳的)五岳之外，周公为其于正不均，故东行于洛邑，合诸侯谋作天子之居。'是西都无西岳，权立吴岳为西岳。"[⑧]"吴岳"位于今陇县西南，在镐都的西方，把吴岳立为西岳，就等于把岳域向西扩展了一部分，镐都也就进了岳域。[⑨]贾公彦说"周国在雍州时无西岳，故权立吴岳为西岳，非常法"。[⑩]而合"常法"的五岳应"以东都为定"[⑪]，即以洛阳为中心，以华山为西岳。这说明，本来处于西垂的周人早期的都邑岐、镐在周人"抚有东土"以后，位置西偏，处于岳域之外，因此一方面新建东都，另一方面做岳域的调整，最终达到国都位于五岳所标出的地理大框架之中的理念要求。郑玄、贾公彦所说是否属实，无法断定，但其中表达的观念，在郑、贾的时代显然是流行的。

另一个都城与岳域的关系出问题的是同样在西部边疆起家的秦朝。秦朝之前，五岳的分布偏于东方，"昔三代之居皆在河洛之间，故嵩高为中岳，而四岳各如其方，四渎咸在山东"[⑫]。在三代(夏、商、周)之时，都城与岳的关系没有问题，但"至秦称帝，都咸阳，则五岳、四渎皆并在东方"了。[⑬]五岳并在咸阳东方的局面显然有碍秦朝统治的"地德"，即王朝地域正统性的完美，所以秦始皇令祠官重序天下名山大川。事见《史记·封禅书》。重序的天下名山，自崤以东，有五座：嵩山、恒山、泰山、会稽山、湘山；自华以西，有七座：华山、薄山、岳山、岐山、吴岳山、鸿冢山、渎山。这十二座名山的分布，东西均匀了许多，咸阳居于它们中间，秦朝的"地德"便没有问题了。秦始皇所序名山，虽没有明确称岳，但这件事，在唐代人的理解，就是对岳的调整，如《元和郡县图志》称："吴山，在(吴山)县西南五十里。秦都咸阳，以为西岳。"[⑭]当然，秦朝重序的天下名山，未能掩去自古以来的五岳的高尚地位，这在汉代皇帝的巡狩封禅活动中看得很清楚。即使在秦朝，东巡狩、封泰山仍居首位，因为"中国"的传统地理方位框架已不是谁可以改变的了。

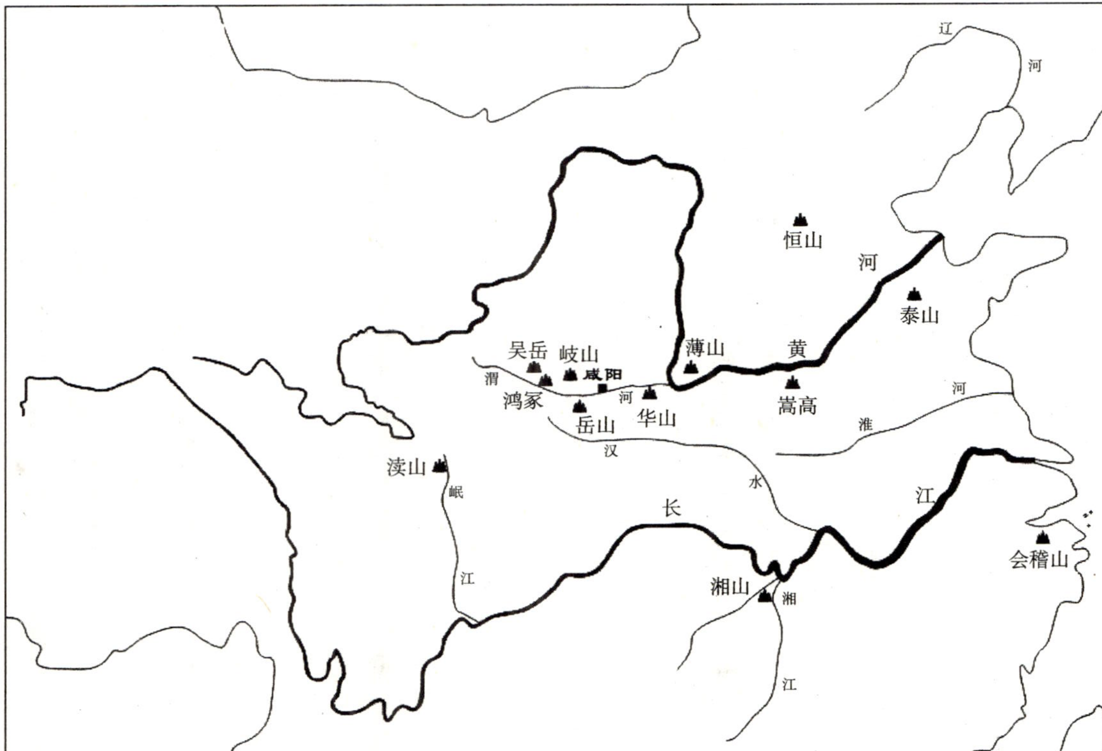

图一　秦朝新定名山与都城咸阳

历史上进入中原的北方游牧民族统治者，在建立汉式王朝时，也十分重视都城与岳域的关系，都城正统性的问题对他们更加重要。东汉(公元25—220年)末年，许多鲜卑及号称鲜卑的部落在今内蒙古和山西北部一带活动，拓跋部为其中之一。公元386年，其首领拓跋珪建立北魏王朝，398年定都平城(今山西大同市东北)。公元439年，北魏统一黄河流域，成为中国历史上第一个入主 中原的北部边疆民族。平城也成为整个黄河流域的统治中心，这座北部边疆地区的城市在这个时期达到了其辉煌的顶点。然而，随着北魏王朝的逐步汉化，平城的地理位置开始受到质疑，其中一个原因就是它的正统性的问题。

上文提到的北魏孝文帝是该朝颇有特殊历史地位的统治者，他对于北魏王朝获得华夏世界的正统性问题最为关心。在其统治期间(公元472—499年)，孝文帝推行了全面的"汉法"改革，包括禁胡服、断胡语、改汉姓、提倡与汉人通婚等一系列改革鲜卑旧俗的政策。在孝文帝的改革中，力排众议而迁都洛阳是十分有名的历史事件。在孝文帝所讲述的迁都理由中，有一条就是为使都城进入岳域。《魏书》卷十四中记载了当时在太极殿的一场有关迁都的辩论：

> 及高祖(孝文帝)欲迁都，临太极殿，引见留守之官大议。乃诏丕等，如有所怀，各陈其志。燕州刺史穆罴进曰："移都事大，如臣愚见，谓为未可。"高祖曰："卿便言不可之理。"罴曰："北有猃狁之寇，南有荆扬未宾，西有吐谷浑之阻，东有高句丽之难。四方未平，九区未定。以此推之，谓为不可。征伐之举，要须戎马，如其无马，事不可克。"高祖曰："卿言无马，此理粗可。马常出北方，厩在此置，卿何虑无马？今代在恒山之北，为九州之外，以是之故，迁于中原。"罴曰："臣闻黄帝都涿鹿。以此言之，古昔圣王不必悉居中原。"高祖曰："黄帝以天下未定，居于涿鹿；既定之后，亦迁于河南。"[15]

"代"是当时北魏的都城平城所在的地区，因为在"恒山之北，为九州之外"，于是成为迁都的缘故，这个缘故显然是指都城在岳域(也就是九州)之外的局面不合于都城的正统性。太和十八年(公元 494 年)北魏都城自北方的平城迁到中原的洛阳,孝文帝并规定,鲜卑贵族在洛阳死后,不得归葬平城。

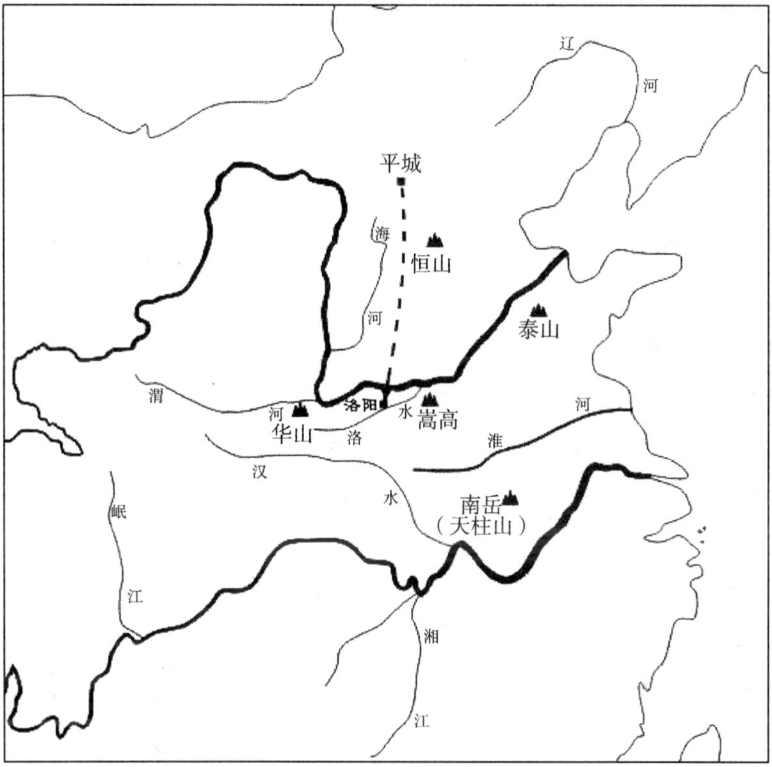

图二　北魏时期的五岳与都城自平城向洛阳的迁徙

公元 1115 年,原生活在东北黑龙江流域的女真族壮大,依仿汉人制度建立金国。1127 年金灭北宋,遂拥有秦岭、淮河以北的辽阔领土。金国实行五京制,实际统治中心是中都城(今北京)。显然,中都城的位置在当时的北岳之外(当时的北岳在今河北曲阳),因此有人提议“前代都长安及汴、洛,以太、华等山列为五岳,今既都燕(指北京地区),当别议五岳名”[16]。这有些像当年秦始皇的办法,都城不动,而议定一套新的名山布局,把都城包括进来。不过,这个提议因有人反对而没有实行。

自东北地区崛起的另一强族满族，遇到了与金朝类似的问题。满族于公元1644年灭明，遂统治全中国，定都北京。在清朝初年，北岳恒山仍在今河北曲阳，北京还是在岳域之外，如金朝中都的情景。但清朝却实行了一些岳及名山的调整措施，以合于“岳镇方位，当准皇都”的正统原则。其主要措施是，正式将积二千余年的位于河北曲阳的北岳恒山改在山西浑源祭祀，使北岳向北移动了一段距离（约200来里），使传统的岳域北扩。将北岳从曲阳改在浑源，在明朝就这样做了，但明朝没有正式颁布移祀的诏令，正式的法定移祀是在清朝。清顺治十七年（公元1660年），“用礼臣言，改祀北岳于浑源”[17]。另外，康熙“十六年（公元1677年），诏封长白山神秩祀如五岳，自是岁时望祭无阙”[18]，据南怀仁《鞑靼旅行记》，康熙东巡吉林，曾望拜长白山。据《吉林外记》，雍正时建长白山望祭殿。[19]把自己老家地区的长白山升为岳的地位，这就等于将岳域扩到了东北地区。在如此调整之后，北京，这个多次为北方边疆民族选定的都城，在与岳的关系上，改善了很多。

从以上所举史例，大体可以看到一个从秦代到清代的持续不断的都城与岳域关系的观念传统。即使郑玄、贾公彦所说的周代故事不准确，但秦代当不是这个观念的发明者，秦始皇尊奉的应是已经存在的观念。

在中国历史上，因许多政治集团或民族集团是从边疆地区起事，由于这个政治地理的背景，许多都城原本都有几分边疆性质，当然，这里所说的边疆是指“华夏”地域的周边地带。许多在边疆地带建立的都城，都曾带动边地的开发，并推动边地与内地的政治结合与民族融合。边地都城向“华夏”属性的演进，正是这种政治结合与民族融合的体现。在这个演进的过程中，除了政治、经济的调整外，我们也看到思想层面的力量。“岳镇方位，当准皇都”，作为王朝地理思想中的重要信条，在边疆大城市合入华夏王朝地域体系的作用上，具有重要意义。

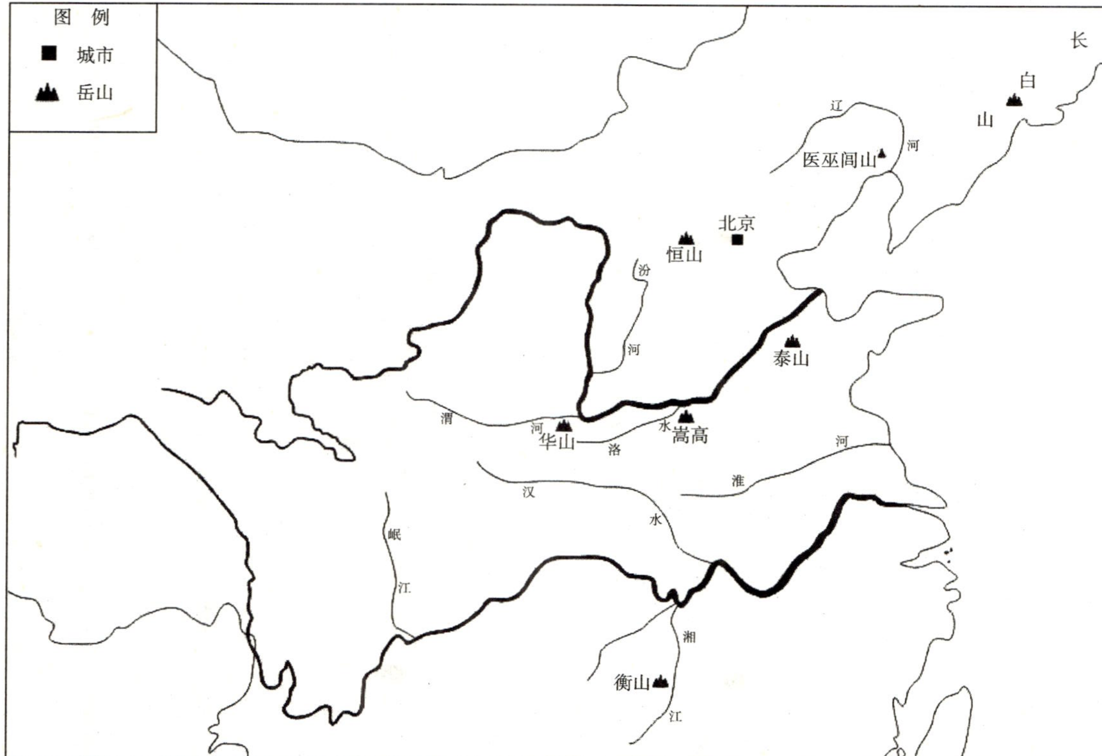

图三　清代的五岳、长白山与都城北京

可以看出，前述史例多是讲边疆政治集团如何处理都城与岳域的关系，而在汉、唐两朝，虽然都城（长安）也在岳外，但都城与岳域的问题似乎并不突出。这说明，“岳镇方位，当准皇都”解决的是王朝正统性的问题，而一个由中原人起事的王朝与边疆异族入主中原而建立的王朝，在正统性的确立上，有“先天”的差别。中原起家的王朝，其华夏正统性无须申辩。而入主中原者，则需从各个方面努力表现出正统性的模样。越是缺少实质的内容，就越需要形式的支撑。元朝蒙古人所建造的大都城，比以往任何王朝都城都接近《周礼》考工记的“营国”模式，也含有利用形式力求靠近正统的意图。

注　释：

①Tang Xiaofeng：*From the Dynastic Geography to Historical Geography：a change in perspective towards the geographical past of China*，Beijing：The Commercial Press International，Ltd. 2000.

②“岳域”是本文提出的概念，表示一个由东岳、南岳、西岳、北岳所环绕的巨大区域。《礼记·王制》云：“西不尽流沙，东不尽东海，南不尽衡山，北不尽恒山。”可见岳具有标志范围的意义。

③《魏书》卷十四神元平文诸帝子孙列传，中华书局标点本，1974 年，第 359 页。

④《魏书》卷七上高祖纪第七上，中华书局标点本，1974 年，第 154 页。

⑤《晋书》卷五十九列传第二十九，中华书局标点本，1974 年，第 1608 页。

⑥《晋书》卷一百列传第七十，中华书局标点本，1974 年，第 2638 页。

⑦《清史稿》卷二百六十六列传五十三，中华书局标点本，1977 年，第 9949 页。

⑧《周礼注疏》卷二十二大司乐贾疏，中华书局影印《十三经注疏》本，1980 年，第 791 页。

⑨在《尔雅》释山中，以吴岳为西岳，列出另一套五岳体系：中岳华山、西岳吴山、东岳泰山、北岳恒山、南岳衡山。这个体系可能与周公权立吴岳的说法有关联。

⑩《周礼注疏》卷十八大宗伯贾疏，中华书局影印《十三经注疏》本，1980 年，第 758 页。

⑪《周礼注疏》卷十八大宗伯贾疏，中华书局影印《十三经注疏》本，1980 年，第 758 页。

⑫《史记》卷二十八封禅书，中华书局标点本，1975年，第1371页。

⑬《史记》卷二十八封禅书，中华书局标点本，1975年，第1371页。

⑭李吉甫：《元和郡县图志》卷第二关内道二，中华书局，1983年，第45页。

⑮《魏书》卷十四神元平文诸帝子孙列传，中华书局标点本，1974年，第359页。

⑯《金史》卷一百五列传第四十三，中华书局标点本，1975年，第2313页。

⑰《清史稿》卷八十三志五十八，中华书局标点本，1976年，第2521页。

⑱《清史稿》卷八十三志五十八，中华书局标点本，1976年，第2521页。

⑲参见村田治郎：长白山崇拜考（毕任庸译），原载《人文月刊》1935年第六卷第七期；收入游琪、刘锡诚主编：《山岳与象征》，商务印书馆，2004年，第367—376页。

为地理思想史开另一扇窗

——以海南地域发展为例

林伟仁

即便跨入二十一世纪，当下主流学风仍是始于十五世纪西方文艺复兴的科学主义（scientism）。[①] 科学主义对此后学术界至少有两大影响：第一，采用自然科学的方法研究世间万事，包括人文及社会现象。这种思辨方式的预存立场是认为万物演变都有其规律，只要透过缜密及规范化的观察、归纳及检验，便能寻觅发现此规律。而规律一旦现身，事物发展的预测及控制也就有如探囊取物。第二，把透过科学主义而得的结果转化成“百科全书式”的知识，然后鼓吹只要科学知识累积越多及越快，人类发展便日趋完美。这种求知态度的预存立场是认为科学主义以外的思维方式都是玄学，[②] 凡玄学而得的知识，只能玩味，却无助人类进步。

随着鸦片战争，科学主义来到了中国，历经一九一九年“五四运动”的推波助澜，已在中国站稳脚跟。此后，科学主义更是风行草偃，成了人文及社会学科方法论的圭臬。就现存中国地理思想作品而言，大体都是依循科学主义的标准来取材、形塑论点及品评高下。譬如，细腻描述中国地貌的十七世纪作品《徐霞客游记》，便远比同是明代、深入剖析中国区域差异的《广志绎》，更受推崇及普及。[③] 另一个例子是中国古地图研究。大多作品对三世纪的裴秀、九世纪的贾耽、十一世纪的沈括、十四世纪的朱思本、十六世纪的罗洪先等有关地图制作的技术进展着墨甚多，[④] 对八世纪一行和尚的“天下山河两戒”主张却略而不提。所谓的"天下山河两戒"，是一行将唐朝疆域内的山河区分成北、南两戒。北戒大抵从今天的积石山开始，向东到终南山北侧，然后再东，过黄河，顺着底柱山到太行山，再沿太行北上，过常山的西侧，最后接上长城，沿长城向东，直达辽东。南戒大致从岷山开始，向东到终南山南侧，过华山，然后折向东南，过桐柏山，逾江、汉，到衡山之南，再向东到福建中部。一行规划两戒的目的是在指出华夷各有不同的生存空间，所以才会称北戒为"胡门"(过北戒即为胡人之地)，南戒为"越门"(过南戒即为越人之地)。[⑤]一行为何在中国历史上种族意识最淡泊的唐朝提出两戒主张、两戒主张对唐朝有何影响(譬如韩愈及杨炎被贬至岭南)，以及为何宋人会直接在地图上画出北南两戒来呼应一行的主张，这些即便不是中国地理思想史的关键课题，但至少值得惊鸿一瞥，可惜大多数作品对此惜墨如金，由此可见科学主义对今日中国地理学界的深远影响。

科学主义源起西方，也雄霸全球知识界至今，然而，自一九八〇年代起，西方学术界开始思考科学主义这种思路是否会弱化人类的反省能力？是否还有其它思路可以拓展人类视野，释放人类更深层的文化潜能？人文地理学家 Johnston 就指出，除了实证主义 positivism，[⑥]还有人文主义 humanism 及结构主义 structuralism。这三种思路的差异在于：实证主义认为知识是通过经验取得的，但要求这个经验能够放诸四海皆准，不会因时空不同而结果不同；人文主义则与实证主义相反，强调知识是依人对情境的主观觉察而有所取舍的，所以具有个别性，不具重复性；至于结构主义则认为能观察到的只是表象，表象不见得能够显露导引表象的机制，只有通过思辨才能掌握其中本质，而为了解释表象所建构的理论，其真实性是不可检验的，因为无法取得它们存在的直接证据。[⑦]

本文便尝试使用人文主义的思路，审视海南两千多年来的地域发展。由于着重人文主义，在此特别简短说明人文主义是如何看待景观及诠释人地互动关系。首先，人文主义认为实证主义营造的地理学，即便不是"一个没有人的地理学"，最起码也算"人无异于蝼蚁的地理学"。

人文主义反对轻视甚至漠视人在地域发展所扮演的角色。人文主义当然承认人是“无所逃于天地之间”，但不会因此就认为天地宰割人的一切；当然，人文主义也不接受“人定胜天”或是“人是万物主宰”这类的想法；人文主义只是要求还原人在环境中“自知而非自大”的性格展现。换句话说，人文主义只是想了解当人处在某种情境下，他(她)会如何(how)体察、理解、感受、开发、搏斗……周遭的环境，以及为何(why)会这样做。

其次，既然重点是人，而人有七情六欲，所以人对周遭环境必然产生了“爱”与“惧”，这正是华裔人文地理学家段义孚(Yi-fu Tuan)会用“Topophilia”与“Landscapes of Fear”的原因。[8]但值得注意的是，人的这种情绪反应可不是莫名之喜或无名火，而是与当下情境或过往记忆相接续的，所以唐朝崔护才会咏叹：“去年今日此门中，人面桃花相映红；人面不知何处去，桃花依旧笑春风。”[9]就本文而言，造访海南的文人雅士或迁客骚人对海南景观的歌咏或感叹，总是与他们在大陆的遭遇相联结的，而不是无的放矢。

除了情绪，人还有理智，会想办法善用地利。这里的地利包括物产、名胜古迹、地缘关系等。而地利不是一成不变的，总是随着情境改变而兴衰更迭。譬如，自从二十世纪初津浦铁路完工后，明清漕运动脉的大运河便逐渐没落。另一个例子是“东北三宝”。在二次大战前，三宝分别是人参、貂皮、乌拉草，后来乌拉草被鹿茸取代，因为原本乌拉草可置于布鞋内避免足部冻伤，但当皮革制鞋后，这种天然植物便遭淘汰。

由此可知，人文主义是“以人为本”，既注重人如何依理智开发地利，也看重人如何依情绪把景观当成文本来解读。下面就顺循这种思路，探讨两千多年来，汉族与海南的人地互动关系。[10]

根据正史记载，海南第一次与大陆发生互动是在公元前二世纪，[11]当时亟欲拓展疆土的汉武帝，派路博德和杨仆远征割据一方的南越国，接着便在公元前一一〇年(西汉元封元年)，就南越之地建置九郡，其中的珠崖及儋耳二郡便在海南。后来“珠崖”便成了往后七百多年大陆人对海南的主要称呼。[12]

为何选珠崖称呼海南，这是因为当时位居内陆的首都长安，常见首饰多是“金玉”，很难看到海边的“珍珠”，[13]而海南“在大海中崖岸之边，出真珠(珍珠)，故曰珠崖”[14]。由此可见，当时中央政府是从海南能够提供中原少有的“珍珠”贡物来定位海南。

海南珍珠受到汉朝大陆人的珍视还可从公元前一世纪刘向编的《列女传》得到证明。该书《节义传》里有篇《珠崖二义》，叙述某位珠崖令过世后，他的三位遗属——续弦之妻、十三岁前妻女儿、九岁儿子——协同扶棺经琼州海峡送葬回大陆故乡。由于当时朝廷严令，凡走私海南珍珠进入大陆者，一律处死，所以续弦之妻便将系于臂上的珍珠弃于海南。未料年幼无知的儿子因为好玩，偷偷将珍珠拾起，置入母亲首饰盒，且未告知任何人。等一行人到了海关，首饰盒的珍珠遭到查缉，十三岁的女儿以为继母伤心过度，忘了丢弃珍珠，于是挺身代母受过，声称是她觉得可惜，所以把继母舍弃的珍珠拾回，继母从头到尾都不知情。继母闻言，以为女儿所言为实，但不忍女儿受苦，坚称是自己悲伤过度，忘了抛弃珍珠。两人争相认过，执法官员深受感动，最后法外施恩，没收珍珠，两人皆无罪开释。[15]当然，《列女传》搜录这篇事例主要是彰显两女义行，但同时反映出，在当时以黄河中下游为活动重心的汉朝政权心目中，海南珍珠是多么物稀为贵，难怪中央政府要以珠崖命名海南。

汉朝之后的魏晋南北朝，由于中原兵连祸结、政权更迭无常，为了避免家破身亡，大批汉人陆续从黄河中下游南移至淮河流域及长江下流。[16]随着这股中国重心南移，海南与中央政府的距离缩短，[17]造访海南不再那么遥不可及。再加上，早先对南海认识有限，往来江南与东南亚的船只只能沿中南半岛岸边航行，现在则能掌握南海季风的规律，所以从广州出发，在海南歇脚后，便直行南海，抵达今日印尼。[18]也因此，唐朝以后，来海南的大陆人日渐增多，对海南不但有了新定位，且因来客背景有异，对海南各有不同定位。

新定位至少有两种，一种是游客（或过客）的正面评价，另一种是流放人士的负面评价。前者以“琼州”为代表，后者以“鬼门关”作写照。“琼州”的“琼”之所以得名，肇始于海南北部海边的两个村庄，“土石皆白似玉而润，种薯其上特美，所产槟榔其味尤佳，意者其石如琼瑶耳。”[19]“琼瑶”源自《诗经·卫风·木瓜》，[20]意思是“美玉”。换句话说，以“琼”命名海南的人，对海南风土有着高度评价，认为海南既如“美玉”那样赏心悦目，所产的“薯”及“槟榔”又似“琼浆玉液”。从海南至今仍简称“琼”，便可看出一千三百多年前唐朝人的这个命名影响有多深远。

然而，虽有人以“琼州”美誉海南，却得不到流放海南谪官的认同，“鬼门关”就出自曾任宰相、后败于党争的李德裕手笔。当李德裕被下放海南时，写了一首《贬崖州司户道中》：“一去一万里，千之千不还，崖州在何处？生度鬼门关。”[21]李德裕以“鬼门关”称呼海南，总结了贬官对海南的绝望之情。[22]因为北来的流放人士，一则无法克服南方瘴气及饮食的水土不服，再加上坐船通过波涛汹涌的琼州海峡，随时都可能葬身鱼腹，[23]所以前来海南便是“生度鬼门关”。[24]李德裕另用一首《望阙亭》描绘海南山水如何活似“鬼门关”：“独上江亭望帝京，鸟飞犹是半年程。青山也恐人归去，百匝千回绕郡城。”[25]这首诗慨叹琼州海峡的水已如天堑般地阻绝流放人士返回帝京，未料岛上层层山峦还“百匝千回”困住他们，这样的山水焉能不是“鬼门关”。

李德裕最后果真难逃“鬼门关”的催命，在海南走完人生的最后一程。传说李德裕死前一天，造访城南小院，见壁上挂着一个葫芦。他询问院里老和尚，葫芦内放的是不是治病的药粉？老和尚先摇头，接着说：“这是骨灰，是那些因朋党之祸贬谪海南官员的骨灰。贫道于心不忍，贮藏骨灰，等待日后这些贬官子孙领回。”李德裕闻讯，怏怏离去，心痛至极，自认今生无望返回大陆，当夜便撒手人寰。[26]

不管是流放积聚恐怖经验的“鬼门关”，或是旅游留下美好印象的“琼州”，截至唐朝，海南大抵不是大陆人主动选择定居的地方。但是五代的战乱改变了这个局面。王兴瑞曾有分析："汉族琼崖移民(可)分为两个时期：自汉至唐为无意的时期；从五代、宋以后则为有意的时期。前一时期移民甚少，仅限于商人、流氓和官吏守兵后裔；后一时期，则有举族南来者，各式各样的人都有，故数量甚大。五代时汉人所以纷纷南来，是因为当时中原祸乱亘数十年，士大夫便以此海外桃源为避难处所，……故今日琼崖汉人族谱所载迁琼始祖，多始于宋代。"[27]

由于移民前，必须确切知道落脚地到底在哪里，演变到后来，发现最省事的做法就是用地名反映。而这个"海外桃源的避难处所"位居雷州半岛的外"海"以"南"，所以"海南"便顺理成章地成为岛名。在此之前，"海南"一词指涉不定，或者广东和广西沿岸地区，或指越南北部，或指海南岛。[28]宋代以后，为了不再混淆视听，"海南"一词开始专指本岛。[29]

一旦在海南落脚后，汉移民对海南物产的开发就不仅止于岸边的珍珠、薯及槟榔，[30]汉移民开始进入中部山区，寻找闻名已久的"香洲"。"香洲"一词最早出现于六世纪："香洲在朱崖郡，洲中出诸异香，往往不知名焉"。[31]"洲"意味着产地不在大陆，是在外海岛屿；至于诸异香"往往不知名焉"，是因为过去没有深入开发，所以对此地的"香"了解有限。现在既然进入山区，便会比较此地的"香"与他地的不同及其优劣。根据十二世纪《岭外代答》，海南的香分为"土沉香"、"蓬莱香"、"鹧鸪斑香"及"笺香"。[32]最好的是土沉香，产于"黎母山峒中，……少大块，有如茧粟角，如附子，如芝菌，如茅竹叶者，皆佳"。从对海南"香"有了分类及对土沉香外形描述的多样生动，[33]便知道此时汉移民对"香洲"的熟稔程度。此外，相较于三佛齐国及阇婆国[34]等沉香"味皆腥烈"，土沉香"焚一铢许，氛翳弥室，翻之四面悉香，至煤烬，气不焦"。正因土沉香品质优良，而又源自不易出入的"黎母山峒中"，导致土沉香奇货可居，其盛况如下："海南自难得(土沉香)，省民以一牛于黎峒博香一担，归自差择，得沈水十不一二。顷时香价与白金等，故客不贩，而宦游者亦不能多买。"

汉移民会将“香洲”产品与他地相比，足见海南的地理定位已从孤悬外海，演变成与周遭地域相应。由于海南是海岛，所以至少有两种地域相应，一是海岛之于陆地，另一是海岛之于大海。岛上居民又是如何解读这两种地域相应？如果以本岛为俯瞰中心，这两种地域相应可以看成是：海南“北”眺大陆和“南”望南海。“北”眺大陆，则海南是雷州半岛的延伸及终点；“南”望南海，则海南是南海的一环及起点。前者是“陆权”的产物，后者是“海权”的结论。最能彰显此二者差异的，莫过于海南南端三亚海滩刻有“天涯海角”和“海阔天空”的两块巨石。[35]

“天涯”是公元一七三三年（雍正十一年）本地县官所题。[36]此二字代表帝制时代来此为官的人，认为离京愈远，仕途愈黯淡，眼见大海茫茫，如同自己仕途茫茫，感伤之余，故题“天涯”。[37]到了民国，来此游玩的人，目睹海滩波澜壮阔，认为海南应该是鹏程万里的起点，而不是天地的尽头，于是在“天涯”下方，加刻“海阔天空”，表达对海南的不同定位。

依附南海的海南真能“海阔天空”？至少二十世纪初期的海南华侨何麟书是这样认定的。何麟书早年横渡南海，来到南洋，眼见当地橡胶经济价值高，心想故乡与东南亚风土相似，何不如法炮制，利乡利己。何麟书后来踏实筑梦，果然替海南成功引进橡胶，也开启中国橡胶业的扉页。类似例子还有南洋咖啡苗。[38]此外，公元二〇〇一年在海南琼海县博鳌举行的亚洲论坛，参与的政要包括当时的江泽民主席、马来西亚总理马哈蒂尔、菲律宾前总统拉莫斯、澳大利亚前总理霍克、日本前首相中曾根康弘等二十六位。这次盛会让自一九九三年起，饱尝房地产泡沫之灾而黯然神伤的海南，精神为之一振。博鳌能够成为中国与东协的纽带，印证“海阔天空”这种思路在二十一世纪仍大有可为。

从贡物的“珠崖”、名胜的“琼州”、流放的“鬼门关”、移民的“海南”、名产的“香洲”、陆权的“天涯海角”，一直到海权的“海阔天空”，我们目睹两千多年来，不同时代的人，依其理智及感情，对这座南方岛屿有着不同的地理感受。就地利而言，海南曾是“珠崖”、“琼州”，也是“香洲”；

就移民新居而言，这座南方岛屿最后被命名为“海南”；就战略而言，海南迄今仍是“海阔天空”；就爱憎而言，贬官视此为“鬼门关”，心向京城的边域小官视此为“天涯海角”。上述这些都是人文主义烛照下的产物，既有因地制宜，也有触景生情，只要是人具备的特质，都会反映在人地互动关系中。

人这种丰富多元的地理感受，如果用人文地理学者 Pred 的话来阐释，就是一种“历史际遇的过程”（historically contingent process）。[39]简言之，Pred 主张理解任何一个区域（譬如“海南”），不该是静态描述，应该是动态表述，这其中包含了三个重点：“历史”、“际遇”和“过程”。

所谓“历史”，是指时间和空间是“焦不离孟、孟不离焦”的“二合一”构成要素（constitutive）。由于受限感官知觉，我们能看见及感受空间，但只能感受却无法看见时间，所以才会习以为常地将空间及时间二分。然而，地域发展（或是一地的地理意义）永远是空间与时间互动下的产物，如果只从其中一个面向解读地域发展，或许局部认识非常精准，但终究误导全面理解。以海南为例，只有时间与空间两种视角并用，才会看出不同时间的人对同一个地方的体悟竟会如此多元，甚至含义全然相反（譬如“天涯海角”对应“海阔天空”）。

所谓“际遇”，是指地域发展只是因缘际会的结果，并非冥冥之中有种科学规律在主导。这种论述主要是反对科学主义为了符合因果关系及建立模式的预存立场，所以常常削足适履或舍本逐末地解释地域发展。当然人文主义不是主张事事皆偶然，没有必然，只是人文主义看重机缘甚过机械思考。以流行一时的“环境决定论”为例，人文主义认为环境类似，但是人的思考及行为未必全然一致，所以才会提出“或然论”（probabilism）修正。[40]这也正是早期的美洲印第安人、中期的西班牙人和后来的美国白人移民者，同样生活于加州南部或西南部沙漠，也都“靠山吃山，靠水吃水”，但最后还是基于文化背景和人生价值观的差异，发展出不同类型的“靠山吃山，靠水吃水”。[41]

所谓“过程”，是指区域被视为一个不断重整（readjusted）的“再建构体”(reproduction)。也就是,区域不是地理特征(地点、水文、雨量、土壤、资源等)及其发展结果(农业、工业、城市等)的知识性描述,而是区域内社会关系(结构、权力、对话等)如何影响地理特征或被地理特征影响的辩证表述。由于“天行健,君子以自强不息”,[42] 所以这种表述永远是进行式,不会是完成式,也因此区域是个不断在变的“沧海桑田”(becoming),而非一成不变的“桃花源”或“穷山恶水”(being)。

总之,Pred 并没有将“区域”视为一个静止不动的“地点”,而是一个随“时间”变动且“无既定规律”主导的“过程”。

中国疆域辽阔、气候多变、地貌繁复、种族众多,各族本身的“人地关系”已经差异甚大(譬如西南少数民族的“刀耕火种”不同于汉族的“稻米灌溉”),而各族对异地的感受,也随时间不同而有所改变。汉族对海南地域发展的多元感受绝不会是唯一例子。如果能把不同种族在不同时代对同一地的不同想法,及为何有此不同想法,透过人文主义爬梳剔抉,那中国地理思想史必然百花齐放、气象万千。

注　释:

①文艺复兴的启蒙运动带来了理性精神,理性精神为往后的市场经济、民主制度、科学技术,乃至自由、人权、法律之前人人平等奠下坚实基础。但是理性精神过度突出后,也衍发了反对神权本体论而起的人类中心主义(anthropocentrism),和因强调工具理性而生的科学主义。这两种主义都带有“动力横决天下”的征服意图。见杜维明《化解启蒙心态》,《杜维明全集》,武汉出版社,2002 年,第五卷,第 261—262 页。

②一九二〇年代,中国发生了一场“科学与玄学”的论战。主张“人生观问题之解决,绝非科学之所能为力”的张君劢,受到丁文江的质疑。丁文江认为张君劢犯了两个错误,第一是迷信玄学,第二是误解科学。丁文江还斥责玄学是个无赖鬼,在欧洲鬼混二千多年到近来没饭吃,只好跑到中国招摇撞骗。见李醒民《“科学论战”中的皮尔逊》,《自然辩证法通讯》,1999 年第 1 期,第 50—51 页。

③《广志绎》是十六世纪末王士性的作品。若非已故谭其骧教授在一九八〇年代大力宣扬,恐怕王士性其人及《广志绎》至今仍默默无名。相形之下,《徐霞客游记》之所以广为流传,不令人意外地,是因为重科学、鄙玄学的丁文江大力推荐。

④这类作品之一可参见,胡欣、江小群,《中国地理学史》,台北:文津出版社,1995 年,第 131—145 页。

⑤唐晓峰,《两幅宋代“一行山河图”及僧一行的地理观念》,《自然科学史研究》,1998 年 10 月,第 17 卷第 4 期,第 380—384 页。

⑥实证主义几乎就是科学主义的同义词,因为实证主义认为只有通过科学方法检验的才算知识。

⑦R. J. Johnston, *Philosophy and Human Geography*, London: Edward Arnold, 1983.

⑧“Topophilia”与“Landscapes of Fear”是段义孚的两本名作,见唐晓峰,《还地理学一份人情》,《读书》,2002 年第 11 期,第 59—64 页。

⑨这首诗名为《题都城南庄》。

⑩限于资料,本文只能谈汉族与海南的互动,无法触及黎族与海南的互动。黎族因为没有文字,所以黎族对海南景观的诠释,只能借助田野访谈及考古证据。虽然汉人古籍也有关于黎族的叙述,但这些资料大多本着“儒家文化中心主义”来批评黎族的“野蛮愚蠢”(譬如,黎族黥面纹身、冥顽不化、杀牛祭天以求病愈),少见黎族与周遭环境互动的记述。

⑪公元前三世纪的《吕氏春秋》已有关于海南的记述。

⑫其他称呼还包括“朱卢”、“珠官”。

⑬凌纯声曾指出,“华、夷文化”的不同在于“华文化”身处内陆,所以习于“金玉、车马、衣冠”,而“夷文化”接近滨海,故重“珠贝、舟楫、纹身”。见凌纯声《中国古代文化与亚洲地中海》,台北,《海外》,1954 年,第 3 卷第 10 期,第 7—10 页。

⑭《汉书》卷六,武帝纪第六,台北:洪氏出版社,1975 年,第 188 页,应劭批注。

⑮[汉]刘向编,黄清泉译注,《新译列女传》,台北:三民书局,1996 年,第267—270 页。

⑯葛剑雄等,《简明中国移民史》,福建人民出版社,1993 年,第 149 页。

⑰魏晋南北朝中的吴、东晋、宋、齐、梁、陈,皆以南京为都。

⑱在唐朝有条“广州通海夷道”,是由广州经海南东北角外侧的“九州石”(现名七洲列岛)和东南方的“象石”(万宁县大州岛),再到东南亚,最后抵达西亚的大食帝国。见《新唐书》卷四十三下,志第三十三下,地理七下,台北:洪氏出版社,1975 年,第 1153 页。

⑲[宋]王象之,《舆地纪胜》卷一二四,粤雅堂丛书本,台北:文海出版社,1962 年,第 658 页。

⑳原文是“投我以木瓜,报之以琼瑶”。

㉑[清]张隽纂修,郭沫若点校,《崖州志》,广东人民出版社,1983 年,第 483 页。

㉒根据唐史,类似李德裕被流放海南的高官还有杨炎、韦执谊、韩瑗、韦方质、

李孝逸等。

㉓琼州海峡虽只宽约二十二公里，但古代船只结构不扎实，对台风及海浪潮水了解又有限，所以才怕葬身鱼腹。

㉔有人认为鬼门关应在今天广西玉林市附近；另外，郭沫若主张《贬崖州司户道中》并非李德裕所写，而是杨炎所著。其实不管诗是何人所写以及鬼门关在何处，都不影响本文论点。因为唐朝时期，海南、雷州半岛、广西南部、越南北部同属贬官流放区，“十人去，九不还”，所以将上述整个区域比喻成“鬼门关”，亦不为过。鬼门关在广西玉林市的说法见陈驹，《文史春秋》，1994 年第 1 期，第 78－80 页。郭沫若主张见《崖州志》，第 526 页。

㉕《崖州志》，第 483 页。

㉖《舆地纪胜》，卷一二四，第 668 页。

㉗王兴瑞，《琼崖简史》，《边政公论》，1946 年，第 5 卷第 1 期，第 5 页。

㉘李勃，《“海南”考释》，《中国历史地理论丛》，1997 年第 1 期，第 34，80 页。

㉙司徒尚纪，《海南岛历史上土地开发研究》，海南出版社，1992 年，第 83 页。此外，宋朝以前，海南的原住民多与雷州半岛的原住民同被称为“骆越”、“蛮”、“俚”、“僚”；宋朝以后，海南的汉人移民日多，为了区分两地原住民，汉人便以“黎”专指海南的原住民，譬如宋朝地方志《岭外代答》便称海南原住民为“黎”，见[宋]周去非著，杨武泉校注，《岭外代答》卷二《海外黎蛮》，中华书局，1999 年，第 70－74 页。

㉚宋朝时，海南的三大名产分别是槟榔、吉贝（棉花）及土沉香。

㉛[南朝·梁]任昉，《述异记》卷下，第 6b 页，影印文渊阁四库全书，第 1047 册，台湾商务印书馆，1983 年，第 627 页。

㉜《岭外代答》卷七《香门》，第 241－245 页。下引皆同此。

㉝沉香制作过程是先将香木置于水中，待香木自动剥落，沈水于下者即为沉香。而每块香木通常最后只会出现十分之一二的沉香。

㉞三佛齐国在今印尼苏门答腊岛东南部，阇婆国在今印尼爪哇岛。

㉟这两块巨石矗立在三亚的海滩上面，两块巨石分别刻着“天涯”及“海角”。“天涯”下面另有“海阔天空”四个字。

㊱《崖州志》，第 503 页。此外，“海角”是清末文人提刻，见魏南金《海南宝岛》，广东人民出版社，1988 年，第 225 页。

㊲“天涯”在文学隐喻中，负面价值居多。譬如白居易在《琵琶行》中的名句：“同是天涯沦落人，相逢何必曾相识。”

㊳许士杰主编，《海南省——自然、历史、现状与未来》，商务印书馆，1988 年，第 119 页。

㊴Allan Pred, “Place as Historically Contingent Process: Structuration and the Time-Geography of Becoming Places,” *Annals of the Association of American*

Geographers, Vol. 74, No. 2 (Jun., 1984), 第 279—297 页.

㊵"环境决定论"认为类似的环境只会导致同种地域发展。"或然论"认为只要环境许可,地域发展会有数种可能,这其中以与居民文化背景最接近的那种地域发展,实际发生的几率最高。

㊶鲁西奇,《区域历史地理研究:对象与方法——汉水流域的个案考察》,广西人民出版社,2000 年,第 20 页。

㊷语出《易经·干卦·象辞》。

《大元混一方舆胜览》研究二题

郭声波

一、《大元混一方舆胜览》的作者

《大元混一方舆胜览》(以下省称《元胜览》)是目前所知现存唯一一部完整的元代地理总志,主要见于类书《新编事文类聚翰墨大全》(以下省称《翰墨大全》),也见于类书《群书通要》,此外还有少量单行本,但各种版本都不著作者名,故历代著录《元胜览》者,除明代高儒《百川书志》卷五作"宋省轩刘应李编"外,皆作"佚名"或"无名氏"撰。高儒的记载没有得到重视,不知是什么缘故,因此有必要作进一步讨论。

从《元胜览》内文看,仅有两处出现了第一人称。一处在腹里涿州"景致"栏"白沟河"条:"白沟在安肃北十五里,阔丈余,古亦名巨马河,宋与辽人分界处。余顷因使燕,亦尝过所谓白沟者,河甚浅狭可涉,地属涿州。"这段史料,应是出自某人笔记,笔者怀疑是楼钥所记。另一处在大德初刊本陕西平凉府"沿革"栏:"愚按:原州平凉府旧有临泾、彭阳二县,与今所治不合,今云三县元属渭州陇西郡,即前之巩昌路也,未详。"此语提到巩昌路,当是元人口气,而在以后的改编本中却被删去,可见它应是《元胜览》初编者的语言。

《元胜览》初编者不很清楚平凉府的情况,是因为他没有去过陕西,同样,他也没有在大都生活过,因为他要依靠来自大都的"传录本"研究京郊的县名。如腹里檀州"沿革"条云:"旧有密云、燕乐二县，今传录本无燕乐，有怀柔，疑即妫之怀戎。”《元胜览》中对金的称呼，既有“大金”，也有“虏”、“贼”字样，我们不否认可能是作者笔削不谨的缘故，但从前面所举是书屡载抗金事迹来看，作者的仇金倾向十分明显，他不可能是金朝遗民。凡此种种，我们不难判断作者尽管未曾作过宋朝使者，但他的确是南宋遗民，正如高儒所说，他就是生活在闽北建宁路的刘氏家族之中的刘应李。笔者提出的支持理由主要有四：其一，《元胜览》关于建宁路的记载特别详细，其字数达到二千多，不仅超过江浙行省首府杭州路，也超过福建道首府福州路，而达到与中华文明之都河南府路相当的地步，仅次于大都路、成都府路和安西路。这表明作者对建宁府特别熟悉、特别热爱，没有理由不认为这是他的家乡。又如建宁路“景致”条载：“平政桥，郡治之水西。御茶园，在武夷。”这两条，不见于对地方景物记载特详的《舆地纪胜》，《方舆胜览》也只有平政桥，但内容与此完全不同，无“郡治之西”字样，显然这两条内容是作者新加的，并且如非亲临其境则不可得知。其二，《元胜览》关于建宁府刘氏家族的记载特别详细。在建宁路“人物”栏中，载有刘氏十人，其中刘颌、刘纯、刘爚、刘篁嵲、刘砥、刘砺等人皆未见于《方舆胜览》，显然是《元胜览》作者所加，且极尽歌功颂德之辞，由此判断作者乃建宁刘氏中人。其三，《方舆胜览》的作者祝氏父子也是建宁人，祝氏后人曾于宋末就有人盗版翻刻《方舆胜览》一事呈请官府榜示禁止，云：“近日书市有一等嗜利之徒，不能自出己见编辑，专一翻板，窃恐或改换名目，或节略文字，有误学士大夫披阅，实为利害。”[①]可见作为民间书籍编撰、出版中心的宋末建宁地区，已产生了著作权、版权意识。《元胜览》作者公然大量节录祝氏《方舆胜览》并予刊行，而未闻引起同处一乡的祝氏后人反对，实是怪事。但是从另一角度看，假如《元胜览》作者征得了祝氏后人同意，此事便不难解释了。为什么祝氏后人会同意？我们知道建宁刘氏中的刘炳是祝穆舅氏朱熹的弟子，而刘应李即刘炳之裔孙，刘、祝两家当系世交故旧。投桃报李，《元胜览》建宁路“人物”栏中便破例收录了名不见经传的祝穆、祝洙二人。其四，《元胜览》最早是作为大德十一年初刊本《翰墨大全》的后甲集卷11至15、后乙集卷1至卷6问世的，属于地理门的一部分，共十一卷，题记没有“信乎其为胜览矣”一句，各卷标题也没有“圣朝（或大元）混一方舆胜览”字样，在编目体例上与其它各门类比较并无特别之处，这表明《元胜览》原本是与《翰墨大全》融为一体的，因此，它的作者应当就是《翰墨大全》的作者刘应李，没有必要再单独署名，高儒《百川书志》的记载是正确的。后来的改编者大概考虑到便于抽出来单独发行，才合编为上、中、下三卷，并于目录前及各卷首尾添加了《方舆胜览》或《圣朝（大元）方舆胜览》字样，这些都是刘应李始料不及的。

刘应李其人，据大德初刊本《翰墨大全》熊禾《序》：“省轩刘君应李，为此编命曰《翰墨大全》。……刘君力学善文，与余讲学武夷洪源山中者十有二年，所造甚深，此特其游艺之末耳。”又据明清有关记载[②]，可知刘应李本名桀，更名应李，字希泌，号省轩，宋福建路建宁府建阳县人，朱熹门人刘炳玄孙[③]，谨厚庄重，博习修洁，登咸淳十年进士，调建阳县主簿。入元不仕，自元贞二年起，与熊禾、胡廷芳讲道于本县洪源山中，建化龙书院于莒潭，聚徒讲授，厚给课试，悉仿州县法，著《易经精义》等书行世云。

方国瑜先生曾推测《元胜览》的作者参加过《大元大一统志》的编纂，主要理由是《元胜览》参考了大德七年新近报送中央的李京《云南志略》。但从刘应李“入元不仕”的履历来看，应当没有这种可能。不过，他的确与秘书监或《大元大一统志》的编纂人员有些关系，所以得到了以政区资料为主的《大元大一统志》的“传录本”。《元胜览》撰写初稿时，政区编排可能参考了传录的至元二十八年札马剌丁等编成的《大一统志》（《大元大一统志》初编本）目录[④]，即政区资料截止于至元二十四年。大德八年后，又得到了卜兰禧等重修的政区资料截止于元贞元年的《大元大一统志》“传录本”（可能以政区目录为主），得以增补元贞元年新置州名，但河南行省的位序未再改动。钱大昕所谓“书中又有冀宁、晋宁之名，系大德中所改，则刊成之后别有窜易”，亦指此事，但“刊成”当作“编成”。刘应李得到的传录本内容有限，不能据以补完元初以来全部政区沿革，他只能另找资料，所以尽管《元胜览》的政区资料一直补充到大德七年[5]，却仍有不少漏落，这与他未在京城任职，无缘接触掌管天下户口、田土、贡赋的户部和掌管“城池废置之故、山川险易之图”的职方部门有很大关系。

后来的删订改编，更出自多人。如至正年间刊行的类书《群书通要》州郡门所收《群书通要方舆胜览》，就是将大德本《元胜览》进行大规模删节，然后缩编为上、中、下三卷，其目录之前镌有“至元戊寅菖节梅轩蔡氏刊行”字样，但删节改编者是否为蔡氏，不得而知。

泰定年间建阳麻沙吴氏友于堂刊詹友谅编撰的《新编事文类聚翰墨大全》，其乙集地理门所附州郡门，经仔细比较，也是出自刘氏《元胜览》，但已被詹氏删节改编，压缩为上、中、下三卷，各卷标题改为《圣朝混一方舆胜览》，下卷卷末末行作“大□混一方舆胜览”，缺字当是明人挖去，估计原来是“元”字。詹氏还在《元胜览》上卷卷首增加了一套附图，即全国图《混一诸道之图》一幅、分省区图十三幅，并在付印前补充了一些大德七年后至皇庆年间的建置，如兴和路、冀宁路、岭北行中书省等。这个《元胜览》的改编本，就是现在传世的元末及明代各种《翰墨大全》本所收《元胜览》及单行的《元胜览》的祖本。

詹友谅其人，史志无传，其署名自称“建安后学詹友谅益友编”，则“益友”为其字，建宁路建宁县人，可能是刘应李的学生。

二、《大元混一方舆胜览》的版本与流传

《元胜览》长期作为元代类书《新编事文类聚翰墨大全》（同书有的卷目“大全”作“全书”）的一部分编撰和刊行（如图一），考察它的流传，自然要从《翰墨大全》开始。

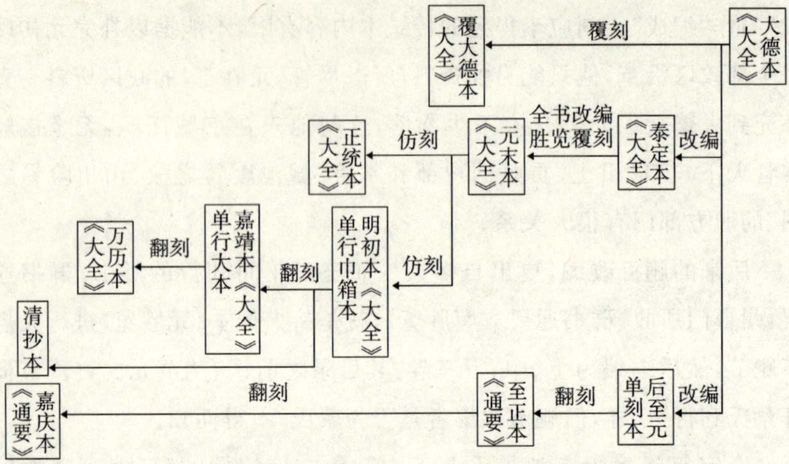

图一 《元胜览》版本流传示意图

(一)大德本与覆大德本《翰墨大全》

《翰墨大全》的首次刊印在大德十一年,即平碉伯氏刊本,我们称之为"大德本"。钱大昕曾以《元胜览》不载至元三十一年复立之平阳路芮城、陵川等县,认为是书"刊于世祖朝"。按《翰墨大全》熊禾序作于大德十一年,其为初刊之序言之确凿,不容怀疑。《元胜览》缺载政区沿革处颇多,其原因前面已详为辩论,此不载芮城、陵川,绝非刊于世祖朝之证。

今台北"中央图书馆"所藏编号为7933的一百九十四卷本《翰墨大全》,著录为"元大德十一年刊巾箱本"⑥。其卷目与清人钱大昕《补元史艺文志》、民国人傅增湘著录的《翰墨大全》较为接近。傅氏著录本明确定为"大德丁未刊巾箱本",前集作一百三十三卷,当是出自"7933本",只不过戊集正作十三卷,丁集误作为八卷罢了;后集作甲、乙、丙、丁、戊"五卷",当是误将"集"字写成了"卷"字⑦。据此推断,傅氏著录本和"7933本"都是配补本。

笔者细阅过“7933 本”，发现它并不是真正的大德本，其主要理由有三：一是有不少缺字墨丁；二是错讹字较多，不少句子不能卒读；三是重庆路县名列有黔江、彭水，按《明史·地理志》，该二县元属绍庆府，明洪武四年府废，方改隶重庆府，故知此县名乃明初人所加。另一方面，从版式考察，该本属巾箱本，版心甚窄，白口，双黑鱼尾，目录和篇名上有花鱼尾，版框四周双边；从字体考察，正文用赵体，注文字体变长，简体字和俗字较多，牌记用行书，这都是元代中期刊本的特征。综合这两方面考虑，它应是明初人覆刻的大德本（以下省称“覆大德本”）。

（二）泰定本与元末本《翰墨大全》

除了覆大德本外，笔者还见到了两个乱点鸳鸯谱的《翰墨大全》本子，一个是台北“中图”所藏编号为 7932 的著录为“元詹友谅撰，元泰定甲子（元年）麻沙吴氏友于堂刊本、配补明刊本”的一百二十五卷本，我们称为“泰定本”；一个是该馆编号为 7934 的著录为“元刘应李撰，明初叶建刊巾箱本”的九十八卷（实为九十九卷）本，我们暂称为“7934 本”。

泰定本与大德本（包括覆大德本）、元末本和明代各本《翰墨大全》比较，编目或版式均有不同，但又有许多相似之处，从内容看，相似雷同之处更多。应该说泰定本、元末本和明代各本都是从大德本递相改编而来，只不过泰定本署了改编者詹友谅名，而元末本和明代各本仍署刘应李名罢了，所以清朝《钦定续文献通考》及《四库全书》仍将泰定本定作刘应李编，也是有一定理由的，不算大错。

台北“中图”所藏泰定本乙集原阙，总目录标明乙集为“天时门，地理门附州郡门”，它应该包含《元胜览》内容，但配补者所补明刊本乙集共九卷，内容却是冠礼、婚丧两门，显然所补非宜，纯属乱点鸳鸯。笔者测量所补乙集卷 7 至卷 9（卷 1 至卷 6 为抄补）版框，只与明初本和正统本合，与其余各本皆不合，显然它是明以后人取明刊本乙集（即前乙集)配补的。

“7934本”与泰定本基本相似,但由白口变黑口来看,应是元后期刊本,笔者称之为“元末本”,台北“中图”著录为“明初本”,可能有误。经核对,其甲集系翻刻大德本,己集系仿刻大德本,其余各卷编目、内容、字体则与明正统本如出一辙。因此笔者判断,“7934本”的《元胜览》本来也应编在后乙集,现存本是残本,缺佚了后五集,现存本中的乙集《元胜览》(含《元混一诸道之图》等十四幅附图)并不是它的原本,从版框大小看,它应是泰定本所阙的乙集《元胜览》,“7934本”的乙集已阙,其原本应与正统本一样,是冠礼、婚礼门九卷,也就是说,其前集原本应是一百零五卷。看来“7934本”也是一个被乱点鸳鸯的配补本。

弄清了这段曲折,我们也就知道,尽管泰定本《翰墨大全》没有整本传刻本,但它的《元胜览》却被明正统本通过元末本仿刻下来,换句话说,元末本的《元胜览》也是覆刻自泰定本,只不过因为要移到后乙集,其卷目下被抹去了原有的“乙集”钤记。笔者在复旦大学图书馆见到过一位日本友人带来的正统本《翰墨大全·元胜览》正文首页原大复印件,以之与明初建刊本及误补在“7934本”中的泰定本《元胜览》比较,字体与前者略异而与后者完全一样,与后者的区别,只在于版框稍大、框线齐整,且在卷目下没有“乙集”钤记。

泰定本、元末本、正统本《元胜览》虽系一脉相传,原始作者是詹友谅,不过由其附图中各省排列顺序看,云南在江浙、江西、湖广后,且无岭北行省,只在《甘肃》图中标注和林城宣慰司,与该本正文不符,却与大德本正文完全相符,因此笔者认为,詹友谅最初是根据大德本资料改编《元胜览》,并增绘附图,付印前在正文中增补了部分大德七年至皇庆间内容,却因故未能补正附图。

(三)明初本《翰墨大全》与单行巾箱本《元胜览》

明初建阳书坊刊本《翰墨大全》即前面提到的“明初建刊本”,我们又称之为“明初本”，关于其时代和产地，历代藏书家都有鉴定，笔者就不赘考了。作者仍署名刘应李，但已明显经过较大改编，改编者未署名。该本版式仍属于巾箱本，模仿元本特别是元末本的痕迹很明显。其全本北京国家图书馆（编号 2334）[8]、台北“中央图书馆”（编号 7935）等单位均有收藏，但有的单位误著为元本。1991 年，齐鲁书社以北京国图藏本缩印收入《四库全书存目丛书》，2002 年，上海古籍出版社也以该本编入《续修四库全书》。

明初本虽然是元末本的改编本，但改编幅度不大，至少其《元胜览》及附图是元末本亦即泰定本的仿刻本。

前面说过，《翰墨大全》的改编者之所以要将大德本《元胜览》合编为三卷，并加书名、配图，主要目的就是为了便于抽出来单独发行。今北京国家图书馆所藏编号为七四三五的巾箱本《圣朝混一方舆胜览》三卷[9]，就是这样一种单行本，亦即前人所谓《元胜览》“巾箱本”。经比较，它与明初本篇目、内容、版式、字体完全相同，惟一不同的是，有的单行本版心中的“后乙”字样被抹去或以花纹遮盖，目录首行标题“新编事文类聚”被挖改为“圣朝混一方舆胜览目录”，下卷卷末末行的“大明混一方舆胜览”被挖去“明”字。显然这是作伪者的“杰作”，目的无非是想冒充单刻本或元本。

(四) 正统本《翰墨大全》

前面已经提到，明正统本《翰墨大全》是元末本的仿刻本，其《元胜览》三卷放在后乙集。正统本在我国大陆尚未见著录，今知台北故宫博物院及日本米泽市立图书馆有藏。笔者在复旦大学图书馆所见日本友人带来的正统本《元胜览》卷上首页复印件有批语，云原书序末有木记“正统元年丙辰，善敬书堂新刊”字样。上海图书馆所藏编号为“长五七八七八”的两卷《翰墨大全》后丙集氏族门残本，原著录为“明刻本”，经比较，其版框大小与明初本、正统本相合，但字体与明初本微异，因此笔者判定为正统本。另外就是前面提到的误夹在泰定本中的正统本乙集残卷。

(五)嘉靖本《翰墨大全》与单行大本《元胜览》

嘉靖本即明嘉靖三十六年杨氏归仁斋刻本,卷目与明初本同,当系明初本的重修本。

笔者在复旦大学图书馆见到该馆著录为“元刊单行本”的《元胜览》三卷,版框四周双边或左右双边,半页高202至205毫米、宽107毫米,比以前所有各本《元胜览》都大,版心也较宽,粗黑口,双黑鱼尾,行格较宽,十二行二十六字,字体为正楷仿欧体略带颜体,错别字较多,很明显它未再模仿元本,而属于明中期刻本的风格。封面篆体《元混一方舆胜览》,篇目、内容皆同明初本,只是目录标题为“新编圣朝混一方舆胜览目录”,与明初本的“新编事文类聚”和嘉靖、万历《翰墨大全》本的“新编事文类聚翰墨大全方舆目录”都不同,好像它是一个单刻本。民国人罗振常曾在明初单行本题记中提到:《元胜览》“单刻之本有二,一为大本,半页十二行,行二十六字;一巾箱式,即此本”。复旦单行本应即其所谓“单刻之本大本”。但笔者发现,复旦单行本的版心中,赫然印有“方上(或上方)后乙集”、“方中后乙集”、“方下后乙集”字样,显然它仍然是从某种版本的《翰墨大全》后乙集中抽出来单独发行的,只能叫单行本,不能叫单刻本。从版式及字体看,该种版本的《翰墨大全》非嘉靖本莫属,绝不可能是元本。并且笔者细审复旦单行本的封面,乃出手写自制,目录标题行及末行,也经过挖改,仅“新编”二字为原有,“圣朝混一方舆胜览目录”及标题行末押有“毛晋”印章的空白处为挖空后细心粘贴的,显然原本目录标题行及末行应是“新编事文类聚翰墨大全方舆目录”,“毛晋”印章也是伪造。作伪者如此处理,无非是想消除“事文类聚翰墨大全”字样,冒充单刻本,用心可谓极矣!

(六) 万历本《翰墨大全》

万历本《翰墨大全》，卷数、篇目、内容、版式、行格都与嘉靖本一样，只是字体改为伪宋欧体，所以北京国图编号为三一一九的藏本著录为“明嘉靖三十六年杨氏归仁斋刻，万历三十九年安正堂重修本”[10]，准确地说，应是嘉靖本的翻刻本。

《翰墨大全》在清代以后没有新刊本，可能是因为其内容已经过时的缘故。但《元胜览》作为仅存的元代地理总志，仍有传世的价值，所以两种单行本颇受世人青睐，并且还出现了单行巾箱本的清人抄本。李氏木犀轩所藏抄本孙星衍有跋，李盛铎书录也有介绍。孙跋云“拟重刊以公同好”，但后来亦不知下文。

总之，《翰墨大全》刻本虽有 8 种，但实际上只有二百零八卷（大德本）、一百二十五卷（泰定本）、一百三十四卷（元末本、明初本、正统本、嘉靖本、万历本）3 种卷目，单行本也只有明初本、嘉靖本两种。其它卷目的本子一般都是配补本或残本。《元胜览》在二百零八卷本中编入后甲、后乙集，为十一卷；在一百二十五卷本中编入前乙集，在一百三十四卷本中编入后乙集，均为三卷。

(七) 后至元单刻本和《群书通要》本《元胜览》

除了《翰墨大全》本外，元大德本的《元胜览》还有另一条发展蹊径，这就是后至元单刻本和《群书通要》本。

后至元单刻本今已无存，我们从《群书通要》所收的《元胜览》首页牌记“至元戊寅菖节梅轩蔡氏刊行”一行文字中知道，元代曾经有过此种单刻本[11]。

《群书通要》是元代另一部类书，初刊于大德九年，比《翰墨大全》的初刊还早两年，当时并未收入《元胜览》。但到了至正年间，蔡氏改编并刊印于后至元四年戊寅(1338)的三卷本《元胜览》，作为州郡门已被重刊的七十一卷本《群书通要》编为辛、壬、癸三集，其目录及卷目皆标明“群书通要方舆胜览”，每卷末页末行则作“大元混一方舆胜览”，没有附图。经比较,这个删节改编本《元胜览》,主要取自大德本《翰墨大全》,如陕西积石、平凉、庆阳、秦、陇等府州文字,颇与大德本合,尤其是其中的“积石州”一整节,也只有大德本才有,而为其它各本所无。当然,如新增大德七年以后建置(如岭北行省)、云南部分的排位,以及《大元混一方舆胜览》的命名等,也可能参考了泰定本。该改编本新增的内容极少,笔者仅见其建宁路增入地方人物熊禾事迹,表明编者和刊印者可能也是建宁路人。

注　释:

①《宋本方舆胜览》附福建转运使司录白,上海古籍出版社 1991 年缩印版,第 601 页。

②凌迪知《万姓统谱》卷 59,[清]《福建通志》卷 51《文苑》。

③何乔远《闽书》卷 96《英旧志》云:刘炳字韬仲,为乾道八年进士刘爚之弟,淳熙五年(1178)进士,子填、孙应李、铨。按应李咸淳十年(1274)进士,距炳中进士近百年,不可能为炳孙。同书又载,刘爚子垢,孙钦,则知刘氏子孙名以火、土、金、水、木五行之序为偏旁,应李初名楶,从木,当是刘炳玄孙。

④也有人认为札马剌丁等始修的《大一统志》与后来卜兰禧等奏进的《大元大一统志》为一个本子,如吴骞(《愚谷文存》卷 4《大元大一统志残本跋》)、王颋(《〈元史·地理志〉资料探源》,《历史地理》第 8 辑载)等。

⑤按《元史》卷 20、21《成宗纪》载:大德三年五月,复征东行中书省;五年十月,改鄂州路为武昌路;七年十月,改普定府为普定路。《元胜览》“镇东行中书省”标题下注曰:“大德三年五月立。”且于湖广行省立有武昌路、普定路二目,可证。

⑥台北《“国立中央图书馆”善本书目》,1986 年增订二版,第 629 页。编号是台湾汉学研究中心王玉琴女士从该馆查到的。

⑦傅增湘《藏园订补郘亭知见传本书目》,中华书局 1993 年,第 88 页。

⑧《北京图书馆古籍善本书目》,中华书局,1959 年,第 1540 页。

⑨《北京图书馆古籍善本书目》,中华书局,1959 年,第 1540 页。

⑩《北京图书馆古籍善本书目》,中华书局,1959 年,第 1541 页。

⑪最早提出后至元蔡氏刻本为单刻本的是方国瑜先生,见方国瑜《云南史料目录概说》,中华书局,1984 年,第 235 页。

从历史地理看《乙巳日记》的价值

——兼论林则徐与坎儿井

钮仲勋

在近代有关新疆的史地著作中,《乙巳日记》是值得注意的一种,因为该书不仅是近代中国伟大的爱国者林则徐在鸦片战争以后遣戍新疆时留下的重要记录之一,而且该书还反映了不少有关19世纪40年代新疆,尤其是南疆的自然环境和人文现象,对于研究新疆历史地理有重要参考价值。此外,该书还记载了林则徐与坎儿井的相关史料,对于坎儿井的历史研究来说很有意义。本文从历史地理的角度评议该书的价值,并兼论及林则徐与坎儿井的问题。

一

林则徐(1785—1850),字元抚,号少穆、石麟,清福建侯官(今福州市)人。道光十九年(1839年),他受命为钦差大臣,赴广东查禁鸦片,在虎门销烟,以此闻名中外。鸦片战争时期,他坚持抵抗侵略,遭受投降派的诬陷,被遣戍新疆。他于道光二十二年(1842年)冬到达伊犁(在今伊宁市)戍所,至道光二十五年(1845年)冬获释东归。他在新疆遣戍期间,曾从事开垦荒地,并兴修水利,为当时新疆的开发作出贡献。

《乙巳日记》是林则徐在新疆遣戍后期,奉伊犁将军布彦泰之命,会同原驻喀喇沙尔(在今焉耆回族自治县)办事大臣全庆,查勘南疆垦地的日记。这部珍贵的日记,原系钞本,向为林氏后裔所珍藏,名为《抵金汇帙·乙巳》。1982年福州市林则徐纪念馆曾征集借展，后经征得林氏后裔同意，在《中山大学学报》(哲学社会科学版)1984年第1期上全文发表。该日记所记林则徐从伊犁到达绥来县(在今玛纳斯)以后，经迪化州(在今乌鲁木齐)由吐鲁番转赴南疆，往喀喇沙尔与全庆会合之前的情况，这一部分，与《林则徐集·日记》所录相同，但错漏较少；其所记林则徐抵喀喇沙尔后，会同全庆，先后查勘了库车、乌什、阿克苏、和阗(今和田)、叶尔羌(在今莎车)、喀什噶尔(今喀什)和喀喇沙尔等处垦地，中经英吉沙尔(今英吉沙)，又在往返吐鲁番时接触到伊拉里克(在今托克逊西)垦地及重开渠道等情形，[①]这一部分，为《林则徐集·日记》所无，这是《乙巳日记》最有价值的部分。

《乙巳日记》的记载始于乙巳年(道光二十五年)正月初一，到七月初八日存稿就残缺，[②]现存六个多月的日记记载着林则徐从绥来经迪化、吐鲁番，西至南疆八城和东往哈密途中的情况，他将路途所经的山川湖泊、军台道里、城镇驿站、村庄集市均作了记载，根据这些记载可以将当时新疆大部分交通路线进行复原。在此以前，在清代有关新疆的行记如不著撰人的《使准噶尔行程记》[③]、洪亮吉的《伊犁日记》[④]、祁韵士的《万里行程记》[⑤]以及林则徐的《荷戈纪程》[⑥]等所载的路程多限于哈密至伊犁，对南疆的路程则缺少记载，而《乙巳日记》则主要记载南疆的路程，从新疆历史交通地理的研究来说，上述记载有重要价值。

《乙巳日记》每日都记载了晴、阴、雨或雪，还记载风。如正月初二日在绥来"微雪即晴"，五月初四日在巴尔楚克"晨阴，午间微雨，数点即止"。又如正月十八日夜宿于哈必尔罕布拉克台，"是夜三鼓忽起大风，彻夕怒号，向闻此地遇风则不可行，不知明日得赴前路否"。三月十二日自车底库勒台出发，"卯刻行，东风大，黄尘迷目，几不见人。至午刻行七十里，到图木舒克台，风大难行，且行李未到，遂宿于此"。对气候冷暖也有所注意，如正月初三日在绥来至图古里克台途中记载："此数日俱极寒"。正月十七日在达坂城住宿时记载："夜月甚亮，天气亦和，远不似前数程之严冷”。上述这类记载，对研究新疆历史气候颇有用处。

新疆是一个干旱地区，绝大部分的农田必须依靠灌溉，日常生活也与水有密切的关系，因之，林则徐对途中的河湖泉流较为注意。如正月十八日自达坂城至哈必尔罕布拉克台这一段行程，他记载：“十里为喀拉巴尔□逊军台，林木森疏，泉流清泚。……四十里至哈必尔罕布拉克台，俗呼为三个泉。……是日共行一百里，路途纡回，泉流颇盛，三个泉之前尚有一、二泉，皆所经过处也”。又如二月十二日从策达雅尔军台出发，他记载：“四十里曰老龙泉，有一泉眼甚旺，围以土墙，附近田庄，资以灌溉，自此以西，沿途多水，过横沟数道，树木甚密。又二十里至洋萨尔台。……二十余里即有一小湖，苇草蔓生，中间土埂一道，履以草束，车马皆由此行，再进而西，则横河愈多，坡埂无数，皆山水所冲刷者。此时水小，车过亦费马力，若夏令则皆大河也。又六十余里，复过一苇湖，则广至数十顷，中间草桥长二十余丈，似甫经添筑者。询之土人，云每月必修一、二次，皆加压草土，与黄河镶埽相似。……十五、六里至布古尔军台，……惟河水味咸，须饮井水。闻明日阿尔巴特之水尤坏。此数程中，以洋萨尔之水为佳，宜以葫芦携带为便也”。不仅记载了河流、湖泊、泉水等，而且记载了水的质量及是否适于饮用，这些记载对了解新疆一些地方的历史水文情况很有价值。

在林则徐的《乙巳日记》中还有不少反映地区开发的资料。如他记载库尔勒一带是：“夜在库尔勒军台宿。此处铺户数十家，居民百余家，每年可出木棉百万斤。……辰刻行，沿途多田亩树木，土路平坦，颇似关内”。又如他记载阿克苏至乌什途中“沿途水渠甚多，并有水磨，田土亦沃，颇似内地风景”。阿克苏至叶尔羌途中“二十里过爱依柯尔河，……新垦田地之渠口即在此，所引爱依柯尔河之水，浏然而清，畅流南去。附近果园颇多，桃、杏、梨花俱盛开”。这类记载反映自清朝政府统一新疆后，比较重视对新疆的经营开发，如开垦荒地，兴修水利，因此，经济有所发展。

从《乙巳日记》中还可以反映出南疆一些地方的自然环境。如他记载阿克苏至叶尔羌途中，从图木舒克台出发，“寅初刻行，皆沙土路，其隆起处如坟，树根盘绕其上。行两时二刻，至察巴克军台，即八台也。自图木舒克台至此，计八十里。将至台时，两旁土山，芦苇高丈余，车穿苇间行。……巳刻复行，亦沙土路，四十余里见有一河，即浑河也，水浊而小。顺河行四十余里，过一浮桥，即至巴尔楚克军台，又名毛拉巴什，即叶尔羌之第七台也”。从巴尔楚克台出发，“午后饭罢行，此程多水，皆自叶尔羌河东流而下，浅处车尚可涉，其深处以苇木为小桥，难胜重载，车过每虞桥陷，如是者四十余里，涉淖渡桥俱不胜数。行至半程，有大湖两处，因风荡漾，微波绉绿，亦佳景也。又四十余里，皆穿树傍苇而行。戌刻至皮产里克军台，即六台也”。从皮产里克台出发，“至戌刻抵阿克玛拉克军台，计三时有余，行九十里，路实有百里之远也。此数程皆树木蓊郁，枯苇犹高于人，沿途皆野兽出没之所，道中每有虎迹[⑦]，因此次随从人多，兽亦潜踪而避耳。此台为叶尔羌第五台”。林则徐所经的这一段路程，主要在喀什噶尔河与叶尔羌河之间的巴楚地区，通过上述记载，不难看出河水漫溢、湖沼甚多、胡杨林密布、芦苇丛生、野兽出没的景象。这些资料很有价值，它不仅可以用来复原当时的自然环境，而且可以用来同现代的自然环境作比较，借以说明环境变迁。

二

坎儿井，简称坎井，是干旱、半干旱地区开发和利用地下水，通过地下渠道自流灌溉农田的一种水利设施。新疆坎儿井的历史悠久，关于它的起源，目前学术界还是一个有争议的问题，有好几种说法，其中有一种说法是清代林则徐遣戍新疆时所创造。记载此事最为详细而具体的是清末修纂的《新疆图志》卷114《林则徐传》：“尤以创凿吐鲁番坎儿井为最，吐鲁番为古火州，其地亘古无雨泽，《周礼》用水作田之制无以施设，则徐思得一法，命于高原掘井，而为沟导井以灌田，民间名之曰：

坎，遂变赤地而为沃壤焉”。虽然在清代已有一些文献记载林则徐遣戍新疆以前吐鲁番地区就有坎儿井，如清人和瑛的《三州辑略》卷3记载嘉庆十二年（1807年），吐鲁番西10公里的雅尔湖（即雅尔和屯）地方已有“堪垦卡尔地二百五十二亩，……卡尔地每亩交纳租银六钱”。“卡尔”即坎儿井，说明这时吐鲁番地区已有坎儿井，[8]但由于林则徐是一位伟大的爱国者，在新疆曾兴修水利，人们将坎儿井的创造附会在他身上是可以理解的。清末陶保廉在《辛卯侍行记》[9]中认为坎儿井不是林则徐所创，并用“君子多幸事，天下之善皆归之”来解释人们将坎儿井的创造附会在他身上，这样的解释是比较合乎情理的。《乙巳日记》记载道光二十五年正月十九日在根忒克台（俗名坑坑）至吐鲁番途中“见沿途多土坑，询其名，曰‘卡井’，能引水横流者，由南而北，渐引渐高，水从土中穿穴而行，诚不可思议之事！此处田土膏腴，岁产木棉无算，皆‘卡井’水利为之也”。这条记载有力地证明林则徐创造坎儿井之说是不可信的。林则徐初次看见坎儿井时以为“不可思议”，经过实地查勘后，对坎儿井的特点及其作用有所认识，就建议“加开坎井，以补河水之不足”。[10]《清史稿·萨迎阿传》记载道光二十五年萨迎阿奏言：“吐鲁番掘井取泉由地中连环导引，浇灌高田，以备渠水所不及，名曰闸井，归有三十余处，见因伊拉里克户民无力，饬属捐钱筹办，可得六十余处，共成百处”。说明在此以前吐鲁番地区的坎儿井仅有三十余处，采纳林则徐的建议以后，加开坎儿井之数为原有坎井之两倍。因吐鲁番的“土性渗漏，水泽易竭”，当时有一个遣戍官员名叫黄冕，[11]建议用败毡铺垫坎井之底，减少渗漏，提高了灌溉效益。[12]上述这些记载，说明林则徐对吐鲁番地区坎儿井的推广作出了很大的贡献。这一举措对当时吐鲁番地区水利发展也起到了重要的作用。

注　释：

①参看陈胜粦《林则徐履勘南疆垦地的实录——林氏〈乙巳日记〉评介》载《中山大学学报》（哲学社会科学版）1984年第1期。

②关于林则徐查勘哈密塔尔纳沁垦地情形，可以从林则徐的《新疆垦荒奏稿》中补其缺佚，参看胡邦铸《新发现的林则徐著作》，《中国边疆史地研究》，1996年第2期。

③《使准噶尔行程记》不著撰人名氏，载于乾隆《重修肃州新志》中之《西陲纪略》篇。该《行记》文中提及领队者为傅鼐、阿克敦等，由此推测，该《行记》应为雍正十二年（1734年）傅鼐、阿克敦使准噶尔时之随行人员所记。

④《伊犁日记》为嘉庆四年（1799年）洪亮吉遣戍伊犁途中的记录。洪亮吉另著有《天山客话》追述此行，可作为《伊犁日记》之补充。

⑤《万里行程记》为嘉庆十年（1805年）祁韵士遣戍伊犁时所著之行记。

⑥《荷戈纪程》为道光二十二年（1842年）林则徐遣戍时由西安至伊犁途中的日记。

⑦新疆虎属中国虎的西北亚种。据文献记载，从17世纪初到20世纪初，新疆是有虎的，分布比较普遍，20世纪20年代以后，才逐渐消失。参看何业恒著《中国虎与中国熊的历史变迁》，湖南师范大学出版社，1996年，第51—56页。

⑧建国后，在鄯善鲁克沁的西北兴修水库时，发现水库下埋有三道荒废的老坎儿井，深处还有很多坎儿井（参看王鹤亭《新疆的坎儿井》，《灌溉排水》第1卷第4期）。虽然这些被风沙洪积所掩埋的古坎儿井的修建时代尚有待考证，但却说明吐鲁番地区开凿坎儿井的历史是较早的。

⑨《辛卯侍行记》为光绪十七年（1891年）陶保廉随其父陶模赴任新疆时所著的行记。

⑩《新疆吐鲁番厅乡土志》。

⑪黄冕系林则徐的旧属，因他案遣戍。黄冕著有《书林文忠公逸事》。

⑫《新疆图志》卷2、卷114。

准望释义

——兼谈裴秀制图诸体之间的关系以及所谓沈括制图六体问题

辛德勇

一、前人之成说

西晋裴秀编制《禹贡地域图》十八篇，在序文中讲述绘制地图的六项基本准则，谓之“制图之体”，所谓“准望”，为其中之一[①]。两晋间人干宝，援依裴秀自己这种说法，称呼这些准则，为绘制地图之“六体”[②]；晚近研治地理学史和地图学史的学者，则将其进一步简约规范为“制图六体”[③]。

《禹贡地域图》全称为《禹贡九州地域图》，又省称为《地域图》。全图久已失传，裴秀自序则见于《晋书》本传等处引述，而文字互有出入，或题作“禹贡九州地域图论”、“地域图论”[④]。其与制图六体相关部分，以唐初官修类书《艺文类聚》所收最为详备，也属最早，兹逐录于下[⑤]：

> 今制地图之体有六：一曰分率，所以辨广轮之度也[⑥]；二曰准望，所以正彼此之体也；三曰道里，所以定所由之数也；四曰高下，五曰方邪，六曰迂直，此三者[⑦]，各因地而制形[⑧]，所以校夷险之故也[⑨]。
>
> 有图象而无分率，则无以审远近之差；有分率而无准望，虽得之于一隅，必失之于他方；虽有准望，而无道里，则施之于山海绝隔

之地，不能以相通；有道里而无高下、方邪、迂直之校，则径路之数，必与远近之实相违，失准望之正。

故必以此六者参而考之，然后远近之实，定于分率；彼此之实，定于准望；径路之实，定于道里；度数之实，定于高下、方邪、迂直之筭。

故虽有峻山巨海之隔，绝域殊方之迥，登降诡曲之回[10]，皆可得举而定者，准望之法既正，则曲直远近，无所隐其形也。

研治地图学史的学者，对于上述六条准则，评价极高。如侯仁之认为它为中国"自古以来即已发达的地图制作，奠定了科学的基础"，"因此我们可以称裴秀是中国传统地图学的创始人"[11]。

可是，由于年代久远，古今悬隔，对于所谓"制图六体"涵义的解释，却是一件颇费周章的事情。清代康熙年间的地理名家胡渭，称道裴秀此法，乃是"神解妙合"，以至一般治地理者，咸"莫知其义"[12]。胡渭的话，反映出传统地理学者解读裴秀"制图六体"的困惑。

胡渭说，在他之前，人们都没有弄懂"制图六体"的具体涵义，因此，他提出了自己的解释：

分率者，计里画方，每方百里、五十里之谓也；准望者，辨方正位，某地在东西、某地在南北之谓也；道里者，人迹经由之路，自此至彼里数若干之谓也。路有高下、方邪、迂直之不同。高谓冈峦，下谓原野；方如矩之钩，邪如弓之弦；迂如羊肠九折，直如鸟飞准绳。——三者皆道路夷险之别也。

人迹而出于高与方与迂也，则为登降屈曲之处，其路远；人迹而出于下与邪与直也，则为平行径度之地，其路近。然此道里之数，皆以著地人迹计，非准望远近之实也。准望远近之实，必测虚空鸟道以定数，然后可以登诸图，而八方彼此之体皆正。否则，得之于一隅，必失之于他方，而不可以为图矣。[13]

开创中国地理学史与地图学史研究的王庸，完全认同上述看法。早在20世纪30年代，王氏即谓，胡渭此语，"言之甚明，阅此则可以不必另作解释矣”[14]。

尽管如此，胡渭毕竟是将近三百年前的学者了，他的这些说法，和现代的语言、概念，终究还是有很大差别。所以，王庸随后在其身后出版的《中国地图史纲》一书中，又用现代的术语，对裴秀“制图六体”逐一做了如下说明：

> 所谓“分率”就是比例尺，在地图上一寸或一分，代表实际地面上多少里；“准望”就是方位，各地的方位必须明确，而后各地的前后、左右和距离才可以确定；“道里”是人行道路的实际里数；“高下”、“方邪”和“迂直”，是由于地势的高低和道路之邪正、曲直，而影响到道里的远近。
>
> 其实这“六体”之中，最主要的是“分率”和“准望”；因为比例和方位正确了，那么由于“高下”、“方邪”、“迂直”而影响到道里之差，都可以从分率和准望去校正它们。所以裴秀批评旧图之不正确，亦只是说它们“不设分率，又不考正准望”，而不及其它。[15]

从此以后，国内研究中国地理学史或是地图学史的学者，大体上都是踵循王庸的看法，这基本上已经可以视作当今学术界的定论。

然而，由于时代和学术背景的限制，胡渭对于裴秀制图六体的解读，特别是对于“准望”的理解，似乎并没有能够中其肯綮；而王庸由此引申出来的解释和看法，也就需要重新审视。因而，本文拟对此略事陈说。

二、准望新解

在这里之所以要特别强调“准望”的问题，是因为在所谓“制图六体”当中，它处于最重要的基础地位，如同裴秀本人所云，“准望之法既正，则曲直远近，无所隐其形也”。然而，“准望”的涵义却最为费解，也可以说，它是准确理解“制图六体”的关键。

胡渭说：“准望者，辨方正位，某地在东西、某地在南北之谓也。”王庸则更为简捷明了地讲，"'准望'就是方位"[16]；曹婉如进一步通俗地解释说此"方位"即为"方向"[17]。可是，"准望"的涵义，假若果真如此简单，那么，何以在胡渭之前，竟然会长期无人领会，弄得人人"莫知其义"？这是非常令人疑惑的。

在对于"准望"涵义的理解上，英国学者李约瑟的看法，与前述胡渭以来的既有观点，大不相同。李约瑟在《中国科学技术史》一书中，依据《晋书》裴秀本传，全文翻译了裴秀《禹贡地域图》的序文，其中，"准望，所以正彼此之体也"这句话被翻译为：

> 画矩形网格（准望），这是绘出地图各个部分之间的正确相对位置的一种方法（所以正彼此之体也）。[18]

李约瑟把"准望"理解为"画矩形网格"，这恐怕不够准确，也过多地脱离了这两个字字面上的文义。但是，这里需要特别加以注意的是，所谓矩形网格，实际上意味着一种包含有方位和距离要素的坐标体系。

事实上，李约瑟在具体论述裴秀的"制图六体"时，就是直接用"准望坐标"，来表述"准望"的科学内涵。所以，李约瑟所说的"画矩形网格"，其核心内容，并不在于画矩形网格这一地图绘制方式，而是透过"画矩形网格"这种表述，反映出他敏锐地体会到，所谓"准望"的涵义，绝不仅仅是此一地理要素与彼一地理要素之间的"方位"，即胡渭所讲的"某地在东西、某地在南北"，而是至少应当包括有方位和距离两项要素在内的"各个部分之间的正确相对位置"[19]。如前文所述，胡渭在把"准望"理解为"某地在东西、某地在南北"的方位的同时，又说到"准望远近之实，必测虚空鸟道以定数"，说明他已不自觉地意识到"准望"应当包含有距离要素。

尽管这还不是"准望"的确切内涵，但是，与胡渭和王庸诸人的研究相比，李约瑟显然找到了正确的解读路径，而且已经趋近于其固有的涵义。

李约瑟在谈到对于"准望"的理解时，特别指出，沙畹由于错误地把"准望"解作"准确地定出方位"，从而便无法解释裴秀《禹贡地域图》序文中下面这段话的含义，即："有道里而无高下、方邪、迂直之校，则径路之数，必与远近之实相违，失准望之正。"裴秀说路径远近背离实际，便会导致"失准望之正"，这可以充分说明，所谓"准望"，无疑应包含有距离要素在内，而不是单纯用以表示"方位"的概念。

沙畹的疏误，也是胡渭、王庸诸人的疏误。李约瑟用通解全文以诠释文意的方法，已经从基础上动摇了他们这一派人的观点。除了注重通解全文，强调要合理地解释制图诸体也就是各项地图绘制准则之间的内在联系之外，李约瑟在判读裴秀《禹贡地域图》自序时，与胡渭、沙畹以及王庸等人的不同之处，还有两点值得注意。一是注重从文字字义入手，分析制图诸体本身的语义；二是注重从地图绘制的一般原理出发，来认识制图诸体的科学涵义。上文引述的对"准望"的解读，就充分体现出这两点特色。

正是由于在研究中特别注重上述三点，李约瑟才得出了远比其他所有人都更为科学的结论。不过，令人遗憾的是李约瑟从这几个角度所做的工作，都还有一定欠缺，结果他最终并未能索得"准望"一语的真谛，并进而影响到对整个"制图六体"的理解和把握。

基于这种情况，下面仍旧遵依李约瑟的研究视角，来进一步分析"准望"的涵义。

按照裴秀自己的说法，"准望"的作用是"正彼此之体"。在这句话中，最关键的词是"体"字。东汉末刘熙的《释名》训释"体"字云："体，第也，骨肉、毛血、表里、大小相次第也。"[20]东汉许慎《说文解字》释"体"字为"总十二属也"。清人段玉裁谓此所谓十二属，即人体之顶、面、颐、肩、脊等十二个主要组成部分[21]。两相参证，可以把"体"字的本义理解为身体各个部分的组合构成次序。依此，则裴秀所说的"彼此之体"，应当是指各项地理要素的相对位置关系。

按照这样的理解，李约瑟把"所以正彼此之体也"，翻译成为"这是绘出地图各个部分之间的正确相对位置的一种方法"，应该说大体上比较接近裴秀的原意。不过，"正彼此之体"的"正"字，似乎不宜理解为

"正确"[22];而且原文中并没有"绘出"的语义,它是李约瑟解读上下文句做出的个人判断,不一定符合裴秀的本意。另外,"一种方法"的译法,显然是把"体"字视同"制图六体"的"体"字,这很不妥当。

"正"字义为不偏不斜,在这里用作动词,就是使之不偏不斜。如上所述,"彼此之体"是指各项地理要素的相对位置关系,这样,所谓"正彼此之体",就应当翻译成为"摆正(或者雅称为'正定')各项地理要素的相对位置关系"。然而,各项地理要素的相对位置关系,本来就是一种确定的客观存在,为什么还需要重新"摆正"或者是"正定"呢?

这里涉及对于"准望"内涵的准确理解。李约瑟在谈到裴秀的"制图六体"时,除了翻译《禹贡地域图》自序之外,具体展开论述的问题,只有"矩形网格"制图法;而所谓"矩形网格"制图法,就是出自他把"准望"解作"画矩形网格"。

"画矩形网格",是一种地图绘制形式,中国古代称作"计里画方",即用等距矩形网格,覆盖整个图面。今存西安碑林的伪齐阜昌石刻《禹迹图》,是我国存世最早的采用计里画方形式的地图。

清初人刘献廷,最早把裴秀"制图六体"中的"准望",与计里画方形式联系到一起。刘献廷谈到,元代朱思本的《舆地图》,"纵横画界,以五十里为一方,即准望之遗意也"[23]。虽然刘献廷的说法,看起来与李约瑟基本相同,但是,刘献廷并没有具体考察裴秀"制图六体"中其他各项准则的涵义,更没有涉及这些准则相互之间的关系。所以,这样的提法,并不具备深刻的学术意义。或许正是因为如此,尽管李约瑟在撰写《中国科学技术史》时,已经读到了刘献廷的这一看法,却只是淡淡叙述说,刘氏充分认识到裴秀时代即已出现了矩形网格制图法[24],而没有引述刘献廷提到的"准望"与计里画方的联系[25]。

有意思的是,主张"准望"为"方位"的胡渭一派主要代表人物,同样认为,裴秀的"制图六体"当中,包含有计里画方的内容。不过,这些人对于计里画方与"制图六体"关系的看法,并不一致,分为两种派别。第一派是胡渭等人认为,计里画方体现在"分率"当中,而不是"准望",此即前引胡渭所云："分率者，计里画方，每方百里、五十里之谓也。"王庸在这一点上，基本是秉承胡渭的观点，认为"图上的分率怎样表现，裴秀虽没有明说，大概是用计里画方的办法"[26]。第二派是王成组认为，计里画方体现在"准望"上。由于王氏与胡渭等人一样，认为"准望就是考校方位"，所以，他认为计里画方的功能，是"借以表明任何两地之间的方位关系"，"也就是以图上的方格为准，观察各地的四至八到"[27]。

上述诸种看法，虽然各不相同，但是却有一个完全一致的共同点，这就是所有这些人，都是从地图的表现形式角度，来思考计里画方的问题，即在考虑计里画方问题时，不自觉地把"准望"或"分率"理解成为一种地图表现形式。

出现这种情况，本不足为怪。因为计里画方确实只是一种地图表现形式。然而，所谓"制图六体"，阐述的首先是制图准则问题，也就是制图的基本原理问题，而不仅仅是怎样来表现这一原理。在地图上标示等距矩形网格，既可以体现出编图比例，同时也可以反映各项地理要素所处的方位和相对位置，胡渭、王成组和李约瑟诸人，就是分别从这三个不同的角度出发，抓住计里画方所表述的一个侧面，来支撑自己对于裴秀"制图六体"的理解。就像曹婉如在讨论胡渭、王庸等人把"分率"与计里画方必然联系到一起的看法时所指出的那样，"画方固然是分率的具体表现，但有分率的图不一定都画方"[28]。同理，方位和相对位置关系正确的地图，同样不一定在图上画方。因此，胡渭、王成组和李约瑟诸人关于计里画方与"制图六体"之间关系的看法，恐怕都不一定能够成立；至少在制图准则的意义上，是绝对不能成立的。

李约瑟想到，利用计里画方的方法，可以"绘出地图各个部分之间的正确相对位置"，这样的思路，是很科学的。不过，要想在地图上，画出反映地面实际地理要素相对位置关系的"矩形网格"，从理论上讲，首先需要用"矩形网格"坐标（亦即平面直角坐标）来标定实际地物，然后，才能像用方格法缩放地图一样，把实际地理要素，缩小平移到地图上。

值得注意的是，民国时有一位名叫陶懋立的学者，似乎已经意识到这一点。他谈到，所谓“准望”，就像现代地图上的经纬线一样，“以地之某方，图为某位也”，但由于“古人未解以北极定纬度”，于是，便往往“就国都与某适中之地起点，以为计里画方之数而已”[29]。“以地之某方，图为某位”这种说法，应该是把表现“准望”的计里画方，正确地理解为一种制图原理了。遗憾的是陶氏只是一语带过，并没有进一步深入阐释这一问题。

假如大地是一个水平的平面，那么，用这样的计里画方方法，亦即“矩形网格”坐标，来标定实际地物，确实可以起到标定各项地理要素的相对位置关系，也就是“正彼此之体”的作用，或许可以不妨像李约瑟那样，把“准望”解作“画矩形网格”。可是，大家知道，大地上并不存在水平的地面，所以，并不能这样简单地用“矩形网格”坐标，来标示实际地理要素。

现代制图学在绘制地图时，面临的首要问题，是选用合理的投影方法，把地球球体表面亦即大地水准面上的地理要素，转绘到平面地图上。在裴秀生活的时代，一般还没有地球球面的概念，是把大地视为平面。然而，地平面并不能等同于水平面，高山深谷地形高下的区别，是显而易见的。地形的起伏，会直接影响到两地间距离与方位的量算。

所以，古人在绘制地图时，同样需要首先解决如何把分布在起伏不平地面上的各项地理要素，转化到一个接近水平的平面上来的问题。不然，则无法准确地把这些地理要素绘制到平面地图上去。借用地图投影的概念，不妨认为，从观念上来说，需要以一种类似“平面水平投影”的形式，把立体的地形地物，转化到同一基准平面上来，并由此摆正或者说是正定各项地理要素的相对位置关系。——这应当就是裴秀所说的“正彼此之体”这句话的涵义。胡渭说“准望远近之实，必测虚空鸟道以定数”，事实上讲的只能是这种同一基准平面上的相对位置关系，只不过是把从地下向地表方向投影的概念，表述为从高空向地表俯瞰而已。

李约瑟把“准望”解作“画矩形网格”，在文字字义分析方面，是基于他判断："'准'可以肯定是指水平线。……'望'……意即垂直线。"[30]水平线与垂直线相交织，便构成了矩形网格。曹婉如不赞成这种解释，认为："'望'是远视或对准的意思，并没有垂直之意。"[31]在"并没有垂直之意"这一点上，曹婉如的意见是大体正确的。不过，曹婉如进而又推测："'准望'二字可以认为即'平望'之意，或系指用水平仪以望测方向的意思。"[32]曹氏并以此来维护"准望"系指"方位"的观点，这就需要进行探讨了。

"准望"在中国古代，本来是表示地理测量的专门术语。魏晋南北朝时期使用这一术语的实例，如三国时牵招为曹魏雁门太守，郡治广武，井水咸苦，"招准望地势，因山陵之宜，凿原开渠，注水城内，民赖其益"[33]；又如南朝刘宋时，王濬为扬州刺史，上书请求在吴兴郡兴修水利，遣人"准望地势，格评高下，其川源由历，莫不践校，图画形便，详加算考"[34]。其"准望"一词的涵义，显然是指地理测量。因此，裴秀《禹贡地域图》自序中"准望"一语的涵义，也应当与此相去不远。

推本溯源，"准望"的这种语义，在古代有关测量的著述中，最早见之于《周髀算经》。《周髀算经》载周公问用矩之道于商高，商高答曰："平矩以正绳，偃矩以望高，覆矩以测深，卧矩以知远。"约三国孙吴时人赵君卿注"正绳"云："以水绳之正，定平悬之体，将欲慎毫厘之差，防千里之失。"[35]"正绳"即确定水准，而"望高"、"测深"、"知远"则都必须在水准的基础上进行，是三项最常用的地理测量用途。古人遣词用字，往往举偏以该全[36]，故举"望高"可以兼寓有"测深"、"知远"诸义。至魏晋间人刘徽撰《海岛算经》，不论"望高"、"测深"，还是"知远"，在叙述测量方法时，就一律用"望"来表述观测了[37]。所以，表示"水准"的"准"字与"望"字组合为"准望"，即可表述地理测量之义，故后世测量地势的工具有所谓"水平望尺"[38]。

"准望"的涵义如此丰富，显然不是仅仅测量"方位"所能局限。上面举述的同一历史时期的用例，也都是为复杂的水利工程量测地形，并非测定方位。裴秀云"准望"者，乃"所以正彼此之体也"，正是借用"准望”之地理测量这一涵义，表示用测量的方法，求得各项地理要素在同一水平面上的相对位置，这是绘制地图的一项重要准则。

从现代制图学原理来看，各项地理要素在同一水平面上的相对位置关系，实际上是在同一平面直角坐标体系中所处的不同位置。因此，对于每一项地理要素来说，所谓“准望”，也就意味着它的地理坐标[39]。

清朝康熙年间，天文世家礼部尚书何国宗，受圣祖钦命，参与绘制《皇舆全览图》，“以天度定准望，一度当二百里”[40]。这显然是以天文坐标来确定地理经纬度坐标[41]。平面直角坐标与地理经纬度坐标，虽然不尽相同，但是，在以“准望”表示坐标这一点上，“以天度定准望”的说法，应该说是非常准确地把握了“准望”的本质涵义。前述民国时人陶懋立将“准望”比作经纬度的提法，应该说在一定程度上，也已经意识到这一点。

总括以上论述，简单地说，裴秀“制图六体”当中的“准望”，就是地理坐标。不过，在此需要特别予以强调的是，这里所说的地理坐标，在制图准则的意义上，首先是指实际地物在水平投影平面上的坐标，其次才是把它转绘到地图上的反映。

三、裴秀制图诸体之间的关系

陶懋立可以说是最早体察到“准望”内在涵义的现代学者，可是他的独到看法，却从未引起学术界关注。出现这种情况，与陶氏缺乏系统的论述，特别是缺乏对“制图六体”的总体理解，具有很大关系。

裴秀在《禹贡地域图》的序言中，批评他所看到的汉代地图水平低下时，指斥这些地图的主要缺陷，是“各不设分率，又不考证准望”[42]。如前所述，王庸已经注意到，这说明在“制图六体”当中，“最主要的是‘分率’和‘准望’”。

裴秀“制图六体”之所以费解，关键在于“准望”；而“准望”之费解，除了一般人因缺乏投影观念而不易理解之外，还在于“准望”不仅仅是实际操作的准则或原理，同时也是一种绘制地图的基本观念。

这种观念是，绘制任何一幅地图，首先需要给所要绘制的地理要素，确定其平面地理坐标。一旦确定这种平面地理坐标，就可以按照所需要的比例，将各种地理要素转绘到地图上去。用裴秀“制图六体”的术语来讲，就是根据各个地理要素的“准望”，按照特定的“分率”，来绘制地图。按照这样的理解，“分率”和“准望”，是裴秀制图诸体当中最基础的两项准则；而两相比较，“准望”更是绘制一幅地图需要最先确定的因素，此即裴秀所云“准望之法既正，则曲直远近，无所隐其形也”。

那么，“准望”又是通过何种途径加以确定的呢？前面讲过，“准望”一词即源自地理测量。

早在西汉初年的《周髀算经》一书中，就已经记载有成熟的运用勾股定理进行三角测量的方法，而这一方法的产生，就是直接源自地理测量。三国孙吴时人赵君卿认为：“禹治洪水，决疏江海，望山川之形，定高下之势，释昏垫之厄，使东注于海而无浸逆，乃勾股之所由生也。”《周髀算经》当中不仅提及“望高”、“测深”、“知远”诸种测量方式，甚至记有测量太阳距地高度的具体方法[43]。至东汉初年成书的《九章算术》一书，列有“勾股”一章，专门记述测算“高深广远”的方法[44]。稍早于裴秀的魏晋间人刘徽，所著《海岛算经》，更是专门叙述各种地理测量方法。

从这些反映测量技术的专门著作中可以看出，在裴秀所处的西晋时期，如果社会需要，在技术上完全有能力，用仪器实测出各项地理要素之间比较精确的相对距离，包括水平直线距离[45]，只不过需要耗费较长的工时和付出较高的成本而已。上文引述的曹魏牵招和刘宋王濬在水利工程中所作的实地测量，就是很好的证明。

可是，在当时的社会条件下，最常用的大范围、小比例普通地图，通常并不需要制作得十分精确。所以，在大多数情况下，一般是通过步测两点间的距离[46]，即“制图六体”当中的“道里”，来确定各项地理要素之间的相对位置，亦即“准望”。

由此可见，“道里”是确定“准望”的技术途径，此即裴秀所说，“道里”的功用是“所以定所由之数也”。在裴秀制图诸体中,“道里”是比“分率”和“准望”要低一级的准则。

“道里”作为普通语词的基本语义,原本为道路里程。这里需要特别指出的是,在裴秀的“制图六体”当中,“道里”的涵义不仅仅是里程距离,它同时也还包含着“方位”在内,即“道里”是一个矢量,它是指特定方向上的里程。中国古代地理书籍上往往记载有四至八到,云某地东北至甲地若干里、西南至乙地若干里,粗略地讲,这可以说就是“制图六体”中的“道里”。

确定地图“准望”需要的理想“道里”,是各项地理要素之间在同一水平面上的直线距离。所以,简单地说,“道里”就是地物之间的水平直线距离,此即胡渭所云“准望远近之实,必测虚空鸟道以定数,然后可以登诸图”,不过如上所述,在一般情况下,“道里”的数据是通过步测来获取的,而实际的测算工作,一般又只能在两点间的道路上实施,如胡渭所云:“道里者,人迹经由之路,自此至彼里数若干之谓也。”由于实际地形的起伏阻隔,“路有高下、方邪、迂直之不同”[47],几乎所有两点之间的道路,都不可能是一条笔直或接近笔直的水平连线,二者之间会存在一定的偏差。

这种偏差如果不大,在古代地图所要求的精度允许范围之内,一般可以忽略不计,直接以两点间的道路里程作为“道里”,并据此推求相关地理要素的“准望”。但是,假若偏差超出了地图精度所要求的范围,就需要设法予以订正。裴秀“制图六体”中后面三项准则,即“高下”、“方邪”和“迂直”,就是把造成道路里程与水平直线“道里”偏差的地形因素,归纳为“高下”、“方邪”和“迂直”三种类别,并分别给出订正的原则。

本文第一部分所引胡渭对于“高下”、“方邪”和“迂直”的解释,是比较合理的。只是他解释“高下”的涵义,说“高谓冈峦,下谓原野”,似乎略嫌片面。其实,“高下”不仅针对高出于原野的冈峦。在绘制地图的实际操作中,应当是以比较辽阔的平野为推求“准望”的基准水平面。

这样，“高下”针对的对象，也应当包括比基准原野低洼的沟谷陂池。

曹婉如在胡渭的基础上，对如何运用“高下”、“方邪”和“迂直”三体，做了更直观的图示说明，谓即“逢高取下，逢方取斜（邪），逢迂取直”[48]。按照上文的论述，曹氏的解说，除了“逢高取下”可更改为“逢高、下取平”之外，其余都很精当（见下据曹婉如图改绘之示意图）。

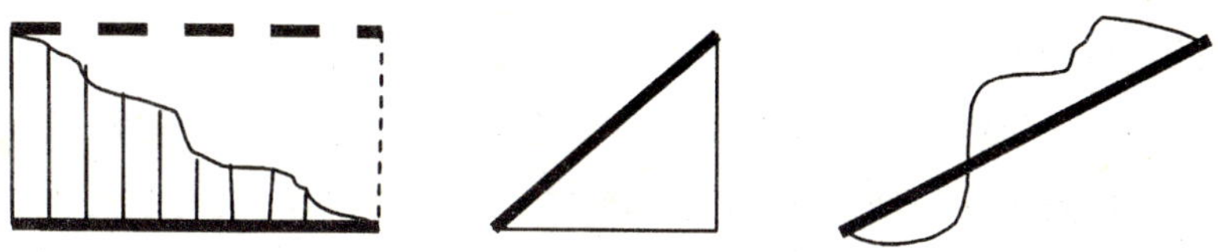

逢高、下取平　　逢方取斜　　逢迂取直

由“高下”、“方邪”、“迂直”与“道里”之间的关系可以看出，这三项是比“道里”更低一级的技术操作准则。

总结以上论述，裴秀制图诸体之间的关系，可以图示如下：

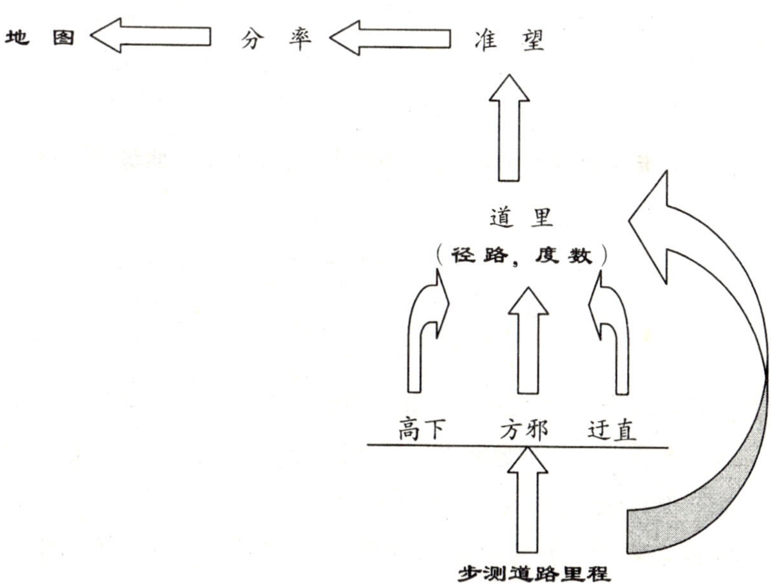

由上图可以清楚看出，所谓“制图六体”，实际上表述的是绘制地图

的基本工作流程。

四、制图六体文本通说

前面谈到，通解全文，是正确解读“制图六体”的重要一环。在上面的论说中，为叙述方便，暂时回避了对裴秀《禹贡地域图》自序中相关内容的总体释读问题，而对于“制图六体”的正确理解，理应能够合理地释读裴秀有关“制图六体”的全部叙述。在前人的研究中，只有李约瑟和曹婉如做过通体译解的尝试[49]，却存在一些很值得商榷的地方。其他学者一些不尽合理的看法，大多也都直接与未能通畅地解读“制图六体”的总体内容有关。

为此，下面首先将裴秀有关“制图六体”的叙述，译解为现代汉语，然后再结合前人的看法，谈谈我的理解和体会。

> 时下绘制地图的准则有六项：第一项为分率，用它来处理实地广袤的缩小幅度；第二项为准望，用它来摆正各项地理要素的相对位置关系；第三项为道里，用它来确定准望所依据的距离数据；第四项为高下，第五项为方邪，第六项为迂直，这三项，要分别根据实际地理状况以选取所应采用的模式，用它来订正地势变化造成的距离误差（今制地图之体有六：一曰分率，所以辨广轮之度也；二曰准望，所以正彼此之体也；三曰道里，所以定所由之数也；四曰高下，五曰方邪，六曰迂直，此三者，各因地而制形，所以校夷险之故也）。
>
> （人们绘制的地图，）假如有图形而没有（统一的）分率，那么就无法查看各项地理要素之间的实际（直线）远近距离；若是设有分率却没有（系统的）准望，虽然在图上某一局部会得到准确的相对位置关系，但是在其他部分，就难免会产生偏差。若是有准望而没有道里（案指“道路”），那么在山海绝隔的地方，就不能相互通行；只有道里（案指“步测之道路里程”），而没有经过高下、方邪、迂直

这几个方面的订正，那么（据此拟定的）水平直线距离数值，必定与实际（直线）远近距离不符，从而失却准望的准确性（有图像而无分率，则无以审远近之差；有分率而无准望，虽得之于一隅，必失之于他方；虽有准望，而无道里，则施之于山海绝隔之地，不能以相通；有道里而无高下、方邪、迂直之校，则径路之数，必与远近之实相违，失准望之正）。

因此，一定要用这六项准则来规范绘图作业。这样，（在绘制地图时）实际地物的远近距离，由分率来确定；实际地物的相对位置关系，由准望来确定；实际的水平直线距离，通过道里（案指“步测道路里程”）来测定；而它的度数（案指“水平直线距离的具体数值”），则需要通过高下、方邪、迂直的折算来确定。所以，尽管有高山大海的阻隔，距离之辽远哪怕直到人迹罕至的异国他乡，道路之迂曲甚至上下盘绕到了怪异迷离的程度，却都能够一一确定这些地理要素。这是因为一旦定好测定准望的方法，那么不管各项地理要素之间曲直远近，都会得到准确的体现（故必以此六者参而考之。然后远近之实，定于分率；彼此之实，定于准望；径路之实，定于道里；度数之实，定于高下、方邪、迂直之筭。故虽有峻山巨海之隔，绝域殊方之迥，登降诡曲之回，皆可得举而定者，准望之法既正，则曲直远近，无所隐其形也）。

裴秀这段文字的第一段，是讲制图诸体各自的功用及其相互关系，前面已经对此做过比较具体的论述。这里需要特别指出的是，“今制地图之体有六”这句话中的“制”字，对于理解裴秀这段话至关重要，它表明这段话讲述的都是绘制地图而不是阅读利用地图的准则，前人对于“制图六体”的一些错误理解，往往与未能充分注意和把握这一点有关。下面主要针对文本本身的涵义与前人的看法，再略加说明。

关于“分率”，“分”作“分合”之“分”解，意即划分开来的每一量度单位；“率”则为“比率”的意思，两字合为一制图专门术语，表示每一量度单位的比率，即比例或比例尺。“辨广轮之度”：“辨”通“辨”，在这里义为办理、处理。“广轮”语出《周礼》，谓：“大司徒之职，掌建邦之土地之图。……以天下土地之图，周知九州之地域广轮之数，辨其山林川泽丘陵坟衍原隰之名。”东汉马融释曰：“东西为广，南北为轮。”[50]这里是以“广轮”来表示实地的广袤程度。“度”表示“幅度”。如上所述，这段话是在讲绘制地图的基本准则，所以，在这里可以将其解作比例缩小的幅度。

前人论“分率”，基本上是一准胡渭的解释，谓“分率”乃“每方百里、五十里之谓”，即释分率为比例。惟胡渭以为“分率”一定是以“计里画方”的形式来体现。现在则一般认为二者之间，并没有必然联系，虽然可以或者可能画方，却并非必须或是一定要画方[51]。将“分率”释为比例或比例尺，固然不误，然而，更为重要的是下文“所以辨广轮之度也”这句话，是具体解释在绘制地图过程中“分率”的作用。除了李约瑟将其译作“这就是为所要绘制的地图定出比例尺”之外，其他人大多都没有做出解释，说明大多数研究者并没有充分地从地图制作流程的角度，来理解“制图六体”。曹婉如把这句话翻译成为“用以分辨地图上的距离和面积的大小”，这似乎可以反映大多数人的思路。与李约瑟恰恰相反，这些人是从阅读和利用地图的角度，来理解“制图六体”当中的“分率”，而这样的思路，并不符合裴秀这段论述的主旨。

“准望”前面已经做过专门讨论。

“道里”本是中国古代地理书中常用的术语，前引胡渭语释曰：“道里者，人迹经由之路，自此至彼里数若干之谓也。”这样的解释，符合这一术语在古代的一般用法，即前文所述其表述道路里程的基本语义。后来的研究者，大多数人也都沿袭了这一解释[52]。李约瑟把“道里”译作“步测直角三角形的边长”，这脱离“道里”的本义太远，如曹婉如所云，恐怕“与裴秀原意不符”[53]。

由于李约瑟对于“道里”的理解存在明显问题，所以，他对裴秀原文中讲述“道里”功用的“所以定所由之数也”这句话的解释，同样没有参考意义。曹婉如在把“道里”释为“人行的道路”的同时，把裴秀解释“道里”这句话，翻译成为“用以定人行道路的里程”，若把二者结合在一起，差不多就成了“用人行的道路来定人行道路的里程”，同义重复，显然不够妥当。此“由”字，曹氏乃释为“经过之意”，其实在这里可释为“凭依”之义；“数”即数据。这句话本是承上文“准望”而来，故“所由”即指确定“准望”的依据，“数”字便可解作“距离数据”。

裴秀论述“制图六体”的第二段话，与讲述制图诸体功用的第一段话，主题明显不同，它是用虚拟的形式，设想假若缺乏制图诸体中的任何一体，绘制出来的地图，将会出现什么问题，以此强调说明，“制图六体”，缺一不可。

需要特别指出的是，如前所述，所谓“制图六体”，实质上是地图绘制作业连续流程中四道不同工序的作业原理，其中每一道工序的实现，都以前一道工序的存在为前提条件，而裴秀的虚拟假设，却是从业已形成的地图向最后一道工序，再依次向最初一道工序倒叙，论述地图上有后一道工序而缺乏前一道工序将导致怎样的后果。

因此，严格地说，这些假设的前提，都是根本不可能存在的。比如“有图像而无分率”，画地图就是按照一定的比例，把实际地物缩小到纸面或其他载体上来，没有“分率”就根本不可能有“图像”，或者说没有“分率”的“图像”就不能称之为地图，所以，根本不存在没有“分率”的“图像”。又如“有分率而无准望”，比例尺作用的实现，依赖于特定的坐标体系，假如没有一定的坐标体系，比例尺将无所用之，因而，事实上也不存在没有“准望”的空洞“分率”。

这样，便很难从纯粹科学的角度，来理解裴秀这段话，只能把它理解为一种文学性很强的铺张描述。即使是这样，由于违背事物本身的特性，在进行这样的描述时，裴秀也不得不不同程度地改换制图诸体的固有概念。不然，行文将遭遇逻辑的障碍。譬如按照我在上文的译法，“分率”添加了“统一”的限定，“准望”添加了“系统”的限定。

最为严重的是，这段文字中前一处“道里”的涵义，由“制图六体”中所表示的“水平直线距离”，被完全改换成了表示“路径”语义的“道路”。

这是由于“准望”本来完全是依据“道里”来确定的，这里却硬要假设“虽有准望，而无道里”，所以，不得不把“道里”的涵义改换成为“道路”。同一语词而随文变换语义，自是古人行文中常见的用法[54]，此处则因裴秀勉强随文演绎，势不得已，更不足为怪。

如前所述，作为普通语词的“道里”，其基本语义为道路里程。由“道路里程”转换成为“道路”，是由其基本语义内涵向内减省收敛。由于古代的道路里程，一般都是通过步测而得来，所以，“道里”亦可兼含有“步测之道路里程”的语义，将其理解为动词，便可表示“步测道路里程”。这段文字中的后一处“道里”以及下一段内容中的“道里”，就应当分别这样理解，而“制图六体”的“道里”这一专门术语，便是由此引申而来。因为在地面水平、两点间道路笔直的理想状态下，“步测之道路里程”即等同于水平直线距离，这也就是“制图六体”中的“道里”。“道里”的这种语义转换途径，可以图示如下：

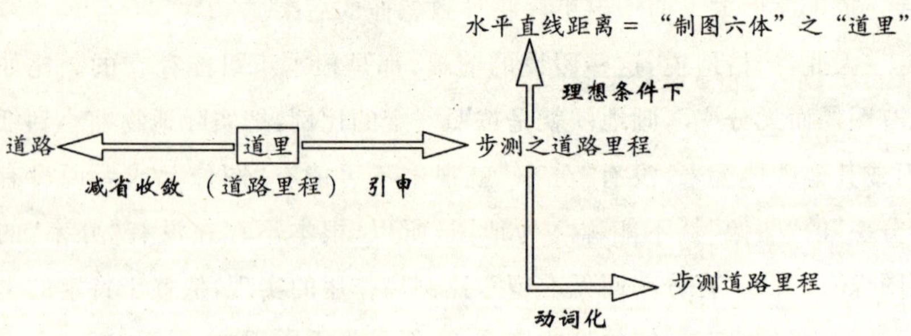

由于“道里”的语义已经转换，于是裴秀又在下文，引入“径路”这一概念，用以衔接“道里”以下诸体，顺畅他的说法。李约瑟把“径路”译作“地图上标出的道路”，曹婉如释为“人行的路程”，似乎都不够得当。今案“径”字在这里应解作“径直”之义，“径路”即直路，也就是水平直线距离。在这里，裴秀实际上是用它来取代了第一段所讲的“道里”概念。

最后一段，在第二段虚拟陈述的基础上，返回到第一段的主题，重复论说制图诸体的功用。在这里，有三点需要特别予以说明。

一是首句“必以此六者参而考之”，“参”意指考察、验证，“考”意指了解，“之”代指绘制地图的工作，直译可译作“用这六项准则来查验掌握制图工作”，所以，这里将其意译为“用这六项准则来规范绘图作业”。

二是本段结束时，着重强调了“准望”在整个制图过程中的核心位置。

三是由于第二段中“径路”与“道里”的语义替代，影响到这里的叙述，依旧无法使“道里”恢复到它本来的制图术语涵义，改用“道里”表示步测道路里程。同时，由于文章排比形式的要求，又提出“度数”一语，来表述水平直线距离的具体数值。这样，“度数”便在很大程度上体现了“制图六体”中“道里”原来的涵义。这里又一次体现出裴秀本人对于制图方法的隔膜。

五、论所谓沈括制图六体问题

在清初的胡渭之前，只有北宋的沈括，比较具体地谈论过如何运用裴秀“制图六体”来绘制地图的问题。沈括的论述，见于其所著《梦溪笔谈》：

> 地理之书，古人有飞鸟图，不知何人所为。所谓“飞鸟”者，谓虽有四至，里数皆是循路步之，道路迂直而不常，既列为图，则里步无缘相应，故按图别量径直四至，如空中飞鸟直达，更无山川回曲之差。
>
> 予尝为《守令图》，虽以二寸折百里为分率，又立准望，牙融傍验高下、方斜、迂直七法，以取鸟飞之数。图成，得方隅远近之实，始可施此法。分四至八到，为二十四至，以十二支、甲乙丙丁庚辛壬癸八干、乾坤艮巽四卦名之。使后世图虽亡，得予此书，按二十四至以布列郡县，立可成图，毫发无差矣。[55]

由于上述内容在传写刊刻过程中产生一些文字舛讹，现代学者对于它的理解，也出现了一定分歧。

学者们出现不同理解的文字，是“又立准望，牙融傍验高下、方斜、迂直七法”这一段话。

李约瑟读作“又立准望、牙融、傍验、高下、方斜、迂直七法”；又其中“牙融”，李约瑟据别本作“互融”，李氏并将其释作“相互融合”，认为其涵义“很可能是指相似直角三角形法，也可能是道里的延伸”；李氏又释“傍验”为“根据边部进行检查”。这是把“互融”和“傍验”视作与“分率”、“准望”、“高下”、“方斜”、“迂直”相并列的制图准则[56]。与李约瑟的观点相近，王成组虽然感到很难解释“牙融”和“傍验”的具体涵义，却同样认为这七个术语构成了所谓“制图七法”[57]。若是这样，似乎沈括对于裴秀的“制图六体”，又有了新的发展。

胡道静和曹婉如都不同意这样的看法[58]。除了二人同样认为“牙融”的“牙”字本为“互”字之外，胡道静还根据沈括书中回避其叔父沈同名讳的情况，推测“牙融”之“融”字本应作“同”，即“互融”应订正为“互同”。胡、曹二人还一致认为，“七法”之“七”应是“之”字的讹误；“傍验”并非专门名词术语，而应用作动词，与下文“高下、方斜、迂直之法”连读。

这样，按照胡道静的读法，这句话为：“又立准望、互同，傍验高下、方斜、迂直之法。”按照曹婉如的读法，则为：“又立准望、互融，傍验高下、方斜、迂直之法。”于是，“分率”与“准望”、“互同”(或“互融”)、“高下”、“方斜”、“迂直”，便构成了与裴秀“制图六体”相近的制图准则，胡道静谓此乃“沈括的‘制图六体’”。因此，事实上根本不存在所谓“制图七法”。

胡道静和曹婉如澄清不存在“制图七法”，这一点十分正确。不过，如上文所述，裴秀的“制图六体”，是一个完整制图流程中各个主要工序的操作原理，假如确实存在一个可以与之比拟的沈括的“制图六体”，那么，就必须合理地解释，其中不同于裴秀“制图六体”的部分，在制图程序中所起的作用。

对此，胡道静起初在《古代地图测绘技术上的“七法”问题》一文中认为，“互同”的语义是“递推互校”，在地图学上的涵义等同于“道里”。

曹婉如则据《尔雅·释诂》"融"有"长"义，推断"互融"应是指两地之间的路程；作为制图准则的涵义，同样等同于"道里"。

后来在《沈括》一文中，胡道静又改变看法，认为"道里"已隐含于"分率"之中，"互同"是与"道里"完全不同的另一项制图准则，它可能是指类似于现代地图使用的等高线标记，这是沈括对裴秀"制图六体"的发展和补充。这样一来，所谓沈括的"制图六体"，便与裴秀"相同者五，互异者一"，即无裴秀既有之"道里"而有裴秀所无之"互同"。

"互同"或"互融"若是等同于"道里"，沈括在其他"五体"都采用裴秀旧称的情况下，没有必要在此标新立异，另行创用如此生涩的术语。即使此说成立，那么也正说明沈括对于裴秀的"制图六体"，没有任何创新，所以无需多事辨说。

至于胡道静认为"互同"与等高线有关，更纯属揣摩之词，没有相应的事实依据。胡氏在裴秀"制图六体"之外，另拟"互同"一体，其逻辑前提，是沈括未尝提到的"道里"一体，业已隐含于"分率"之中，所以，"就不再作为一法"，无需叙说。殊不知"道里"并非他所理解的"地图上的距离"，而是确定"准望"的途径，是万万省略不得的制图程序，并不能被其他任何制图之"体"所隐含。可见，胡道静缺乏对于裴秀"制图六体"科学内容的正确理解。

沈括在这段话里没有提到"道里"这一术语，是因为他满篇讲述的就是"道里"问题。这段文字的核心内容，是论述地物之间的水平直线距离问题，而如前所论，这正是绘制地图所需要的理想"道里"。

胡道静把"互融"改订为"互同"，是因为他认为"互同"系表述制图准则的专门术语。这一前提既然难以成立，那么，胡氏的改订也就缺乏理据了。

其实，正像"傍验"不应读作专门名词术语一样，"互融"不过是表示相互融通的普通语词。"互融"与"傍验"及其以下文字应当连读，表示根据各段路径的具体情况，交互选取"高下"、"方斜"、"迂直"三种方法，"以取鸟飞之数"，亦即所谓"道里"[59]。

由此可见，沈括对于裴秀的制图理论，没有任何创新发展，并不存在所谓沈括"制图六体"。

附带谈论一下，前人称道沈括的地图学成就和贡献，除了上述所谓"制图六体"和制作立体地形图之外，主要还有两点，都与《梦溪笔谈》这段记述有关：一是说过去西晋裴秀和唐人贾耽所绘制的全国地图，都是以一寸折百里[60]，而沈括绘制的《守令图》是以二寸折百里，比例尺增大了一倍，所以"在精细程度上确有超越裴氏之处"[61]；二是说沈括因熟悉罗盘而以二十四至定道里方向，其精密程度，比传统的四至八到超出三倍，从而也使得所制地图更为准确[62]。

今案地图比例尺大小与所制地图的精密程度，并没有必然联系。一般来说，大区域的小比例尺地图，是依据小区域的大比例尺地图缩编而成。所以，对于同样面积的较大区域来说，比例尺越小，编绘难度越大。因此，沈括以二寸折百里的《守令图》，不但不一定会比裴秀以一寸折百里的地图更精密，而且从制图难度角度讲，还很可能要更容易一些。

其次，沈括改四至八到为二十四至，严格地说，与地图绘制毫无关系。上引《梦溪笔谈》原文，明确讲述沈括是在按照常规办法绘成地图，"得方隅远近之实"以后，才"按图别量"，"分四至八到，为二十四至"，所以，这只能用于提高复制地图的精度。

前面已经讲过，粗略地讲，四至八到就是确定"准望"所需要的"道里"。沈括明知二十四至比四至八到精确，却只能将其用于复制地图而不是绘制地图，这是因为在以粗略的步测为测量手段的情况下，过于细密的坐标方位划分，在实际操作时根本无法实现。

总结以上论述，可见沈括并没有发展裴秀创立的"制图六体"，他对古代地图学的理论贡献，主要是倡导采用二十四至，量取地图上的"道里"，作为记录地物相对位置的坐标参数，用以准确地复制地图，或是复原地图。当然，从理论上讲，利用这些参数，也可以根据需要，重新编绘地图。在地图印刷技术尚未普及的情况下（至少在沈括所处的北宋时期就是如此)，这种复制或复原方法，对于地图的流通和使用，应当很有益处。

六、制图六体的提出及其在地图学史上的意义

本文开头即已指出，所谓裴秀"制图六体"，出自其所撰《禹贡地域图》自序。然而，《禹贡地域图》却并非裴秀个人的创制。于是，有人怀疑，"制图六体"乃至这篇序文都是出自他人之手。这样的看法，涉及"制图六体"的产生背景，并进而影响到对其学术史意义的评价，因此，有必要在此一并予以辨析。

王庸在20世纪30年代，最早注意到《水经·榖水注》记载裴氏有门客名京相璠，曾襄助其绘制地图，以为裴秀制作地图，即由京相璠这类人从事具体工作，而他本人，"大抵不过发凡起例"，盖"裴氏身为司空，其不能从事工作，固在情理之中"[63]。此后很长一段时间，学术界大体上都沿承了这种看法[64]。

可是，到20世纪80年代以后，却又出现了新的观点，而所谓新观点的产生，在很大程度上，是源自对《水经注》有关记载的不同理解。《水经·榖水注》的相关记载，原文如下：

> 〔天渊〕池水又东流于洛阳县之南池，池即故翟泉也，南北百一十步，东西七十步。皇甫谧曰："悼王葬景王于翟泉，今洛阳太仓中大冢是也。"……京相璠与裴司空季彦修《晋舆地图》[65]，作《春秋土地名》，亦言今太仓西南池水名翟泉。[66]

"季彦"为裴秀字。上文中"京相璠与裴司空季彦修《晋舆地图》"之"与"字的涵义，前人从未专门做过说明，然而从诸家的理解来看，大体上是读作"和"、"同"之义。1987年，刘盛佳发表《晋代杰出的地图学家——京相璠》一文[67]，不同意这种解读，认为"与"字应当读作"给予"之义；刘氏并把这句话翻译成白话为："京相璠给裴秀编绘《晋舆地图》。"

刘盛佳认为，这样一来，京相璠就成了《晋舆地图》的编绘者，并因之而成为地图学家。刘氏评价说："其在我国地图学史上的地位要高于裴秀。"刘氏复又推测说，此《晋舆地图》，极有可能就是《晋书·裴秀传》中所记载的《禹贡地域图》；由此进一步推论，则阐述"制图六体"的《禹贡地域图》序文，也有可能是根据京相璠等人的实践经验而撰述成文。

今案，刘盛佳这篇文章，在研究方法和思路上都存在很大问题。虽然刘氏所叙述的内容，间或有能够予以科学论证的地方，但是，其所做论述，并不具备严格意义上的学术价值。所以，本来没有多大必要直接针对此文，进行讨论。在这里谈到刘盛佳的文章和他的看法，只是由于刘氏此文所涉及的一些主要问题，确实与"制图六体"的产生缘由具有密切关系。

另外，在刘文刊布后，陈桥驿复撰文进一步引申发挥刘氏的观点。陈氏先是谓《禹贡地域图》的序言，"很可能是由京相璠执笔而让他（德勇按：指裴秀）挂名的。则《禹贡地域图》显然就是京相璠（当然也包括其他助手）的作品。后世把这种古代的著名地图包括制图理论归之于裴秀，实在是一种历史的误会"[68]；继之又云："完全可以肯定，《禹贡地域图》和'制图六体'的知识产权应该属于京相璠。"[69]显而易见，陈氏更为明确地否定了旧史中裴秀提出"制图六体"的记载。

陈桥驿的这些看法，是写在随笔性的札记和文章当中。所以，与刘盛佳的看法一样，不拘对错，都有必要重新予以论证。

有关京相璠的记载，仅见于上文引述的《水经·穀水注》。所以，要想论证这些观点，必须首先重新审视这条唯一的史料。审视这段文字的逻辑结构，可以看到，郦道元在《水经·穀水注》中谈及京相璠，是因为他需要引述京相璠的《春秋土地名》，来论述翟泉的位置；而文中谈到裴秀的《晋舆地图》，则是为了说明《春秋土地名》的由来。至于"与"字，在这里应读去声，即"参与"之"与"。按照这样的理解，《水经·穀水注》这段话的意思，应当是讲：京相璠在参与裴秀编制《晋舆地图》工作过程中所撰写的《春秋土地名》一书[70]，对翟泉的位置所在有如此这般的记述。

通过对《水经·榖水注》的正确解读，可以得到一些重要信息。

首先，可以确认《水经·榖水注》所提到的《晋舆地图》，就是《晋书·裴秀传》记载的《禹贡地域图》。

裴秀编制的地图，见于其他文献记载的共有两种：一种是前述《禹贡地域图》；另一种为《地形方丈图》[71]，又省称《方丈图》[72]。对于《水经·榖水注》所谓《晋舆地图》，过去看法不一，有人认为是指《地形方丈图》[73]，有人如同刘盛佳，认为是指《禹贡地域图》[74]，但是几乎都没有进行论证，或是没有相应的论据。据记载，《地形方丈图》是依据一幅"天下大图"缩编而成，原图"备载名山都邑"，"王者可不下堂而知四方"[75]，并不涉及历史地理内容；而《禹贡地域图》的内容则是"上考《禹贡》山海川流，原隰陂泽，古之九州及今之十六州，郡国县邑，疆界乡陬，及古国盟会旧名，水陆径路"[76]，明显包括大量历史地理内容在内，在一定意义上甚至可以说是一部历史地图集[77]。

按照《水经注》的记载，京相璠既然是为编制《晋舆地图》而撰著《春秋土地名》，那么，两相比较，这种需要春秋古地名的《晋舆地图》，就不应该是《地形方丈图》，而只能是《禹贡地域图》。

其次，可以确认，京相璠与裴秀在编制《禹贡地域图》一事中的关系，是京相璠参与裴秀主持的制图工作。由此可以证实，在这一点上，王庸过去的说法，合乎实际。

在编制《禹贡地域图》时，裴秀身为司空，京相璠只是他的一位门客[78]。《晋书·裴秀传》谓裴秀所担任的司空一职，"职在地官"[79]。所谓"职在地官"，是自上古沿承下来的职事，相传夏禹平治水土，即因其身为司空[80]。这一职位，在东汉至魏晋时大体上是"掌水土事"，"凡营城起邑、浚沟洫、修坟防之事，则议其利，建其功。凡四方水土功课，岁尽则奏其殿最而行赏罚"[81]。而据《礼记》记载，上古时"司空执度度地，居民山川沮泽，时四时，量地远近，兴事任力"，"量地以制邑，度地以居民"[82]，量度国家的地理状况，显然是其主要职事之一。

所以，不管是援依古例，还是按照西晋当时的制度，裴秀出面负责主持编绘《禹贡地域图》，而召集京相璠参与其中，本是顺理成章的事情。裴秀乐于豢养通晓地理的京相璠为门客，恰恰可以说明他本人对地理一直很有兴趣，编绘《禹贡地域图》，并不仅仅是在履行所应承担的政务。

可是，刘盛佳却因脱离《水经·瀔水注》原文的整体逻辑关系，看不出“京相璠与裴司空季彦修《晋舆地图》”，是“作《春秋土地名》”的限定前提，错误地把“修《晋舆地图》”与“作《春秋土地名》”视为相并列的两件事，并误解“与”字为“给予”之义，把“与裴司空季彦”，视作“修《晋舆地图》”和“作《春秋土地名》”的限定状语，得出“京相璠给裴秀编绘《晋舆地图》，撰写《春秋土地名》”的错误认识；刘氏复又援引《隋书·经籍志》中京相璠撰述《春秋土地名》的记载，以为按照他这种解读方式，可以先以此来验证《春秋土地名》确系出自京相璠之手，从而推论，与之相并列的《晋舆地图》，也必定同样是由京相璠绘制。这种建立在完全错误基础上的推断，结论自然不能成立。

其实，京相璠不仅不像刘盛佳等人所认为的那样，称得上是《晋舆地图》亦即《禹贡地域图》的真正编绘者，即使是他为编绘此图上的春秋时期地名而撰写的《春秋土地名》一书，也并非全都出自他一人之手。因为《隋书·经籍志》明确记载，此书乃是“晋裴秀客京相璠等撰”[83]。这个“等”字说明，《春秋土地名》的撰述者，显然还包括有裴秀其他一些门客在内。由此看来，京相璠在编制《禹贡地域图》过程中所起的作用，应该非常有限，甚至就连主要编绘者恐怕都谈不上[84]，根本不足以与主持其事的裴秀相提并论，更没有资格取而代之，领取《禹贡地域图》乃至“制图六体”的“知识产权”。

恢复裴秀在编制《禹贡地域图》工作中“发凡起例”的领衔地位，并不意味着“制图六体”就一定出自他的创见。陈桥驿等人虽然质疑并试图剥夺裴秀对于“制图六体”的首创权，却没有找到有说服力的证据。在前面第四节的论述中已经指出，从裴秀讲述“制图六体”之第二段内容以下使用术语的混乱情况，可以看出，裴秀本人对于地图绘制理论，并不十分精通，甚至可以说还颇有些隔膜。假如是由一位从事实际技术操作的制图技术人员，来撰文阐述这些理论，不大可能出现这种情况。由此可以推论，所谓“制图六体”，应当是裴秀依据绘图技术人员准备的相应材料，铺叙修饰成文，予以表述出来。

前面对“制图六体”内容的分析表明，所谓“制图六体”，阐述的是中国古代制作任何一种地图都不可或缺的基本工作程序原理。换句话，只要能够称之为地图，那么，它在制作时就不能逃避这些准则。前面曾经谈到，裴秀在《禹贡地域图》的序文中，指斥其所见“汉氏舆地及括地诸杂图”，“各不设分率，又不考正准望”[85]，其实这是一种很不科学的说法。完全没有“分率”和“准望”，就根本不可能绘制出地图。“分率”或许不够精密，“准望”可能相当粗疏，但这并不等于完全没有。因此，从地图产生之日起，绘制地图的技术人员，就应当一直或不自觉或自觉地在奉行并传承着这些制图规则，只不过在具体制作地图时，其精细严整程度，往往不一定十分合乎理想的要求而已。

这种制图原理，直到普遍采用西方制图方法之前，在中国始终相承未变。清初的胡渭，说裴秀的“制图六体”，乃是“神解妙合”，而“志家终莫知其义”[86]。他所说的“志家”大致可以相当于现在所说的地理学家。虽然这些“志家”或地理学家，大多根本无法理解裴秀的“制图六体”，可是绘制地图的方法，却一直沿承上古以来的旧规而没有发生改变。这一历史事实，可以充分说明，按照这样的制图原理来绘制地图，自另有一技术层面的传统和传承途径，并不依赖裴秀的理论阐释而存在。王庸虽然依据事物的一般发展规律来衡量，意识到所谓“制图六体”，不见得完全出于裴秀一人的创制，“可能是根据汉魏以来制图者积累的经验”[87]，却因未能真正理解“制图六体”的内在涵义，而无法作出更为本质的判断。

基于这样的技术背景，裴秀根据绘图技术人员提供的资料来阐述所谓“制图六体”，就丝毫也不奇怪了；而裴秀叙述“制图六体”的意义，便更多地体现为用文字记录了古代的地图绘制准则,使文人了解地图绘制原理,并自觉地加以运用。唐代贾耽和北宋沈括的地图绘制活动,就深受裴秀“制图六体”的影响[⑱]。李约瑟称裴秀为中国科学制图学之父[⑲],依照本文的论述,这项桂冠似乎也只能体现在记录并用特定的术语来表述制图准则这一意义上。当然,仅仅是这一点,在一门学术发展的早期阶段,也具有相当重要的意义,借用王成组的话来讲,这终归是一件划时代的事件[⑳]。

注 释:

①《晋书》(北京:中华书局,1974)卷三五《裴秀传》,第 1039—1040 页。

②《北堂书钞》(北京,中国书店,1989)卷一五七《地部》一“地篇一”引干宝《晋纪》,第 677 页。

③王庸《中国地理学史》(上海,商务印书馆,1938)第二章第四节《裴秀制图》,第 57 页。

④《北堂书钞》卷九六《艺文部》二《图九》,第 367 页。《艺文类聚》(上海,上海古籍出版社,1982)卷八《地部》“地”,第 100 页。《初学记》(北京,中华书局,1962)卷五《地理》上“总载地”,第 90 页。《太平御览》(北京,中华书局,1985)卷三六《地部》一“地上”引《晋书》,第 170 页。案除诸书所引裴秀自序之外,省称《禹贡地域图》为“地域图”之较早者,尚有《三国志》(北京,中华书局,1959)卷二三《魏书·裴潜传》裴松之注引《文章叙录》,第 673 页。

⑤文见《艺文类聚》卷八《地部》“地”,第 100—101 页。案前人论裴秀“制图六体”,多依据《晋书》本传收录的《禹贡地域图》自序,陈连开始注意到《艺文类聚》等书所录裴秀自序的异文,说见所著《中国古代第一部历史地图集——裴秀〈禹贡地域图〉初探》,刊《中央民族学院学报》,1978 年第 3 期,第 80 页。

⑥“辨”原讹作“辩”,据《晋书》本传并《初学记》卷五引文改。

⑦“三”原作“六”,此据《晋书》本传并《初学记》卷五、《太平御览》卷三六引文改。

⑧“形”,《初学记》引文作“行”,《晋书》本传引文作“宜”。

⑨“故”,《晋书》本传引文作“异”,《太平御览》卷三六引文作“数”。

⑩“回”原作“因”,此据《太平御览》卷三六引文改。

⑪侯仁之主编《中国古代地理学简史》(北京,科学出版社,1962)第二章第二节《封建统一国家分裂时期地理学上的一些成绩(三国至南北朝)》,第 19 页。

⑫胡渭《禹贡锥指》(上海，上海古籍出版社，1996)卷首《禹贡图》篇末识语，第122页。

⑬胡渭《禹贡锥指》卷首《禹贡图》篇末识语，第122—123页。

⑭王庸《中国地理学史》第二章第四节《裴秀制图》，第57—58页。

⑮王庸《中国地图史纲》(北京，三联书店，1958)第三章《裴秀制图及其在中国地图史上之关系》，第19页。

⑯沿承这一观点的代表性著述有：侯仁之主编《中国古代地理学简史》第二章第二节《封建统一国家分裂时期地理学上的一些成绩(三国至南北朝)》，第19页；王成组《中国地理学史(上册)》(北京，商务印书馆，1982)第三篇第二章《裴秀制图的实践与理论》，第73页；中国科学院自然科学史研究所地学史组主编《中国古代地理学史》(北京，科学出版社，1984)第八章第二节《传统制图理论的创立》，第292页；卢良志《中国地图学史》(北京，测绘出版社，1984)第三章第二节《裴秀在地图学上的建树》，第44页；曹婉如《裴秀京相璠》，载谭其骧主编《中国历代地理学家评传》(济南，山东教育出版社，1990)第一卷，第151—153页；唐锡仁主编《中国科学技术史·地学卷》(北京，科学出版社，2000)第五章第六节《地图测绘知识的发展》，第257页。案：据李约瑟《中国科学技术史》(汉译本，北京，科学出版社，1976)第五卷地学第一分册第二十二章第四节《东方和西方的定量制图学》(第111页)所述，法国学者沙畹，早在1903年，就袭用胡渭的解释，把"准望"翻译成"准确地定出方位"。

⑰曹婉如《中国古代地图绘制的理论和方法初探》，刊《自然科学史研究》第2卷第3期，1983年，第256页；又《裴秀京相璠》，载谭其骧主编《中国历代地理学家评传》第一卷，第147页，第153页。

⑱李约瑟《中国科学技术史》第五卷地学第一分册第二十二章第四节《东方和西方的定量制图学》，第110—111页。

⑲案：此《中国科学技术史》地学部分，在英文原本中编在第三卷，出版于1959年。李约瑟释"准望"为"矩形网格"，在国内似乎仅胡道静曾予以关注，在所著《古代地图测绘技术上的"七法"问题》一文中，胡称裴秀"制图六体"之"准望"，为"直角网格"。不过胡氏事实上只是转述李约瑟的结论而已，并没有自己的理解和论述。胡道静文载《中华文史论丛》总第五辑(上海，中华书局上海编辑所，1964)，第236页。

⑳刘熙《释名·释形体》，王先谦《释名疏证补》本(清光绪丙申刊本)卷二，第12a页。

㉑段玉裁《说文解字注》(上海，上海古籍出版社，1988)第四篇下，第166页。

㉒案：前述沙畹把"准望"的作用释为"准确地定出方位"，其中"准确"二字，应当与李约瑟相同，也是出自对裴秀"正彼此之体"的"正"字的错误理解。

㉓刘献廷《广阳杂记》(北京，中华书局，1957)卷二，第55页。

㉔李约瑟《中国科学技术史》第五卷地学第一分册第二十二章第四节《东方和西方的定量制图学》,第115页。

㉕案:曹婉如把刘献廷列为主张"准望"为计里画方的代表人物,见所著《裴秀京相璠》,载谭其骧主编《中国历代地理学家评传》第一卷,第151页。

㉖王庸《中国地图史纲》第三章《裴秀制图及其在中国地图史上之关系》,第20页。

㉗王成组《中国地理学史(上册)》第三篇第二章《裴秀制图的实践与理论》,第73页。

㉘曹婉如《华夷图和禹迹图的几个问题》,《科学史集刊》第6期,1963年10月,第38页。

㉙陶懋立《中国地图学》,刊《中国地学会地学论丛》卷三,1927年,转引自曹婉如《中国古代地图绘制的理论和方法初探》,刊《自然科学史研究》,第2卷第3期,1983年,第253页。

㉚李约瑟《中国科学技术史》第五卷地学第一分册第二十二章第四节《东方和西方的定量制图学》,第111页。

㉛曹婉如《华夷图和禹迹图的几个问题》,刊《科学史集刊》第6期,1963年10月,第38页。

㉜曹婉如《中国古代地图绘制的理论和方法初探》,刊《自然科学史研究》,第2卷第3期,1983年,第253页。

㉝《三国志》(北京,中华书局,1959)卷二六《魏书·牵招传》,第732页。

㉞《宋书》(北京,中华书局,1974)卷九九《二凶传·王濬》,第436页。

㉟《周髀算经》(北京,中华书局,1963,钱宝琮校点《算经十书》本)卷上,第22页。

㊱刘师培《古书疑义举例补》(北京,中华书局,1956,《古书疑义举例五种》本)九《举偏以该全之例》,第179—180页。

㊲刘徽《海岛算经》(北京,中华书局,1963,钱宝琮校点《算经十书》本),第265—272页。

㊳沈括《梦溪笔谈》(上海,上海出版公司,1956,胡道静校注《梦溪笔谈校证》本)卷二五,第796页。

㊴中国古代在绘制地图时所采用的坐标体系,虽然学术界已有一些研究成果,但还有待于进一步深入考察。在明确裴秀"制图六体"特别是"准望"的涵义之后,我拟另行撰文,讨论这一问题。本文所谓"平面直角坐标体系",不过是一种权宜的表述形式而已。

㊵《清史稿》(北京,中华书局,1977)卷二八三《何国宗传》,第10185页。

㊶案:阮元《畴人传》(上海,商务印书馆,1955)卷四一《何国宗传》(第518—521页)载国宗在康熙年间曾"实测各直省及诸蒙古之高度、偏度","偏度"和"高

度”即经度与纬度，此即实测各地之经纬度坐标。

㊷《艺文类聚》卷八《地部》“地”，第100页。

㊸《周髀算经》卷上，第13—34页。

㊹《九章算术》（北京，中华书局，1963，钱宝琮校点《算经十书》本）卷九《勾股》，第241—258页。

㊺有关情况可参看李约瑟《中国科学技术史》第五卷地学第一分册第二十二章第四节《东方和西方的定量制图学》，第196—219页；又曹婉如《中国古代地图绘制的理论和方法初探》一文，刊《自然科学史研究》，第2卷第3期，1983年，第256—257页。

㊻这里所说的“步测”，是就一般情况而言，并不排除在以步测为主的总体前提下，个别时候根据需要，采用一些诸如丈绳之类的简单工具进行丈量。

㊼胡渭《禹贡锥指》卷首《禹贡图》篇末识语，第122页。

㊽曹婉如《裴秀京相璠》，载谭其骧主编《中国历代地理学家评传》第一卷，第154页；又《中国古代地图绘制的理论和方法初探》，刊《自然科学史研究》，第2卷第3期，1983年，第256页。

㊾李约瑟的译文见所著《中国科学技术史》第五卷地学第一分册第二十二章第四节《东方和西方的定量制图学》，第110—114页；曹婉如的译文见《中国古代地图绘制的理论和方法初探》，刊《自然科学史研究》第2卷第3期，1983年，第256—257页。

㊿《周礼注疏》（北京，中华书局，1980，影印阮刻《十三经注疏》本）卷一〇，第702页。

(51)曹婉如《华夷图和禹迹图的几个问题》，刊《科学史集刊》第6期，1963年10月，第38页。唐锡仁主编《中国科学技术史·地学卷》第五章第六节《地图测绘知识的发展》，第257页。

(52)王庸《中国地图史纲》第三章《裴秀制图及其在中国地图史上之关系》，第19页；侯仁之主编《中国古代地理学简史》第二章第二节《封建统一国家分裂时期地理学上的一些成绩（三国至南北朝）》，第19页；中国科学院自然科学史研究所地学史组主编《中国古代地理学史》第八章第二节《传统制图理论的创立》，第291页。

(53)曹婉如《裴秀京相璠》，载谭其骧主编《中国历代地理学家评传》第一卷，第154页。

(54)说详刘师培《古书疑义举例补》六《二语相联字同用别之例》，第168—170页。

(55)沈括《梦溪笔谈》之《补笔谈》卷三，第991—992页。

(56)李约瑟《中国科学技术史》第五卷地学第一分册第二十二章第四节《东方和西方的定量制图学》，第210—213页。

(57)王成组《中国地理学史(上册)》第三篇第四章《宋代制图的多样化》,第77页。

(58)胡道静《古代地图测绘技术上的"七法"问题》,刊《中华文史论丛》总第五辑,第236页;又《沈括》,载谭其骧主编《中国历代地理学家评传》(济南,山东教育出版社,1990)第二卷,第64—67页。曹婉如《论沈括在地图学方面的贡献》,刊《科技史文集》(上海,上海科学技术出版社,1980)第3辑,第83页。

(59)唐锡仁主编《中国科学技术史·地学卷》第七章第四节《沈括在地学上的贡献》(第360页)认为,沈括"取鸟飞之数"的提法,比裴秀"制图六体"中的"道里",要"更明确更科学"。今按:如本文所论,裴秀所谓"道里",本来就是指水平直线距离,即沈括所说"鸟飞之数",故沈括这种说法,并没有什么比裴秀"更科学"的地方。

(60)按:此所云裴秀制全国地图,应指裴秀据旧有"天下大图"缩编的《地形方丈图》,见《北堂书钞》卷九六《艺文部》二《图九》之"方丈图"条引《晋诸公赞》,第367页。案:据《晋书》卷四七《傅玄传》附《傅畅传》(第1333页),《晋诸公赞》又作《晋诸公叙赞》,惟《隋书》(北京,中华书局,1973)卷三三《经籍志》二(第960页)著录傅畅时为西晋秘书监,而《晋书》本传记载畅仕西晋官秘书丞,未详孰是。

(61)胡道静《古代地图测绘技术上的"七法"问题》,刊《中华文史论丛》总第五辑,第236页。

(62)竺可桢《北宋沈括对于地学之贡献与纪述》,原刊于《科学》第11卷第6期,1926年。此据《竺可桢文集》(北京,科学出版社,1979),第71—72页。胡道静《古代地图测绘技术上的"七法"问题》,刊《中华文史论丛》总第五辑,第236页。唐锡仁主编《中国科学技术史·地学卷》第七章第四节《沈括在地学上的贡献》,第360页。

(63)王庸《中国地理学史》第二章第四节"裴秀制图",第60—61页。

(64)侯仁之主编《中国古代地理学简史》第二章第二节《封建统一国家分裂时期地理学上的一些成绩(三国至南北朝)》,第19页;Chen Chiao-yi, Map-making in Ancient China, *China Reconstructs*. p.42—43, Vol.xv, No.4, April. 1966;卢良志《中国地图学史》第三章第二节《裴秀在地图学上的建树》,第48—49页;曹婉如《裴秀京相璠》,载谭其骧主编《中国历代地理学家评传》第一卷,第155—156页。唐锡仁主编《中国科学技术史·地学卷》第五章第六节《地图测绘知识的发展》,第258页。

(65)按"季彦"原作"彦季",此从杨守敬《水经注疏要删补遗》据《三国志》裴注引《文章叙录》并《晋书》本传改,见《水经注疏》(南京,江苏古籍出版社,1989)第1463页。

(66)《水经·縠水注》(台北,华文书局股份有限公司,1970,影印乾隆五十九年刊赵一清《水经注释》本),第902—904页。

⑥⑦刘盛佳《晋代杰出的地图学家——京相璠》，刊《自然科学史研究》第6卷第1期，1987年，第58—65页。

⑥⑧陈桥驿《裴秀与京相璠》，见所著《郦学札记》(上海，上海书店出版社，2000)，第208—213页。

⑥⑨陈桥驿《论学术腐败》，刊《学术界》2004年第5期，第134页。

⑦⓪按：如下文所论，所谓《晋舆地图》是指《禹贡地域图》。清人姚振宗似乎早已看出撰写《春秋土地名》一书与绘制《禹贡地域图》的关系，他在《隋书经籍志考证》一书中引述《水经·縠水注》后写道："按《晋书·裴秀传》，秀为司空，作《禹贡地域图》十八篇奏之，璠等是书，盖作于其时，晋武帝泰始中也。"(姚振宗《隋书经籍志考证》卷六，北京：中华书局，1955，重印开明书店《二十五史补编》本，第5152页。)

⑦①张彦远《历代名画记》(北京，人民美术出版社，1963)卷三《述古之秘画珍图》，第76页。

⑦②《北堂书钞》卷九六《艺文部》二《图九》之"方丈图"条引西晋傅畅《晋诸公赞》，第367页。

⑦③王庸《中国地图史纲》第三章《裴秀制图及其在中国地图史上之关系》，第22页。

⑦④侯仁之主编《中国古代地理学简史》第二章第二节《封建统一国家分裂时期地理学上的一些成绩(三国至南北朝)》，第19页。

⑦⑤《北堂书钞》卷九六艺文部二《图九》之"方丈图"条引西晋傅畅《晋诸公赞》，第367页。

⑦⑥《晋书》卷三五《裴秀传》载裴秀《禹贡地域图》自序，第1040页。

⑦⑦陈连开《中国古代第一部历史地图集——裴秀〈禹贡地域图〉初探》(《中央民族学院学报》，1978年第3期，第76—79页)一文，经过深入论证后认为，裴秀《禹贡地域图》"是以历代区域沿革图为主体的历史地图集"，所说信而有据。

⑦⑧《隋书》卷三二《经籍志》一，第932页；又卷三三《经籍志》二，第983页。

⑦⑨《晋书》卷三五《裴秀传》，第1039页。

⑧⓪《尚书·尧典》，孙星衍《尚书今古文注疏》本(北京，中华书局，1986)卷一，第9b页。

⑧①《续汉书·百官志一》(北京，中华书局，1965)，第3561—3562页。《宋书》(北京，中华书局，1974)卷三九《百官志》上，第1219页。

⑧②《礼记·王制》，《礼记郑注》本(清嘉庆十一年张敦仁影宋刻本)卷四，第10a—11a页。

⑧③《隋书》卷三二《经籍志》一，第932页。

⑧④按：王庸一派人虽然正确地承认，裴秀是编绘《禹贡地域图》的实际主持者，但同时对京相璠在其中的地位和作用却估价偏高。如王庸认为，此图"主要是出

于京相璠之手”(《中国地图史纲》第三章《裴秀制图及其在中国地图史上之关系》，第22页)；曹婉如认为：“裴秀在地图学方面取得的成就，当以京相璠之助为多。”(《裴秀京相璠》，载谭其骧主编《中国历代地理学家评传》第一卷，第155页。)

㉟《艺文类聚》卷八《地部》“地”引，第100页。

㊱胡渭《禹贡锥指》卷首《禹贡图》篇末识语，第122页。

㊲王庸《中国地图史纲》第三章《裴秀制图及其在中国地图史上之关系》，第21页。

㊳《旧唐书》(北京，中华书局，1975)卷一三八《贾耽传》(第3748页)载贾耽进“陇右山南图”表云：“晋司空裴秀创为六体，……六体则为图之新意，臣虽愚昧，夙尝师范。”

㊴李约瑟《中国科学技术史》第五卷地学第一分册第二十二章第四节《东方和西方的定量制图学》，第108页。

㊵王成组《中国地理学史(上册)》第三篇第二章《裴秀制图的实践与理论》，第74页。

西藏地名释例

王尧

英语中 Onomasiology 一词，解释为"研究专有名称的意义和起源的专名学或称之为语义学"，而 Toponymy 就简单地定为"地名学"，解释为"一个国家或地区的地名"。(以上解释均见于《英汉大辞典》，上海译文出版社，1991 年 9 月版)学术界习惯于把"地名学"定为一门综合性很强的、多学科交叉的学问。虽然常常被划在"地理学"项下，列为一个分支，但是也常被承认是"应用语言学"的一个分支。具体来说，一个地名常常涉及地理学、社会学、语言学、历史学、民俗学和民族学，根据一个地名常常可以认识到一段历史、一段民族关系。如大家早已熟知的"哈尔滨"(满语：晒渔网的场子)、"乌鲁木齐"(蒙语：优美的牧场)、"拉萨"(藏语：天神的地方)以及"呼和浩特"(蒙语：青色的城堡)等，都能反映出这些城市遥远而灿烂的历史陈迹，唤起人们对历史的记忆。

用这个观点来检视西藏的地名，可以发现许多有趣的话题。由于藏区是长时期以来藏族相对比较集中聚居的地方，许多地名的涵义自然需要从藏语中求解。同时，语言并不是一成不变的，地名形成以后却比较稳定，因而地名和实际语言之间又常常产生某种歧义，从地名中还可以追溯语言演变过程残留在地名中的一些轨迹。我们不妨看看几个常见的地名。

1. "mdo"一词有几种意义，与地名有关的是"水和道路的汇合处，称之为 mdo"(依《藏汉大辞典》)，汉语中常音译为"多、都"。

例如，Chab－mdo，昌都，是西藏自治区东部的一个大城市，行政划为地级专区，辖十三个县、一个镇。那里正是从四川进藏的康藏大道和从云南进藏的滇藏茶马古道的汇合处，又有两条河汇流一处，名符其实地为 Chab－mdo。按：Chab 一词意为 Chu（水）的敬称或雅称。这个词最初的文献记载见于《敦煌吐蕃历史文书》（公元九、十世纪）。

王世睿 1732 年以泸州知州奉檄入藏，汇沿途所记而成的《进藏纪程》一书中，把 Chab－mdo 记为“察木多”，下面注云：又名昌都，即头藏，为三藏之头藏。可能是人们把拉萨地区称为前藏，日喀则地区称为后藏，而 Chab－mdo 地区即为头藏，即入藏的头一站地。

Chab－mdo 的第一音节 Chab 的尾音－b，受第二音节 mdo 的头音 m－的影响，故而发音为 Cham－mdo，王世睿不谙藏文，却准确地记为“察木多”。比较现代人记为“昌都”[Chab－mdo]要更相近一些。

dar－rtse－mdo，打箭炉，即康定，是四川省甘孜藏族自治州的首府，是川省入藏的第一大站。一首著名的康定情歌使其名扬海内外。在《进藏纪程》中，王世睿说：“番蛮聚族而居，其石垒而层高者为碉楼，土砌而脊平者为碉房，人居其上，牛、豕在其下，地不产五谷，唯青稞与牛羊而已”，描写接近事实。关于“打箭炉”（有的书中简称为“炉城”）的来历，他在文中说“昔诸葛武侯征蛮，曾于此地造箭，遣一军人监之，厥后成神，立庙享祀，此打箭炉之所由名也”。其实这是一则误会，是因为 dar－rtse 与“打箭”发音相近而附会编造的传说，虽流传很广但于史无证，诸葛亮南征未到过藏区，何曾在此造箭？按藏语来探索，名 mdo，是因为它位于大渡河（rgyal－mo－rngul－chu，女王汗水）之西侧与由川入藏大道交汇之河谷。而 dar－rtse，意思为“白绢山峰”，可以解释为“白绢山峰河谷”，更接近地形地貌。

再如 Sho－pa－mdo，或 Sho－mdo（硕般多，硕督），是由昌都西行赴拉萨的一大站，也是清季往来西藏走南线必由之地，现属于洛隆宗所辖。王世睿在《进藏纪程》中指出：“地踞形胜，洞门高敞，碉楼峻巍，环以长垣，如雄镇焉。”“Sho”即税，“Sho－pa”即税吏，古人在此垭口设卡征税，因而得名。

至于 A—mdo，安多，为那曲地区一县名，同时又泛指黄河、湟水交汇处，即今日甘肃、青海藏族聚居的广大地区，当地藏人操安多方言，属于藏语的三大方言之一。塔尔寺、拉卜楞寺两座黄教古刹都在这一地区；宗喀巴罗桑扎巴（1357—1419）、十四辈达赖喇嘛丹增嘉措（1935— ）、十辈班禅曲吉坚参（1939—1989）都是安多地方出生的人。

2. rtse，本义为“尖”、“顶端”，而 la(b)rtse，ri—bovi—rtse，义为山峰、山顶。第六辈达赖喇嘛仓央嘉措的一首情歌这样唱道：“在东方山头上，升起皎洁的月亮，心爱的姑娘的面庞，在我心中荡漾。”（见于道泉译著《第六辈达赖喇嘛情歌集》中央研究院甲种单刊第十二，1931 年）。逐渐地，rtse 一词经常被用作山峰、山顶。

“布达拉”原名 dmar—po—ri（红山），后改作“布达拉”（po—da—la），即普陀山的藏文译音。作为宗教胜地和黄教政权所在地，其权威性日增，“rtse”一词就作为一种尊称，专指与布达拉宫有关的事物。《藏汉大辞典》中收集了专门用来称呼与布达拉宫有关的事物的复合词共 59 条，占 3—4 页之多。例如：

rtse—drung，孜仲，布达拉宫僧官学校出身的一级官员；

rtse—slob—grwa，设在布达拉宫的僧官学校；

rtse—mgron，布达拉宫的知宾官员；

rtse—phyag，布达拉宫金库和财务总管（旧译“商上”）；

……

这一整套的称呼，都有“rtse”字起头。

而西藏各地有“rtse”字的地名可能都与山峰、山顶有关。当地的寺庙、衙署和贵族府邸一般建在山顶上，高高在上，显得气派威严，同时又是“易守难攻”的，有保护自己的作用。以 rtse（山顶、山头）为地名接着就出现了。

rgyal—rtse，江孜，是西藏的第三大城，位于日喀则的东南、通往印度的大道上。《藏汉大辞典》只着重说它位于年楚河（nyang—Chu）的上游。松筠，作为清季驻藏大臣中的能员，勤于著书，曾著有《西藏巡边记》、《西招纪行诗》、《丁巳秋阅吟》及《卫藏通志》等书。他在书中将其译为“江孜”。另黄沛翘的《西藏图考》中则记为“季阳则”。如用汉字拼音，几乎可以看出黄氏用的反切的方法“季阳——江”，而把 rtse 音译成“则”。

这里有一个问题，rgyal 字只能译成“甲”或者“接”来对音，哪里来鼻音韵尾－ng 呢？这要从吐蕃历史上探索。朗达玛灭佛后，公元九世纪的下半叶，王朝崩溃，吐蕃大乱，幼子微松（Vod－srung）一系逃亡到这里立足，改地名为 rgyal－mkhar－rtse 即“王宫寨堡”。Mkhar（寨堡）中的前缀音 m－与前一音节连读，又因为 Kh－是喉部发音，m 受此影响而成－ng，故成江孜。

gzhis－kha－rtse，是西藏第二大城，音译为“日喀则”。gzhis－kha（庄园）与 rtse 合起来其本意为“最好的、拔尖儿的庄园”，全称为 gzhis－kha－bSam－grub－rtse，意思是“最好的、如意庄园”。“日喀则”在清季文献中有时记为“扎什伦布”，盖因日喀则是另一位著名的黄教宗师班禅喇嘛驻锡的寺庙——扎什伦布（1447 建）所在地，地以庙名。

Lhum－rtse，今译“隆子”，全名为 lhum－po－rtse，须弥山峰，山南地区一县名。

Sna－dkar－rtse，意为“白鼻山峰”，山南地区一县名。《丁巳秋阅吟》作朗噶孜、《西藏图考》作浪噶子，今译浪卡子（《西藏自治区地名录》西藏自治区革命委员会测绘局，国家测绘总局测绘科学研究所编，1978 年）。

Stag－rtse，达孜，拉萨市属一县名，甘丹寺在其境内。

孜，子，则，都是 rtse 不同的汉字译音而已。

3. Chu，水、江、河，音译为“曲”，这与汉语中称呼水有时指江河相同，如汉水、淮水……元代文献中常音译为“楚”，如年楚河（nyang－Chu），必力楚江（Vbri－Chu），长江之上游，母牦牛河。

Skyid－Chu，几曲，拉萨河（幸福之河），发源于藏北，流经拉萨，至曲水汇入雅鲁藏布江。

nag—Chu，那曲，藏北草原牧区，地区名和县名，黑水河也。

Chu—Shul，曲水，几曲河入雅鲁藏布江汇合处的地名，拉萨市属一县名。

曲，楚，都是chu的不同汉字译音。

4. Thang，意为平原，坝子，常译为“塘”。

rtsed—thang，泽当，意为“嬉戏坝子”。古史传说中，藏人祖先为猕猴与岩石魔女婚媾而来，此地为猕猴与儿女（猴崽）嬉游之地，山上有猴子洞的遗迹。今山南地区首府所在地。

mnyes—thang，意为“喜爱坝子”，松筠巡边过此，在《丁巳秋阅吟》中记为“业党”。在拉萨西南25公里处，有阿底峡（982—1054）修建的卓玛拉康等古迹，风景秀丽，依山傍水，故名。

Snar—thang，本意为“长长的坝子”。松筠在《丁巳秋阅吟》中译为“那尔汤”。元代封授的十三万户府之一的“曲弥万户”（Chu—mig—Khri—Skor）官衙之地。八思巴喇嘛（Vphags—pa，1235—1280）以帝师之尊荣偕同真金皇太子，从大都到此地举行“曲弥大法会”（Chu—mig—chos—vkhor）（1277年）。今一般译作“那塘”，因此处存有藏区最早的藏文大藏经版。那塘版大藏经是元代八思巴的弟子菊登智剑（bcom—ldan—rig—pavi—ral—gri）与卫巴洛赛（dbus—pa—blo—gsal）二人编辑而成，名声很大。

Lithang里塘、Vbav—thang巴塘，今四川省甘孜藏族自治州县名。

vdzam—than壤塘——今四川省阿坝藏族羌族自治州，马尔康县一地名。这几处地名都表示为“某种坝子”或夸张一点说“平原，一马平川”的含义。

当，党，塘，都是thang的不同汉字译音。

5. ri，山。在青藏高原上，以ri命名的地方很多。另有la也是山——有路可通的山、有隘口的山。

Lding—ri或ding—ri，意为“飞来峰”。松筠《西藏巡边记》译为

“定日”。后藏，距尼泊尔边境很近的一县名（县治已迁至协噶尔），在世界第一高峰，珠穆朗玛（jo－mo－glang－ma）山脚下。清乾隆五十七年—五十九年的反击廓尔喀入侵的战争中，福康安率满汉大军过此，后于此地设防驻军。在城关之后有关帝庙，香火不断。松筠巡边时，有“定日阅操”，诗以记之。清季扬揆《桐华吟馆卫藏诗稿》中有“定日”一诗云：“古戍无城郭，环山抵作州，空槽遗病马，荒陇卧牦牛”，颇得野趣。

Phag－ri，帕里（帕克里），意为猪山，在江孜之南，径往印度之县名。吴崇光《川藏哲印水陆记异》书中“自拉萨至亚东关程途”一节，第十站，“住帕克里，即光绪三十年（1904）英藏初次开战之地，番兵尸首今尚堆积水坎之中，见之不免凄惨”。崇光，江苏人，光绪二十九年随驻藏大臣有泰入藏，帮办文案事宜，兼洋务局及巴塘防堵等差。前引文字为其光绪三十二年请假经印度回籍途中所记。

日，里，都是 ri 的不同汉字译音。

作者附记：

本文撰写时，参考了下列一批清代汉文文献：

十八世纪二十年代，清朝康熙、雍正年间起对西藏地区几次用兵，平息叛乱，推行“平准保藏”的国策，派遣驻藏大臣（安班，amban，满语）直接管理。内地的满、蒙、汉、回各族官员赴藏任职，在各级衙门军兵财粮机构中服务，留下了一大批文字记载，如丘应旂撰《藏程记略》，吴廷伟撰《定藏纪程》，杜昌丁撰《藏行记程》，王世睿撰《进藏纪程》，松筠撰《西藏巡边记》等二十余种。这些文字大部分都收入了《小方壶斋舆地丛刊》，吴丰培（1909－1996）先生则将其收辑为《川藏游踪汇编》一书（四川民族出版社，1985 年），十分方便。

另有《西藏图考》一书，四册八卷，光绪甲午年（1894）秋刻版。楚南黄沛翘寿菩手辑，滇南李培荣华廷村梓，河间李文江、楚南陈兼善同校。作者是清季末年在四川从戎的官员、关心西藏政情和边务的有心人。

全书内容如下：

卷之一：西藏全图，沿边图，西招原图，乍丫图说。

卷之二：西藏源流考，续审隘篇，内地程站考。

卷之三：西藏程站考。

卷之四：诸路程站附考。

卷之五：城池、津梁、关隘、塘舖、山川、公署、寺庙、古迹、土产汇考，名山、大川详考。

卷之六：藏事续考。

卷之七：艺文考上，附奏议。

卷之八：艺文考下，外夷附考。

书前有三序：

一、光绪十二年丙戌，仲冬之月长洲顾复初序，云“寿菩观察久绾军事，留心边务，乃持采众说，规方计里，综为诗图，又收罗艺文土风谣俗末不毕载”。

二、同乡黄锡焘序“早岁从戎，官蜀最久，旁搜博采，编辑西藏图考一书”。

三、楚北，崔廷璋序，大为推崇，说“雅储伟抱，夙握奇珍，虎帐参筹，曾借留侯之箸，鸡声触慨，频加祖逖之鞭，爰乃蒿目时艰，游心藏典……陈险隘于简编，探厥源流，辨关何于眼底……”

值得向读者推荐。

近年来日本之中国历史地理学研究

钟翀

引　　言

近年在日本，自1980年代来的“中国热”虽然有所消退，但学术界对中国的关注可以说是有增无减，日本之中国历史地理学研究也向更深入、更广泛的领域延伸。同时，对许多日本学者而言，前一阶段的专题研究渐次进入总结阶段，以专著形式将研究成果结集出版成为时尚。在本文中，笔者分“聚落历史地理”、“经济历史地理和地域开发史”、“文化历史地理及其它”这三个方面，对近年来日本之中国历史地理学研究中表现较为突出的领域及最新动态作一简单介绍。

一、聚落历史地理

有关中国古代城郭都市的课题向来是日本学者研究中的一项热门，部分原因在于古代中国的城市建造思想对东亚各国曾经产生深刻的影响，这一影响也体现在包括平城京、平安京等一系列古代日本所谓的“律令都市”的建造过程之中。

以千田稔为代表的一批日本历史地理学者，长期致力于东亚历史都市的成立与其系谱的研究，至今已有多种关于日本古都的论文和专著公开发表。近年来，他与奈良女子大学的学者们共同开展了复原历史都市的多项研究。这一研究主要是利用大比例尺航摄照片和1960

年代以来美国 CORONA 侦察卫星胶卷，判读残留地表的围郭、街道遗构等地理景观，进而复原历史都市的城市构造。此类研究不仅涉及到了隋唐时代中国境内的多座都城[①]，也为古城、烽火台、古代农业灌溉设施等历史遗存的复原，以及沙漠、河流、湖泊等自然地貌变迁等许多研究提供了新的手段。在这一方面，已有奈良女大的相马秀广开展了利用 CORONA 卫星图像考察塔里木盆地及其周边地域的丝绸之路、西域南道扜弥国、楼兰、吐鲁番等历史遗迹的立地环境的研究，日本大学的远藤邦彦与中国学者合作，利用 CORONA 卫星图像调查黑河流域的遗迹与环境研究等，并取得一系列成果[②]，显示出该类研究的广阔前景。正是在近年来东亚历史都市的课题吸引了众多日本学者、相关研究方兴未艾的背景下，2002 年，由千田稔主持在京都召开了“东亚都市形态与文明史”国际研讨会，有关这次会议的情况，笔者曾作过简单介绍，参加会议的中、日、韩等国学者的研究成果也已结集出版[③]。

除地理学学者之外，日本的东洋史学的学者们也积极地参与古代中国都市的研究。已故五井直弘先生在他的遗作《中国古代の城郭都市と地域支配》(东京：名著刊行会，2002 年)中，收录大量都市地图及考古复原图，对至今为止的对上古到唐代中国城郭都市的发生、发展的研究，作了较为详细的总结和比较。妹尾达彦所著《長安の都市計画》(东京：讲談社，2001)，广泛搜集了近年来中日学者的考古资料和研究著作，对长安城的城市规划、生态关系和象征性关系等作了多方面的探讨。宋史研究家伊原弘在中世以来中国都市研究上用力甚勤，继前些年《中国開封の生活と歳時：描かれた宋代の都市生活》(山川出版社，1991)、《蘇州—水生都市の過去と現在》(讲談社，1993)、《中国人の都市と空間》(原书房，1993)等专著的出版之后，在 2003 年又以《清明上河图》为主题，集合历史学、地理学、文化人类学、美术史等多位学者的研究，编著了《〈清明上河図〉をよむ》一书(东京：勉诚出版)，此书从多角度解读宋都汴梁的城市生态，在学术界受到好评。

另外，如佐原康夫在他的京都大学博士论文基础上，完成了《漢代都市機構の研究》(东京:汲古书院,2002)一书;还有川胜守的《明清江南市鎮社会史研究:空間と社会形成の歴史学》(东京:汲古书院,1999)和《中国城郭都市社会史研究》(东京:汲古书院,2004)、池田雄一的《中国古代の聚落と地方行政》(东京:汲古书院,2002)等著作,都可看作他们在各自专题研究基础上的阶段性总结。

在通论方面,斯波义信所著《中国都市史》(东京:东京大学出版会,2002)一书终于出版了。该书分"历史中的都市"、"都市的系统"、"都市的解剖图"三章,在他本人长期以来对西安、北京、开封、杭州、宁波、上海、佛山以及台湾的城市群等事例研究的基础上,吸收中、日及欧美学者对中国都市的研究成果,全面探讨了中国的古代县邑的产生、中世以后市镇的发展及近代都市的发达等问题。该书图文并茂(其中收图47枚),装帧精美,说它是一件赏心悦目的艺术品也不为过。

近年来,随着总体交流规模的持续扩大,有关近现代中国都市的研究也日趋活跃。如日本研究中国近代都市的大家——村松伸先生,自前几年有关上海、香港等都市的论著之后[④],又以他旺盛的精力,连续完成了《図説上海:モダン都市の150年》(东京:河出书房新社,1998)、《図説北京:三〇〇〇年の悠久都市》(东京:河出书房新社,1999)等书的编纂工作。如《図説上海》一书,收集了不少近代上海都市地图与历史照片(其中有部分是横滨开港资料馆所多年珍藏的资料),内容丰富,印刷精美。该书的出版机构东京河出书房新社,除了有关上海、北京的书之外,还出版了包括《図説大連都市物語》(西泽泰彦著,1999)等书在内的一系列中国近代都市的研究图册。在这些有关近代中国都市的研究之中,往往利用了日本所藏的大量珍贵的地图、照片等资料,在异域人士研究中国近代城市的文献中,实在增添了一种不可多得的资料。又如,多年以来潜心研究近代天津形成史的吉泽诚一郎,在他的博士论文《清末天津における政治文化と社会統合:中国近代都市形成史論》(东京大学,1999年)的基础上,经修订增补,于2002年发表了《天津の近代:清末都市における政治文化と社会統合》一书(名古屋:名古屋大学出版会)，该书对处于义和团事件旋涡中心的天津的城市治安组织、政治及社会构造等方面都有具体的描述和分析。

在古代乡里制和农村聚落的研究方面，爱宕元在1997年出版了《唐代地域社会史研究》(京都：同朋舍)。该书汇集了他自1970年代以来有关唐代城郭的构造以及乡里制研究的多篇论文，收罗宏富，考证精详。如其中的第一章《两京乡里村考》，利用大量的出土墓志铭、佛教供养塔铭等石刻资料，揭示唐长安、洛阳两京附近的乡里分布，对当时乡里制与自然村的关系等都有精湛的分析。又如第七章《唐代前半期の華北村落の一類型—河南修武県周村の場合—》中，通过佛教造像塔碑中的属于同一村落的捐助人记载，从村落成员间的血缘关系、村落规模、村落成员与权力机构的关连、与农业生产活动密切相关的地理环境等方面来考察唐代前期自然村落的具体形态。从一块看似普通的碑记之中，竟能作出如此深刻具体的分析，显示了作者深厚的唐史研究学养[⑤]。三谷孝利用1930年代在华北地区取得的第一手的农村调查资料[⑥]以及近年的调查统计资料，开展了近现代华北农村的研究，最近编著(或合著)出版了《中国農村変革と家族·村落·国家：華北農村調査の記録》(东京：汲古书院，1999)、《村から中国を読む：華北農村五十年史》(东京：青木书店，2000)。其它近年出版涉及北方农村历史地理的著作以笔者所见还有：《明清華北定期市の研究》(山根幸夫著，东京：汲古书院，1995)、《黄土高原の村：音·空間·社会》(深尾叶子等著，东京：古今书院，2000)、《中国近代の都市と農村》(森時彦编，京都大学人文科学研究所，2001)等多种。

以上仅列出近年较有影响的专著，至于单篇论文，更是不胜枚举。限于篇幅，这里只介绍青年人文地理学者小岛泰雄一人。主要从事近现代中国农村研究的小岛氏，近年已发表《赤渓客家農村における居住形態》(载《外国学研究》41，神户外大研究所，1998)、《中国農村集落の多様性と歴史性》(载《地図と歴史空間》，东京：大明堂，2000)等一系列论文。小岛氏研究的特点是致力于实地调查，通过分析村落、市场圈、通婚圈等空间组织的展开，把握现代农民的生活空间的构造，进而解明其变迁过程。小岛的研究虽侧重于现代农村村落的共时性描述，但这样的思路对于历时性的村落历史地理研究来说也是很有启发的。

二、经济历史地理和地域开发史

在中国诸地域开发史的研究之中，江南地区因其都市化和工业化的发达，以及丰富的研究资料而较早受到日本学者的重视，并已有大量研究积累[7]。但与之相比，有关其它地域的研究则相对薄弱，不过近年来，这样的研究倾向也有所改变，具体而言，随着东南亚等开发前线地区的研究成为众多日本学者关注的热点之后，对于中国地域开发的研究，也从沿海中国转向内陆中国。在这一方面，以下两个地理学者群的调查研究活动特别引人注目。

其一是以石原润、秋山元秀为代表的京都学者群，与中国科学院成都山地灾害与环境研究所傅绥宁等人开展合作研究，在 2000 年、2001 年、2002 年，通过京都大学大学院文学研究科地理学教室，相继出版了《四川省西昌市の発展:少数民族地域の都市と農村》(《四川省西昌市的发展:少数民族区域的城市与农村》)、《内陸工業都市綿陽市と周辺農村の変容》(《内陆工业城市绵阳市与周边农村的变容》)、《成都市とその近郊農村の変貌》(《成都市与近郊农村的变貌》)等书。2003 年，长期关注中国和印度的农村经济和定期市研究的石原润，还编著出版了《内陸中国の変貌—改革開放下の河南省鄭州市域—》(京都:ナカニシヤ出版)一书。另一是以内山幸久为代表的东京立正大学学者群，集中于长江中游江西、湖北等地的调查研究，已经编著出版《長江流域》(东京:大明堂,2001)等书，并有多篇相关研究论文在该大学地理学会的《地域研究》上刊发。

至于东亚海域交通及跨国市场的研究，向来受到日本学者重视，近年来也有不少新成果出现。

长崎华商“泰益号”文书的发现，为东亚贸易圈的研究提供了很好的资料。运用这种史料的研究，已有山冈由佳在《長崎華商経営の史的研究：近代中国商人の経営と帳簿》(京都：ミネルヴァ书房，1995)中，从会计史的角度，对“泰益号”的内部经营进行了细致的观察；朱德兰在《長崎華商貿易の史的研究》(东京：芙蓉书房出版，1997)中，通过“泰益号”的商业活动，对当时贸易网的结构作了分析。廖赤阳在《長崎華商と東アジア交易網の形成》(东京：汲古书院，2000)中，进一步综合了长崎、神户、上海、香港等地福建商帮关系史料，对东亚交易圈中华商广域交易网的形成和清末东亚贸易的地理形势等进行了分析和论述。

榎本涉的《宋代の“日本商人”の再検討》(《史学雜誌》110－2，2001.2，37－60页)、《明州市舶司と東シナ海交易圏》(《歴史学研究》756，2001.11，12－22页)、《元末内乱期の日元交通》(《東洋学報》84－1，2002.6，1－31页)等文，对于9到14世纪东海沿岸地域的经济交流，日、中、朝等国的港湾贸易管理提出了一些新的见解。以环东海货币流通为研究专题的黑田明伸在《16世紀環シナ海経済と銭貨流通》(歴史学研究会編《越境する貨幣》所收，东京：青木书店，1999)之后，又出专著《貨幣システムの世界史》(东京：岩波书店，2003)一书，对于游离在法律执行力和政治支配力等外在因素之外的民间货币在中国的流通，作了具体的研究。

此外，以华人的海外开发和华人街为研究专题的山下清海，近年来除发表论文多篇之外，已有《東南アジアのチヤイナタウン》(古今书院，1987)、《シンガポールの華人社会》(大明堂，1988)、《チヤイナタウン：世界に広がる華人ネットワーク》(丸善，2000)、《東南アジア華人社会と中国僑郷：華人チヤイナタウンの人文地理学的考察》(古今书院，2002)等四种专著问世。在他的研究中，对日本横滨、神户、长崎的中华街的形成和现状的调查尤为细致。

三、文化历史地理及其他

除以上一些传统领域的研究之外，日本学者在中国文化历史地理及其它众多领域的研究上也有很大的进展。限于篇幅，这里仅选取尚未引起国内学术界足够重视的日本学者关于华南宗族的研究、南方中国汉语方言早期背景的研究、东亚同文书院中国调查的研究为例作一介绍。

在华南汉族社会的宗族和民系研究方面，首推濑川昌久的贡献。自 1990 年代以来短短的十几年时间里，濑川氏已出版《中国人の村落と宗族——香港新界農村の社会人類学的研究》(东京：弘文堂，1991)、《客家華南漢族のエスニシテイーとその境界》(东京：風響社，1993)、《族譜：華南漢族の宗族·風水·移住》(东京：風響社，1996)等多种力作。他在研究中，从文化人类学的立场对族谱记载的真伪进行较为彻底的验证，尤其是对介乎虚构与事实之间的汉族历史意识的初源形态作出了迄今为止比较具体的、客观的分析。同时，结合他本人在香港新界等地的长期的现地调查，他对族谱中宗族的形成、风水、移住传承史等复杂的记述作了深入研究。基于以上研究，以及对汉族与少数民族过渡地域——华南地区的"民族意识"的生成和演变机制的分析，他从文化人类学的立场上批判了"客家特殊论"的观点，并对中华民族志的问题提出了全新的论点。濑川氏在日本虽然属于文化人类学的分野，但笔者以为，他的成果对华南文化历史地理的研究必然造成很大的影响(尽管他在族谱的文献学和史料学的分析上、研究对象地域局限于两广地带上也不无可指摘之处)。

在汉语方言地理方面，从 1990 年代起已有一些日本的方言学者与中国学者进行合作，开展方言调查，绘制方言地图。在这里特别值得一提的是，日本的一些学者已经考虑到东南中国史前文化的持续性和系统性，对区域共同语(甚至可以认为是现代南方中国汉语方言的前身)

形成的影响了。也就是说，考古学资料中所见到的南方文化的区系类型，对南方中国汉语方言的分析可能具有较高参考价值。在这一领域，自1981年李伯谦提出我国南方几何形印纹陶遗存的分区以来[⑧]，已有汉语方言学学者平田昌司[⑨]、中国考古学学者西江清高[⑩]等日本学者陆续注意到了印纹陶遗存的地域分布与中国南方语言分布的整合性，并相继运用李伯谦的研究成果对客、赣、闽、湘等南方诸方言的形成作了若干有益的分析。但此项研究成果，在国内尚未得到足够重视[⑪]，亟待有关研究者的译介和评论。

近代以来日本人关于中国之地理调查，若以组织规模、持续时间和调查成果而论，没有超出东亚同文书院在中国开展的活动的了。该书院动员数千人次参加的中国调查，自清末至1940年代共进行了42期600多次，持续时间达半个世纪之久，调查范围并不局限于沿海省份，而是遍及全国，尤其重视向来缺乏实地调查资料的西北、西南地区。东亚同文书院取得的调查成果，汇编成中国的经济全书（共十二卷）及分省的地理志（共十八卷）和地理新志（共九卷），其中收录了大量地图、照片，以及在当时称得上是最为精准的关于人口、农作物、矿业产量等方面的统计数据。在战乱频仍、社会管理混乱的近代中国，这种研究资料的取得和保存，无疑为学者们提供了宝贵的第一手资料。遗憾的是，此书在国内尚鲜有人知，而关于当时调查活动的研究也一直是一项空白。从1990年代始，藤田佳久注意到了此种资料的价值，开展了全面的研究。他在1994年、1995年、1998年及2002年通过东京大明堂陆续出版了《中国との出会い》、《中国を歩く》、《中国を越えて》、《中国を記録する》（分别是他对东亚同文书院中国调查旅行记录的第1到4卷的具体考察）等书，并于2000年汇集以上成果，出版了《東亜同文書院中国大調査旅行の研究》（东京：大明堂）一书，该书对东亚同文书院中国调查活动的发起、调查经过、调查方法和手段等都有详细研究，也有助于今后学者在利用此种资料之前，对必须把握的该种资料的性质有一个清晰全面的认识。

结　语

本文所作的介绍，仅为笔者所接触众多日本学者的研究中很有限的一部分，最多只能算是这个研究群体一个粗略剪影，而远非其全貌。即便如此，比起中国对日本的寥若晨星的研究而言，我们不得不惊叹于日本对中国研究的深厚积累和持久繁荣。中日相互研究的这一非常不对称的鸿沟，还要通过我国学人的大量研究、积极译介来逐渐填平。

注　释：

①如小方登的《衛星写真を利用した渤海都城プランの研究》(《人文地理》第52—2，19—38页，2000年)即为其中之一例。

②如相马秀广的《衛星写真からみたシルクロードー遺跡とオアシスー》(《シルクロード奈良国際シンポジウム記録集》，1999年第4号，第49—62页)、《CORONA衛星写真からみたウズンタテイ遺跡付近—西域南道扞弥国とのかかわりー》(《国立歴史民俗博物館研究報告》1999年第81号)等文。

③见钟翀《"东亚都市形态与文明史"国际研讨会会议纪要》(《历史地理》第十九辑，第410—411页)。会议论文集为千田稔编《東アジアの都市形態と文明史》(京都：国際日本文化研究センター，2004年)。

④村松伸著《上海·都市と建築：一八四二——九四九年》，东京：PARCO出版局，1991；向井裕一编辑·摄影、村松伸文《香港——多層都市：現代亜州城市観察》，东京：东方书店，1997年。

⑤该章已由笔者译成汉语，见《唐代前期华北村落一类型——河南修武县周村》(载《杭州师范学院学报(社会科学版)》2003年第5期，第50—58页)。

⑥关于当时调查的具体情况，参见内山雅生的《"華北農村慣行調査"と中国社会認識》及田島俊雄的《日本人による戦前·戦後の中国農村調査》，二文并載于小島晋治、大里浩秋、並木頼寿編《20世紀の中国研究：その遺産をどう生かすか》，东京：研文出版，2001年。

⑦有关江南开发研究的学者群和研究成果，笔者曾作较为详细的介绍，参见《中世江南开发史的再认识——日本学者对中国江南开发的历史地理学研究》一文，载阙维民主编《史地新论》第551—565页，浙江大学出版社，2002。

⑧《我国南方几何形印纹陶遗存的分区、分期及其有关问题》，《北京大学学报

(哲学社会科学版)》1981 年第 1 期,第 38—56 页。

⑨《印纹陶覚书－あわせて江南言语史によせて－》,《古史春秋》第 3 号第 41－62 页,京都:朋文舍,1986。

⑩《印纹陶の时代の中国东南部》,《日中文化研究》第 7 号,第 138－151 页,东京:勉诚社,1995。

⑪以笔者所见,到目前为止公开发表的只有杨锡璋《南方古印纹陶与汉语南方方言》一文,载《华夏考古》1990 年第 4 期,第 96－106 页。

图书在版编目（CIP）数据

九州．第四辑/唐晓峰主编．—北京：商务印书馆，2007
ISBN 7-100-05161-4

Ⅰ．九… Ⅱ．唐… Ⅲ．历史地理—中国—期刊
Ⅳ．K928.6-55

中国版本图书馆 CIP 数据核字（2006）第 086495 号

JIŬ ZHŌU
九 州
（第 四 辑）
中国地理学史专号
荣誉主编 周振鹤　　主编 唐晓峰

商 务 印 书 馆 出 版
（北京王府井大街 36 号　邮政编码 100710）
商 务 印 书 馆 发 行
北 京 民 族 印 刷 厂 印 刷
ISBN 7-100-05161-4/K·958

2007 年 3 月第 1 版　　开本 787×960 1/16
2007 年 3 月北京第 1 次印刷　　印张 18¾

定价：26.00 元